国外炼油化工新技术丛书

合成天然气

——煤、生物质转化与电转气技术

[瑞士]Tilman J. Schildhauer, Serge M. A. Biollaz 著

胡 杰 肖海成 赵章明 等译

石油工业出版社

内 容 提 要

本书系统介绍了来源于煤、生物质的碳资源经甲烷化反应转化为天然气的技术路线，主要工艺步骤包括气化、气体净化、甲烷化、气体提质。本书还详细比较了主要技术选择，以及技术选择对下游工艺和整个工艺链的影响，并以案例的形式介绍了合成天然气生产的各种新工艺，包括了电能转气技术的工艺设计。

本书适用于从事清洁能源技术开发、合成天然气催化剂与工艺研究、设计的技术人员和管理人员阅读，也可以作为高等院校相关专业师生的教材或参考书目。

图书在版编目(CIP)数据

合成天然气：煤、生物质转化与电转气技术/
(瑞士)蒂尔曼·J. 席尔德豪尔(Tilman J. Schildhauer)，
(瑞士)瑟奇·M. A. 比奥拉兹(Serge M. A. Biollaz)著；
肖海成等译. —北京：石油工业出版社，2020.10
(国外炼油化工新技术丛书)
书名原文：Synthetic Natural Gas：From Coal，
Dry Biomass，and Power – to – Gas Applications
ISBN 978 – 7 – 5183 – 4072 – 9

Ⅰ.①合… Ⅱ.①蒂… ②瑟… ③肖… Ⅲ.①天然气
–生产工艺 Ⅳ.① TE646

中国版本图书馆 CIP 数据核字(2020)第 100665 号

Synthetic Natural Gas：From Coal，Dry Biomass，and Power – To – Gas Applications
Edited by Tilman J. Schildhauer and Serge M. A. Biollaz
ISBN：9781118541814
First published 2016 by John Wiley & Sons，Inc. and Scrivener Publishing LLC
Copyright © 2016 by John Wiley & Sons，Inc.

北京市版权局著作权合同登记号：01 – 2020 – 4568

出版发行：石油工业出版社
　　　　　(北京市安定门外安华里 2 区 1 号楼　100011)
　　　　网　　址：www. petropub. com
　　　　编辑部：(010)64523738　　图书营销中心：(010)64523633
经　　销：全国新华书店
印　　刷：北京晨旭印刷厂

2020 年 10 月第 1 版　2020 年 10 月第 1 次印刷
787×1092 毫米　开本：1/16　印张：14.75
字数：340 千字
定价：130.00 元
(如发现印装质量问题，我社图书营销中心负责调换)

《合成天然气——煤、生物质转化与电转气技术》

翻 译 组

组　　长：胡　杰

副组长：肖海成　赵章明

组　　员：娄舒洁　王宗宝　李庆勋　王奕然　王　林

　　　　　鲁玉莹　刘克峰　崔　佳　李知春　吕　雉

　　　　　韩晓林　贺业享

译者前言

在技术变革、生态环境、气候变革等因素的影响下，世界能源格局也在不断寻求变革优化。面对持续增长的能源需求和日益严峻的环境压力，天然气作为能源清洁化转型的重要支柱，全球消费量不断上升。合成天然气技术可利用生物质与煤炭，经过气化、一氧化碳变换、合成气净化、甲烷化等工艺生产天然气。借助甲烷化反应这一核心工艺单元，还可将捕集到的二氧化碳和来自可再生能源的氢气作为原料，为能源网的设计、可再生资源的消纳提供了新思路。欧洲对可再生能源的利用进行了大量的探索，对合成天然气催化剂与工艺应用于生物质原料和电能转气装置进行了发展优化，积累了丰富的研究经验，值得借鉴。

立足于中国的能源结构特点，在国内天然气需求量持续高速增长、供给能力存在缺口的情况下，合成天然气作为民用或工业燃气的补充，不仅可以缓解中国天然气供应紧张的局面，还可以实现低品质煤炭的增值利用。自20世纪80年代起，中国多家企业与科研机构开展了对合成天然气催化剂与工艺的研究，中国科学院大连化学物理研究所、中国大唐集团有限公司、神华集团有限责任公司、中国石油天然气集团有限公司、中国石油化工集团有限公司等均取得了突破性进展。"十二五"和"十三五"期间，在国家政策的鼓励与引导下，合成天然气产业走上了飞速发展的轨道，内蒙古、新疆等地新建产能不断增加，并对合成天然气产品形成了行业规范。在这种发展势头的推动下，国内合成天然气催化剂研究在活性、耐热性、使用寿命方面不断深入，工艺研究在反应器设计选型、流程优化、节能降耗方面屡获突破。中国正处在能源结构转型的关键时期，焦炉气等工业尾气、生物质资源、城市垃圾等借助合成天然气这一技术平台进行能源化利用，对于降低碳排放、改善生态环境具有重要意义。

本书是合成天然气领域的最新权威论著之一，会聚众多在该领域具有丰富研发经验和工业实践的学者、专家共同编著，以合成天然气技术的工艺步骤为脉络，系统介绍了煤与生物质气化、合成气净化、甲烷化反应和气体提浓单元的最新研究进展与工业技术，深入浅出地剖析了甲烷化反应催化剂设计与反应器改进的关键科学问题，比较了最新气体净化技术的适用性与技术经济性，介绍了合成天然气技术在欧洲应用于生物质的高效利用、电能转气示范项目的应用情况，以及反应器开发、工艺集成的技术发展新趋势。从科研开发到工业应用，本书对合成天然气领域进行了全面的综述，有助于读者深刻理解这些最新的研究成果和设计理念，从中获得更加开阔的研发思路。随着清洁煤化工技术在中国的发展成熟，以及生物质进入能源与化工领域步伐的加快，译者认为有必要将这样一本优秀的论著翻译成中文以飨读者。

本书共12章，其中第1章由李庆勋翻译，第2章和第5章由王奕然翻译，第3章由王林翻译，第4章由娄舒洁翻译，第6章和第7章由王宗宝翻译，第8章、第11章和第12

章由鲁玉莹翻译，第 9 章和第 10 章由刘克峰翻译。全书由胡杰定稿，赵章明和肖海成统稿，贺业享、崔佳、李知春、吕雉及韩晓林等参与了校稿等工作。本书的出版有赖于石油工业出版社特别是本书编辑的不懈努力，在此表示诚挚的谢意。

　　本书涉及内容广泛，受限于译者水平，书中难免存在疏漏与不妥之处，恳请读者批评指正。

目　　录

1　概论

1.1　为什么生产合成天然气?

这个问题也可以换种方式来提问,就是为什么人们应该阅读合成天然气生产方面的专著,其答案随时代不同而有所差别。

从 20 世纪 50 年代到 80 年代初期,合成天然气生产一直是一个重要的话题,但是,从事该技术的国家主要限于美国、英国和德国。人们对合成天然气生产的兴趣来自几个方面的原因。首先,在这些国家,煤炭资源相对丰富,而天然气预期储量不足,公共部门提供了煤制合成天然气工艺开发的部分研发资金。其次,20 世纪 70 年代的石油危机,使人们更愿意使用煤制合成天然气,而不是进口石油。第三,国内(低品位)能源储备分散易得的特点使其综合利用成为可能,利用已有的能量输送分销基础设施,将合成天然气这样一种清洁高效的能源提供给消费者。

基于上述条件,1984 年大平原 1.5GW 合成天然气工厂启动建设,由达科塔燃气公司运营,可将褐煤转化为合成天然气和其他多种副产品。进入 20 世纪 80 年代中期,石油价格下跌、北海天然气得到勘探开发、俄罗斯与欧洲之间建设了天然气管道,人们逐渐失去了对煤制合成天然气的兴趣,致使这家工厂成为近 30 年唯一一家商用合成天然气生产商。2000 年以来,石油价格再次上涨,加之二氧化碳(煤制合成天然气的固有副产品)可用于强化采油,特别是在美国,人们对合成天然气再次产生兴趣,启动了十几个煤制合成天然气项目(包括强化采油)。目前,由于页岩气开采迅速崛起,大幅度降低二氧化碳排放成为可能,美国境内所有合成天然气项目都已停工。

然而,上述开发合成天然气生产技术的动机在中国仍然非常强烈,原因在于:国内天然气短缺;偏远地区的煤炭资源需要高效利用;希望实现清洁和高效燃烧。由此可见,中国是目前煤制合成天然气最重要的市场,三家大型工厂已经投入运营,另有多家煤制合成天然气工厂正处于规划和建设中。

大约 15 年前,欧洲因几方面的原因重新考虑合成天然气生产。由于合成天然气具有燃烧清洁与二氧化碳排放量低的优点,许多国家支持在交通运输行业(如压缩天然气汽车)使用天然气,并且由于天然气价格低,从过去几年的使用情况来看,在经济上也是划算的。欧盟委员会的目标是用生物燃料取代 20% 的欧洲燃料消耗,因而有必要用生物甲烷来替代部分天然气。迄今为止,生物甲烷主要通过对厌氧发酵沼气的提浓处理来获取。然而,由于酶数量有限,厌氧发酵沼气的提浓处理并不能提供足够的生物甲烷,需要开辟其他生物甲烷来源。

此外,许多欧洲国家希望利用国内的生物质资源进行能源生产,以此来降低二氧化碳排放和减少能源进口。大部分生物质是木质纤维素(主要是木材),主要用于供热,例如使用木材颗粒供热。由于建筑物隔热效果的改善,导致建筑物的供热需求普遍下降,人们对于将木材转化为更高价值能源(电和燃料)的兴趣日益浓厚。就像煤炭一样,将其转化为燃料(迄今为止)的第一步是煤的气化,通过工艺模拟计算和第一套示范装置验证证实,木制合成天然气转化的效率远高于木制液态燃料转化的效率。

最近,第三个动机所起的作用越来越大,特别是在中欧地区。由于太阳能和风能这些不稳定可再生能源源源不断地发电,因此不得不整合不同地区和不同时间段的电力供需平衡要求,将来甚至可能需要进行电能的季节性储存。有鉴于此,合成天然气在其中可以发挥非常重要的作用。由于固态原料气化或多或少是一项连续的过程,可以灵活地调整固态原料在发电和制合成天然气之间切换,以此来满足多联产方案中的电网供需平衡要求。

此外,当可再生能源发电量超过电网实际需求(目前,这种情况偶尔会在中欧地区出现,预计未来会更频繁)时,可以通过合成天然气的生产来消耗掉多余的电能,而不是削减光伏发电量或风力发电机的数量。在电转气技术应用方面,可通过电解水将多余的电能转化为氢气,再通过二氧化碳甲烷化来生产合成天然气。可以考虑从沼气、生物质合成气、工业烟道气,甚至从大气中获取二氧化碳,从而开辟了一条生产合成天然气的途径,而无须使用固态原料,且可以利用现有的天然气基础设施,实现合成天然气的储存或远距离输送。

1.2 章节概述

本书旨在简要介绍合成天然气生产的各种途径(图1.1)。

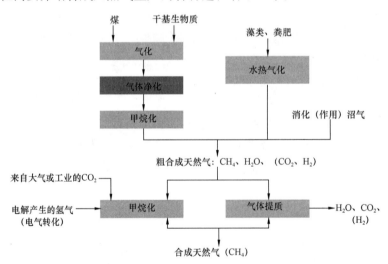

图1.1 生产合成天然气的各种途径

第2章至第5章介绍煤和干基生物质制合成天然气的主要工艺步骤(气化、气体净化、甲烷化和气体提浓)。阐述的重点放在主要技术选择以及技术选择对下游工艺和整个工艺链的影响。在这些章节中,特别是在第4章中,详细讨论了最先进的煤制合成天然气工艺。余下章节介绍了合成天然气生产的各种新工艺以及具体的工艺步骤和各工艺的边界条件。这些工艺包括已经投入运行的工艺(如瑞典哥德堡的 20MW 生物质合成天然气生产装置,德国韦尔特的 6MW 合成天然气电转气装置)和仍处于开发阶段的新工艺。

第 2 章涉及气化热力学,介绍了煤气化技术与生物质气化技术。

第 3 章讨论了在气化衍生合成气中可能会出现的杂质,解释了当前最先进的气体净化技术,并着重介绍了用于高温气体净化的创新性气体净化步骤。

第 4 章介绍了反应器内进行的化学反应,化学反应的热力学限制及其反应机理。此外,还简要介绍了不同反应器类型的优点及其所面临的挑战,涉及煤制合成天然气、生物质制合成天然气和电转气工艺。该章最后一部分重点介绍甲烷化反应器的建模与仿真,其中包括确定反应动力学和生成模型验证数据的必要实验。

第 5 章讨论了基于吸附、吸收和膜技术的气体干燥、二氧化碳与氢气脱除技术,同时还进行了相应的技术—经济比较。

第 6 章介绍了 2014 年投产的瑞典哥德堡 20MW 木制合成天然气工厂的边界条件和所应用的技术。

第 7 章阐述了位于太阳能氢气生产中心的电转气工艺的开发情况,包括位于德国韦尔特的 6MW 合成天然气工厂。

第 8 章介绍了保罗谢尔研究所的工艺开发情况,该工艺研究的可行性技术涉及木制合成天然气的有效转化与电转气应用方面的氢转化。

第 9 章介绍了荷兰能源研究中心针对木制合成天然气研发的高效生产技术,尤其是变温气化技术及其在气体净化方面的广泛经验。

第 10 章讨论了在超临界条件下用于湿生物质同步催化气化和甲烷化的独特技术。

第 11 章重点介绍了两种新技术,这些技术可以大大简化工艺过程,尤其是小型生物合成天然气装置:加压热管重整器和多变固定床甲烷化。

第 12 章提供了关于进一步简化合成天然气工艺的研究观点,即脱硫与甲烷化集成的甲烷化步骤。

2　煤和生物质气化生产合成天然气

2.1　合成天然气生产架构中的气化基本要求

在由诸如煤或生物质这样的固态原料生产合成天然气(主要是甲烷)的过程中,主要转化步骤是气化,生成含有永久性气体与可冷凝气体混合物的合成气,同时也会产生固体残余物(如炭和灰)。不同环境下的气化步骤需借助不同反应剂来完成。考虑到主要元素是碳、氢和氧,图2.1给出了固态燃料制甲烷的基本途径。显而易见的是,对于列出的甲烷生产原料来说,必须增加原料中的氢含量;同时,需要降低原料中的含氧量,尤其是含氧量更高的生物原料。

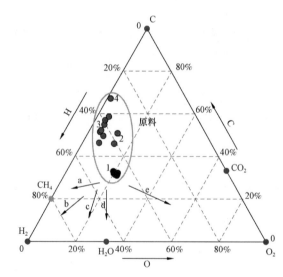

图 2.1　来自煤与干基生物质的 C—H—O 图
1—生物质(硬木、软木、稻草或麦秆);2—褐煤;3—烟煤;4—无烟煤
a—脱二氧化碳;b—加氢;c—脱炭;d—加蒸汽;e—加氧

图2.1显示了从原料转化为甲烷的过程中可采用的不同的气化策略或途径。常见的做法是添加水蒸气作为气化剂,这不仅是化学计量比的需要,而且可强化反应器内的炭气化,并能实现温度调节。加氢气化过程中,氢气的加入会增大合成气中的初始甲烷浓度[3,4]。二氧化碳脱除步骤是合成天然气生产工艺的固有组成部分;部分气化工艺利用吸附床材料将二氧化碳从气化反应器直接脱除[5]。加氧是所有直接气化技术的通用做法,实际上会增加反应器下游脱除二氧化碳的处理量。对于间接气化来说,热量供给来自分离腔内的残炭燃烧,图2.1所示的甲烷生成路径c的组成发生了变化。诸如加热这样的预处理

会降低原料中的氧含量，但付出的代价是能源消耗增加。

2.2　气化热力学

为了对整个合成天然气工艺中气化的作用有更好的了解，接下来需要对气化的基础热力学方面的性质进行讨论。气化工艺是包括均相反应和多相反应在内的一系列不同方式的转化过程。从固体燃料到气体产物的基本步骤是干燥、热解或者说是脱挥发分以及气化。受燃料尺寸影响，小颗粒物会按以上步骤顺序发生，而较大的颗粒物则会出现不同步骤同时发生的现象。对整个过程进行详尽描述是极其复杂的，从气化的一些化学计算开始，即将提及的观点会重点关注过程中的特定部分以及其对整套转化过程的影响。

2.2.1　气化反应

通常认为气化步骤中发生的主要反应有：

$$C(s) + \frac{1}{2}O_2(g) \Longrightarrow CO(g) - 111\,kJ/mol(部分氧化) \tag{2.1}$$

$$CO(g) + \frac{1}{2}O_2(g) \Longrightarrow CO_2(g) - 283\,kJ/mol(一氧化碳燃烧) \tag{2.2}$$

$$C(s) + O_2(g) \Longrightarrow CO_2(g) - 394\,kJ/mol(炭燃烧) \tag{2.3}$$

$$C(s) + CO_2(g) \Longrightarrow 2CO(g) + 172\,kJ/mol(歧化反应) \tag{2.4}$$

$$C(s) + H_2O(g) \Longrightarrow CO(g) + H_2 + 131\,kJ/mol(水煤气反应) \tag{2.5}$$

$$CO(g) + H_2O(g) \Longrightarrow H_2(g) + CO_2(g) - 41\,kJ/mol(水煤气变换反应) \tag{2.6}$$

$$CH_4(g) + H_2O(g) \Longrightarrow 3H_2(g) + CO(g) + 206\,kJ/mol(水蒸气重整) \tag{2.7}$$

将碳转化成气体燃料的煤焦气化反应[式(2.4)和式(2.5)]是吸热反应，通过同一反应器内的部分燃料燃烧（直接或自热气化）或是外部热源（间接或外热气化）为反应提供热量。

2.2.2　气化的整体过程——化学反应平衡

以蒸汽气化为例，将煤或生物质转化为甲烷的化学反应方程式可以表达为：

$$C_xH_yO_z + aH_2O \longrightarrow bCH_4 + cCO_2 \tag{2.8}$$

其中，$a = x - \frac{y}{4} - \frac{z}{2}$，$b = \frac{x}{2} + \frac{y}{8} - \frac{z}{4}$，$c = \frac{x}{2} - \frac{y}{8} + \frac{z}{4}$。

表 2.1 提供了各种煤和生物质的蒸汽气化生成甲烷的参数[式(2.8)]，用以计算反应热（基于 25℃时原料、甲烷、所有反应物和生成物的高热值）和每千克原料的化学计量甲烷产量。对于所有原料而言，总体反应的反应热远低于 10%，当原料是低氧含量的烟煤和无烟煤时，反应是吸热的；当原料是褐煤和生物质时，反应是放热的。当原料为高含氧量的生物质时，每千克原料的甲烷产量会明显下降，如果参考加氢气化工艺方案，在反应过程中额外补充加入氢气是一种提高甲烷产量的方法。根据式(2.8)可知，唯一能将碳质原

料直接转化成甲烷和二氧化碳的技术转换工艺就是超临界气化,又被称为水热气化[6-8]。这项技术能处理湿基原料,但尚未达到可以商业运用的规模,在本章并未体现。目前,常见的气化技术均可以将原料转化成合成气(包括一氧化碳、二氧化碳、氢气、水、甲烷、轻烃、高级烃以及微量组分的混合物),继而进行其下游的气体净化和甲烷合成步骤。

表 2.1　不同原料的蒸汽气化的组分和总体反应数据(以干基计)

原料		化学式	低热值(LHV)MJ/kg	高热值(HHV)MJ/kg[③]	式(2.8)反应参数			ΔH_r MJ/kg	甲烷产率 kg/kg
					a	b	c		
煤[①]	褐煤(德国莱茵)	$CH_{0.88}O_{0.29}$	26.2	27.3	0.632	0.537	0.463	−0.19	0.489
	褐煤(美国北达科他州)	$CH_{0.72}O_{0.25}$	26.7	27.7	0.697	0.529	0.471	0.6	0.509
	烟煤(南非)	$CH_{0.68}O_{0.08}$	34	35.1	0.792	0.567	0.433	1.21	0.654
	无烟煤(德国鲁尔河)	$CH_{0.47}O_{0.02}$	36.2	37.0	0.873	0.553	0.447	1.46	0.693
生物质[②]	柳树(硬木)	$CH_{1.46}O_{0.65}$	18.5	19.9	0.310	0.520	0.480	−0.45	0.350
	山毛榉(硬木)	$CH_{1.47}O_{0.69}$	17.9	19.2	0.286	0.511	0.489	−0.71	0.333
	冷杉(软木)	$CH_{1.45}O_{0.65}$	19.6	21.0	0.313	0.520	0.480	−1.58	0.350
	云杉(软木)	$CH_{1.42}O_{0.68}$	18.4	19.7	0.304	0.508	0.492	−1.17	0.335
	麦秆	$CH_{1.46}O_{0.68}$	18.3	19.6	0.297	0.512	0.488	−0.84	0.338
	稻草	$CH_{1.43}O_{0.68}$	17.5	18.8	0.303	0.508	0.492	−0.23	0.335

① 来自 Higman 和 van Der Burgt[1]。
② 来自 Phyllis[2]针对材料组的平均数据。
③ HHV = LHV + 2.44 × 8.94 × H/100。

　　气化的主要操作参数是压力和温度。一般以合成气组分和热量需求随压力和温度的变化趋势来描述生物质蒸汽气化(每千克可燃基原料消耗 0.5 kg 水)的平衡过程。假设所有的原料被转化成合成气,从图 2.2 可以看出,甲醇在温度较低以及压力较高时更容易反应,氢气和一氧化碳的产量和吸热反应一样随着温度的增加而增加。理论上,在 25℃下生成甲烷和二氧化碳的放热反应[式(2.8)]变成了在更高温度下需要被供热的吸热反应。

　　根据平衡计算,以乙烯为代表的轻烃和以萘为代表的焦油仅有少量产出。气化过程中水蒸气加入量的多少主要会通过水煤气变换反应[式(2.6)]影响氢气与一氧化碳的比例。实际上,平衡状态并不总会在理论的温度范围内达到,但是气化所产生的真正合成气组分却会被一些其他的参数所影响,而这些参数也正是接下来需要讨论的。根据平衡计算来预测,气化时压力的增加会提高甲烷的产量;在 800℃时,随着反应压力从 1 bar● 升高到 30 bar,甲烷的摩尔分数从 0 提高到了 15.5%,反应所吸收的热量降低了 66.6%。此外,根据平衡预测出,就算在更高的压力下,也仅有少量的轻烃和焦油产生。通过式(2.8)可

────────────

● 1 bar = 100 kPa。

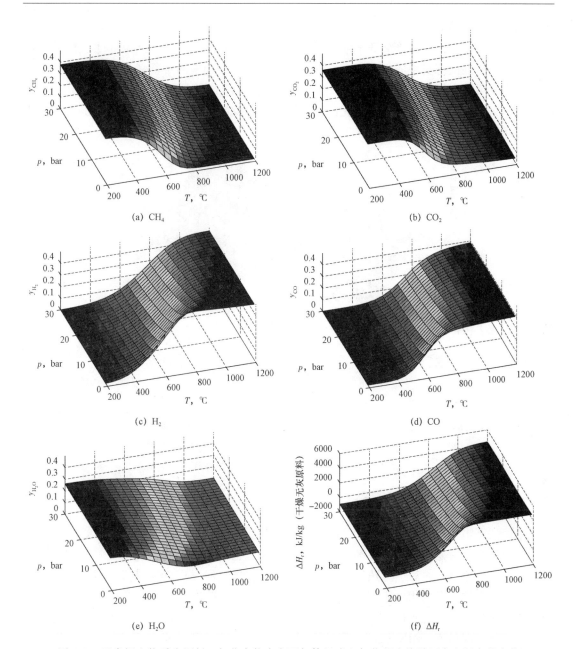

图 2.2 以常规生物质为原料，气化产物中主要气体组成和气化反应热随压力和温度的变化
假设炭完全转化，用 Aspen Plus 软件模拟数据；生物质典型组成（质量分数）为 C 占 50%、H 占 6%、O 占 44%，
化学式为 $CH_{1.43}O_{0.66}$；气化条件 S/B =0.5kg（H_2O）/kg（干燥无灰燃料）

知，在高压和适当温度下，可以得到主要由 CH_4、CO_2 和 H_2O 组成的混合组分。此过程的
一个例子就是可以在上述条件下发生反应的水热气化，但相关技术现在仍处于发展阶段。
上述趋势都是在原料能完全转化成合成气的假设前提下得到的，然而实际气化过程有相当
多未转化的炭随灰烬一起排出，或是在间接气化过程中，在单独的燃烧室进行转化来给气
化供热。当炭的转化不完全时，炭原料在气化时进入气相后会发生剧烈的变化。生物质残

炭中仍有一定量的氢和氧，可以预见的是，这对气相组分的氢氧平衡存在一定影响，其效果有可能是极微小的[9]。图 2.3 显示了温度和压力对碳转化的影响，当温度低于 800℃ 时，预计会有大量的固态炭生成。随着碳在气相中的减少，气相中的平衡条件也会被影响。受影响的主要反应有 Boudouard 反应、水煤气反应和水煤气变换反应[式(2.4)至式(2.6)]。碳转化不完全会导致合成气中一氧化碳浓度降低，与此同理，原料转化不完全也会导致氢气浓度降低。

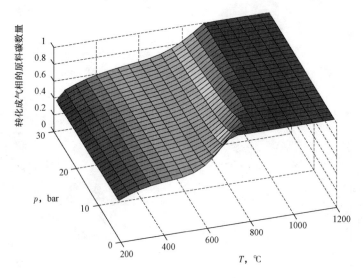

图 2.3　根据平衡计算预测出的常规生物质蒸汽气化过程中的碳转化率

生物质组成(质量分数)为 C 占 50%、H 占 6%、O 占 44%，化学式为 $CH_{1.43}O_{0.66}$；

气化条件 $S/B = 0.5kg(H_2O)/kg(干燥无灰燃料)$

2.2.3　气化非平衡多步工艺

平衡计算虽然对判定操作条件的变化趋势很有用处，却不能用来预测设备的整体性能，平衡状态实际是一个可以逐渐接近但是永远无法达到的临界值。气化工艺在物理层面上是一个烘干原料，之后进行热解和气化或燃烧的多层次的过程。与滞留时间和反应器设置一样，发生的许多均相反应和多相反应的动力学过程最终决定了气化产物中合成气的组分。图 2.4 描述了将得到的燃料转化为合成气的简化的反应网络。对于所有气化技术而言，干燥和初次热解(脱挥发分)步骤较为相似，然而和对平衡的接近情况一样，气化反应的反应程度也是气化介质和反应器结构的函数。在热解过程中，会生成大量的焦油和复杂的 1~5 环芳烃混合物，这些生成物在气化过程中将会通过不同的转化途径加以转化。在最终的合成气产品中，焦油仍然含有相当多的能量，比如 800℃ 时生物质蒸汽气化能产生 $33g(焦油)/m^3(蒸汽)$，相当于低热值合成气所含总能量的 8%[10]。

一次热解后的气体组分代表了气化反应的起点。Neves 等[9]统计了大量关于热解实验数据的文献，建立经验模型，该模型与焦油、炭产量的预估类似，对产生的气体种类进行了预测，并建立基础组成与最高热解温度的模型曲线。图 2.5 给出了基于 Neves 模板的热解气体组分以及气体和炭的总产量。与在图 2.2 中表现出的气化的平衡计算相反，Neves

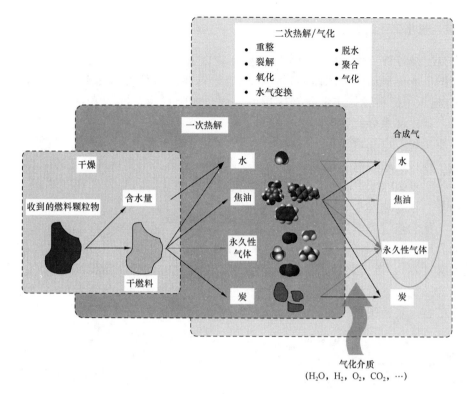

图 2.4 气化工艺中燃料颗粒的转化过程[9]

模板预测出热解中会有大量的焦油和炭产生，甚至在热解产生的气体中还有轻烃的存在。一般来说，图 2.5 中列出的热解产物都会在最终转化步骤中，也就是图 2.4 所示的气化步骤中，经历向平衡状态的转化。

向平衡状态转化的程度是一个包含大量参数的函数，包括压力、温度、反应器结构、气体与固体滞留时间、气固混合情况以及加速特定反应的催化活性材料的性能等。

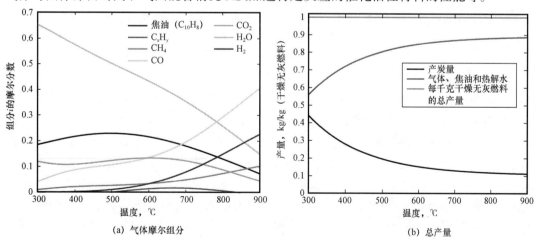

(a) 气体摩尔组分

(b) 总产量

图 2.5 常规生物质热解后的气体摩尔组分和总产量关于温度的函数[9]
生物质组成（质量分数）：C 占 50%、H 占 6%、O 占 44%；化学式为 $CH_{1.43}O_{0.66}$

2.2.4 气化工艺的热量管理

因为温度是各种气化反应动力学的主要影响因素，气化反应器的热力管理变得格外重要。在图2.4中显示的从固体燃料到合成气的转变步骤会发生在不同的温度层级上。图2.6(a)显示了燃料颗粒在催化剂床层的温度分布随反应时间的变化趋势。在颗粒被加热以后，其内部水分就会被蒸出，燃料颗粒在加热干燥后被再次加热并开始释放热解气，最终使炭颗粒也开始气化，气化所需的热量将由外部供热来提供。由于燃烧反应是一个放热过程，虚线表示的是颗粒燃烧时，颗粒温度会高于供热环境温度。图2.6(b)所示为初始湿度20%(质量分数)的生物质燃料完全转化时，其转化期间不同步骤的热量需求分布。尽管热解和干燥的实际热量需求也在转化的总热量需求中占据了相当大的份额，但气化的热量需求仍占有主导地位。当然，实际上热解和气化更趋向于发生在一个确定的温度区间内，而不是发生在用来计算的固定的温度下(Neves的热解模板[9]和气化的平衡计算)。除此之外，这些过程会有一部分在气化反应器中同时发生，而不是严格地依次发生。尽管如此，热量需求最大的步骤仍然是气化，最重要的是气化的温度要求也将是整个转换中最高的。

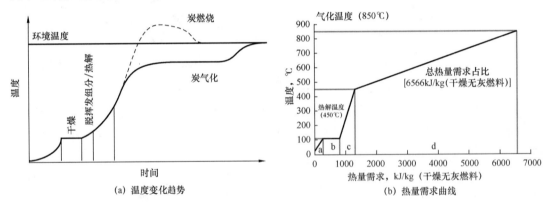

(a) 温度变化趋势　　　　　(b) 热量需求曲线

图2.6　气化期间燃料颗粒的温度变化趋势和平衡状态下普通生物质完全转化的蒸汽气化热量需求曲线

工艺条件为 $S/B=0.5$，蒸汽温度400℃，初始生物质含水量20%(质量分数)；

生物质组成(质量分数)为 C 占50%、H 占6%、O 占44%；化学式为 $CH_{1.43}O_{0.66}$

a—预热，4.0%；b—干燥，8.2%；c—热解，7.6%；d—气化，80.2%

气化单元内转化过程所需的全部热量都由部分燃料的燃烧或外部燃料来提供。改变生物质的初始含水量会降低干燥所需的热量[图2.6(b)]并提高转化效率。外部干燥还可以使用低温热源，根据放射本能的性质，这也可以提升转换工艺的效率。就连热解过程也可以在一个单独的反应器中使用独立热源进行处理。对优化气化工艺热量管理来说，温度—热负荷图是一个计算气化过程中能量效率优化很有用的工具。图2.7展示了一张图表作为以 Neves 热解模板和气化平衡为模型的间接气化工艺的例子，图中假定炭燃烧产生的热量超过燃料加热、干燥、热解以及气化所需热量的总和。对气化(400℃)的蒸汽供应以及对燃烧(400℃)的热空气供应需要额外提供。图2.7中的粗曲线表示所有上述热量需求的总和，而虚线则表示提供热量的所有热源，就是炭的燃烧和灼热合成气以及燃烧过的烟道气体冷却至环境温度产生的热量。很明显，在理想传热状态下，反应过程会产生大量的剩余热量，可通过提高热量利用效率以及降低炭的燃烧量来进一步提高合成气的产量。提高固态燃料转化成合成气的转化率将会使热量需求增加，同时因为可供燃烧的炭量降低，热量的供应将会减少。就算考虑到整个合成天然气工艺，这些曲线也可以用于热消耗与供热系统集成的总体分析，包括气化过程的上下游操作。例如，来自甲烷化反应的热量可以用于生物质的干燥或用于下游 CO_2 脱除所用的胺溶液的再生。

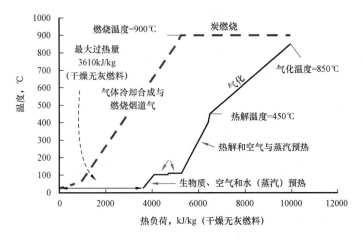

图 2.7　普通生物质间接蒸汽气化的温度—热负荷曲线

工艺条件：$S/B = 0.5$，供给的空气和蒸汽温度 25℃，加热至 400℃，生物质初始含水 20%（质量分数），生物质组成（质量分数）为 C 占 50%、H 占 6%、O 占 44%；化学式为 $CH_{1.43}O_{0.66}$

　　热解和气化热量需求曲线的斜率与不同过程中气体组分有关，气化平衡条件的轻微变化都会对转化中热量需求造成较大影响。热转化过程中，通常会用两个参数来说明不同因素对气化过程中能量性能的影响。第一个参数是相对空燃比 λ，其定义为实际上通入反应器中空气（氧气）的量与根据化学计量得出的完全燃烧所需空气量的比值：

$$\lambda = \frac{n_{\text{air}(O_2),\text{actual}}}{n_{\text{air}(O_2),\text{stoichiometric}}} \tag{2.9}$$

　　气化过程中的第二个参数是化学效率 η_{ch}，这个参数将合成气的化学能与燃料的化学能相关联。η_{ch} 在较低热值和较高热值的条件下都能被使用，但为了避免涉及含水量而导致混淆，较高的热值时，其应被如此使用：

$$\eta_{\text{ch,HHV}} = \frac{\sum_i n_{i,\text{PG}} \cdot \text{HHV}_i}{n_{\text{fuel}} \cdot \text{HHV}_{\text{fuel}}} \tag{2.10}$$

　　图 2.8 以图 2.7 所表达的内容为基础展示了 λ 和 $\eta_{\text{ch,HHV}}$ 以及不同参数所造成的影响。增加气化的蒸汽（图 2.8，点 1）以及燃烧的空气（图 2.8，点 3）入口温度可以降低用于燃烧的炭量，增加化学效率并降低 λ 值。将加入的生物质含水量从 20%（质量分数）降至 10%（质量分数）（图 2.8，点 4）时降低了所需的空燃比，使化学效率相对增加 3.2%。另外，

假设高热值热量输入的气化单元热量损失为2%，其空燃比将会显著增加，而其化学效率则会相对减少3%。除了点5、点7和点8外，其他的变化都表现出了热力的提升，基本上改变了基于能量平衡的燃烧—气化平衡。这只是少量地改变了气体组分，继而改变了气化所需的热量。这就是为什么灰线所表示出的 λ 和 $\eta_{ch,HHV}$ 的关系所代表的点呈线性。就算是蒸汽/生物质值(点7和点8)的变化也会遵循 λ 和 $\eta_{ch,HHV}$ 之间的线性关系。理论上，水煤气的转化反应也会被这一参数影响，但其 S/B 值会远大于所有案例中的化学计量最小值〔给定物质原料，根据式(2.8)，得出需要 0.23kg(H_2O)/kg(干燥无灰燃料)〕。蒸汽添加量的变化就所调查的情况来说只会对热力平衡产生影响。假设气化后的气体组分产生变化，就像图2.8中点5所表达的，气化过程中的反应焓将会产生变化，而且 λ 和 η_{ch} 将产生不同的影响。气化步骤中的气体组分被算作低于实际气化温度的200℃下的平衡状态，计算结果表明甲烷的生成量增加，吸热性下降(图2.2)。

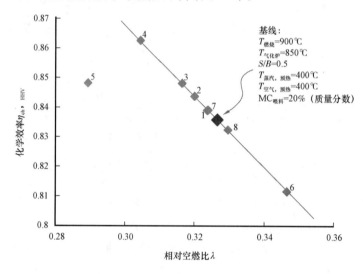

图2.8　不同参数对气化的化学效率和相对空燃比的影响

1—$T_{蒸汽,预热}$ = 500℃；2—$T_{燃烧}$ = $T_{气化炉}$ = 850℃；3—$T_{空气,预热}$ = 500℃；4—$MC_{喂料}$ = 10%(质量分数)；

5—气化平衡计算值(温度 = T_{gasif} − 200℃)；6—原料热输入的热损失为2%(HHV)；

7—S/B = 0.4kg(H_2O)/kg(干燥无灰燃料)；8—S/B = 0.6kg(H_2O)/kg(干燥无灰燃料)

气化温度的变化对气化性能有双重影响：一个基本上是温度高低和热量需求有关的热性质；另一个则和化学转化、动力学以及平衡状态有关。一般来说，低温可以避免热量流失，提高甲烷含量，但也同样使热解过程中产生更多的焦油，气化反应过程中动力学速率减缓，导致合成气中焦油含量升高。温度升高，热量流失加剧，合成气产品组成会向 CO 和 H_2 方向偏移，并强化了反应的吸热效果，继而增加其热量需求，最后降低甲烷的含量。另外，焦油在高温气化的产物中并不常见，因此降低了安装下游提质设备的必要性，减少了下游设备建造费用。

2.2.5　技术选择的热力学因素

上述的热力学因素构成了气化反应设备的设计基础。在合成天然气生产的框架内，气化的目标在于高甲烷浓度下的高合成气产量，这有利于提升整套工艺的转化效率。为达到这一目的，需对一些存在冲突的项目进行优化。低温条件下，甲烷产量高，高级烃和焦油的产量也高，这样就增加了下游气体清洁的需求。除此之外，降低温度会降低气化反应速率，不利于炭的转化，从而降低合成气的产量。加压操作也有利于甲烷的生成，而且对于给定的热量输入而言，加压操作使单位体积处理量增加，所需的设备尺寸缩小，更有利于大规模生产，甚至可以省略下游甲烷化之前的合成气压缩过程。此外，加压容器中固态燃料的给料经常涉及操作问题，这可能会使进料系统中惰性气体的需求增加，影响气化的动力学参数，并加大下游气体的提质需求。通过进行间接常压和直接加压生物质气化之间基于放热本能的比较表明：在合成天然气生产过程中，由于增加的气体提质能量需求抵消了增加的效率，因此气化容器加压并无明显益处，从整个合成天然气工艺的热力学观点来看，间接常压和直接加压气化都是合适的[11]。气化技术的选择最终还是需要通过整个合成天然气工艺的框架进行评估和优化。接下来将对各种不同的气化技术进行介绍，并将重点放在合成天然气生产的特殊性方面。

2.3 气化技术

从技术观点上看，基本上有三种不同的气化反应器被大规模使用：固定（移动）床反应器、夹带流反应器和流化床反应器。图2.9所示为原料、气化剂及其主要技术。煤主要应用于夹带流反应器或固定床反应器中，而生物质气化则大多发生于流化床反应器中。但是正如灰色细箭头所表示的，其差别并不明显。这之间还有一个例外，例如，以夹带流反应器为首选技术的制浆过程中的黑液。考虑到气化剂的问题，所有的气化反应器都会使用蒸汽。由于其所需热量由外部热源提供，间接气化是唯一不使用氧气作为气化剂的气化技术。加氢气化主要用于夹带流反应器中煤的气化，但也并不局限于这一用法。

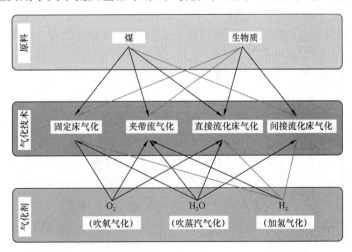

图 2.9 基于最常见的原料和气化剂的气化技术分类

以下将会根据进料需求、热量管理和合成气产量、炭转化程度、甲烷含量以及焦油的产量优化潜能来讨论和展示与合成天然气生产的开发与构建有关的不同气化概念。在合成天然气生产框架内，各种技术的特定问题以及规划或实施中的实验和工业化规模项目在下文讨论中都会涉及。

2.3.1　夹带流

在夹带流气化炉中，原料与气化剂同时进入气化炉并在与合成气一起通过反应器时气化，这使得其在气化炉中的停滞时间极短（最多 5s，一般来说会更少），因此气化炉需要保持 1300℃ 以上的极高反应温度[1]。这一高温完全避免了产物中焦油和高级烃的产生，因此，合成气主要由一氧化碳、氢气和水蒸气组成。大多数情况下，气化剂是空气分离器（ASU）提供的纯氧[12]，在合成天然气生产中避免氮气出现是必要的，如此一来，可以有效降低反应过程的体积流速，减小装置尺寸，降低设备成本，然而，在运行过程中，还要涉及空分装置安装成本和内部能量损耗的问题。夹带流气化炉可以在高压下运行（数十巴），可以注入粉状（小于 0.1mm）或浆状原料，这使得其具有很高的灵活性。由于其高于灰烬熔点的高反应温度，这种反应器必须要处理生成炉渣的问题。部分种类的气化炉（Shell、PRENFLO™、Siemens）会对生成的炉渣加以处理，它们会通过流到隔膜墙下的炉渣来形成一层保护层。但为了达到最小的灰烬含量和一定的性能范围，原料的选择就会受到限制。其他种类的夹带流气化炉（Conoco Philips 的 E-Gas™ 技术或者说 GE 气化炉）则通过耐火材料来解决炉壁的耐高温问题，这样一来原料的灰烬含量和性能上的选择就有了极大的灵活性，但其又将面临一些陶瓷腐蚀的问题。不管怎么说，低灰煤还是优先选择的材料。

现在已经有数家供应商大规模建造了夹带流气化炉投入商业应用，尤其是在中国（华东理工大学[13]，针对中国市场），夹带流气化炉还有着更进一步的发展计划。大多数夹带流气化炉被用于集成气化联合循环（IGCC）装置中煤的转化以及甲醇的生产。在生物质气化的领域中，夹带流气化炉被用于法国 BioTFuel 项目中生物柴油和生物煤油的生产（使用费托合成的 Uhde 的 PRENFLO™ 气化[14]）以及德国 BioLiq 工艺中二甲醚的生产（用分散式秸秆热解生产生物原油，进而在高压夹带流气化炉中进行集中气化，接着进行甲烷/二甲醚的合成）[15]。

由于反应温度的原因，大多数夹带流气化炉内合成气中甲烷的生成是被抑制的，高出口温度同时会导致冷气效率下降，两方面的原因限制了整个煤制合成天然气工艺链的效率，阻碍了夹带流气化炉的应用。只有在韩国的 POSCO 项目中，才选择了 E-Gas™ 技术与 Lurgi-Rectisol 的洗涤装置，还有 Haldor Topsøe（TREMP）的甲烷化固定床组合技术，通过煤和石油焦制取合成天然气。选择这种气化工艺的原因在于其气化的第二阶段，煤被加入炉中并与来自高温第一阶段的合成气发生反应（图 2.10），这

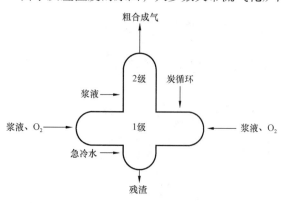

图 2.10　Conoco Philips（E-Gas™）的两步煤气化工艺[16]

一吸热反应引起的所谓化学淬火会降低出口温度（900～1000℃），由此使整个反应拥有了更高的冷气效率，并有利于甲烷的生成。

2.3.2 固定床

固定床生物质气化炉（逆流和并流操作）经常使用空气作为气化剂，甚至能被用来发电。目前为止，全球四家煤制合成天然气工厂（一家在美国，三家在中国）都使用氧气/蒸汽逆流吹进固定床煤气化技术。此工艺过程中合成气中的甲烷含量相对较高，这对整条工艺链的效率都是有益的。在逆流固定床气化中，煤颗粒（从低于1cm到几厘米）通过一个闸斗仓系统被加入加压气化炉中（通常是20～24bar），在那里形成一个缓慢下降的移动床。氧气和蒸汽从底部注入，建立一个在反应器底部转化炭的热燃烧区域。灼热的燃烧烟气通过煤颗粒床向上移动，向下移动的煤颗粒逐渐升温并连续地进行干燥、热解以及热解层中产生的炭的气化。因此，合成气中含有蒸汽（有未反应的蒸汽和通过原料干燥产生的蒸汽）、通过热解产生的焦油和气化与燃烧产物，其中甲烷占5%～10%。20世纪30—50年代，鲁奇完成了最初的设计工作，在很长一段时间内这就是唯一通过验证的褐煤与烟煤气化技术。在鲁奇的底部干燥气化炉中（由美国达科他燃气公司在大平原合成天然气装置验证，南非的SASOL合成气工厂也有），煤床由一张旋转的格栅和氧气所支撑，氧气和大量的蒸汽会从底部注入反应炉。蒸汽限制了燃烧的温度，并且避免了灰烬的熔化，这样一来灰烬就能从格栅中呈干燥状态排出。加入大量蒸汽的缺点在于热效率的损失，相对大量的CO_2的生成导致下游设备更大，产物中存在富含可溶有机杂质（比如酚类）的大量冷凝水，需要增加适当的废水处理设施。

因此，鲁奇和英国天然气公司进一步研制出逆流固定床气化炉，可以将蒸汽与氧气比例从大约9降至1或2[17]。蒸汽量降低可以使燃烧区内的温度上升，将灰烬转化成炉渣。因此更改了气化炉底部设计，在蒸汽和氧气通过多个管道（鼓风口）加入床的底部时，可以使熔化的炉渣能够通过一个孔洞流入气化腔下方的水淬部分（图2.11）[17]。通过这些管道，也能注入煤粉和（或）凝结焦油来提高系统的炭转化能力。蒸汽供给量下降，系统产量更高，CO_2含量更低，出口温度更低，因此系统达到了更高的热效率，由之前的62%提高到约80%[17]。美国和英国在合成天然气项目中选择了所谓的 British Gas/Lurgi（BGL）排渣气化炉[17]，但并未投入实际应用。

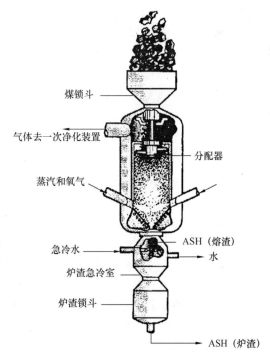

煤锁斗

气体去一次净化装置

分配器

蒸汽和氧气

急冷水

ASH（熔渣）

水

炉渣急冷室

炉渣锁斗

ASH（炉渣）

图2.11　鲁奇和英国天然气公司的排渣气化炉[17]

2.3.3 直接流化床

在直接流化床气化中，气化所需的热量由同一套装置中一部分原料的燃烧放热提供。流化床床层的物料包括活性催化剂或惰性材料，都可以使反应器内温度分布均一化，改善燃料混合效果，但有些煤气化工艺在实际操作时不需要床层物料，仅惰性灰烬的量就已经足够满足流化床对颗粒存量的需求。反应器可以被设计为鼓泡流化床或循环流化床，其中循环流化床反应器中有较大的表面气体流速，夹带的颗粒通过旋风分离后，通过返回路线循环至流化床中。直接流化床气化可在加压条件下操作，与间接流化床气化的区别在于，高于环境压力下的操作会变得更加复杂。整套工艺的热量输入规模在数百兆瓦级别，介于夹带流气化和间接流化床气化之间。下文将对工业规模的直接气化装置展开介绍，对于煤基技术的介绍只限于前文所讨论的合成天然气生产工艺。如果希望对煤基直接流化床气化技术进行更深层次的了解，读者可以选择 Higman[1] 的著作进行学习，其中有较大篇幅关于煤基的流化床气化的信息，在下文也会进行说明。

2.3.3.1 温克勒气化炉

（1）30bar 压力范围内的加压操作示范；

（2）技术已用于加氢气化工艺。

温克勒发明了常压流化床工艺，于 1922 年获得专利授权，是最早用氧气作为流化和氧化媒介的工艺之一。其操作需要耗用大量的燃料，工业装置可使用涵盖了从褐煤到烟煤的各阶煤种。除了煤颗粒和最终用来控硫的石灰石以外，没有额外的床层物料添加。气化炉操作时温度需要保持在煤灰的熔点以下避免烧结，大多数商用装置的操作温度处于 950～1050℃ 之间。床上方的次级氧气/空气注入提高了夹带粒子粉末的转化率，未转化的炭大概占进料中炭的 20%，会留在炉下部被辅助锅炉烧掉。如今常压温克勒工艺已经退出使用。在 20 世纪 70 年代此工艺有了进一步的发展，加压操作时压力已经可以加到 30bar，高温温克勒工艺到现在为止仍需经过 ThyssenKrupp Uhde 的授权方可使用。据 ThyssenKrupp Uhde 消息，高温温克勒工艺操作温度范围为 700～950℃，炭转化率在 95% 以上。图 2.12 显示了早期的温克勒气化炉和高温温克勒气化工艺的基本流程。

高温温克勒气化工艺是 Rheinbraun AG 在 20 世纪 70 年代后期研究的加氢气化工艺概念的一部分[19]。在 20 世纪 80 年代，该工艺也已经用于德国 Berrenrath 的示范装置中生产甲醇合成的合成气[18]，应考虑将其用于瑞典的生物质制甲醇项目[20]。

2.3.3.2 Kellogg – Rust – Westing house(KRW) 气化

（1）灰分附聚工艺；

（2）加压操作。

如图 2.13 所示，KRW 气化工艺是所谓的凝结工艺，此工艺中进料煤中的灰分会在流化床底部被加热至熔点或更高温度。这样会形成更大的灰分凝聚体，并从气化炉的底部排出，凝结而成的颗粒会被蒸汽或（和）注入的循环气体慢慢冷却。此工艺概念的目的在于提高炭的转化率。当整体炭转化率为 90%～95% 时，大约 85% 的灰分会在底部被采集[3]。由于可从底部排出灰分，这一工艺的另一潜在优势是减少了下游气体处理过程滤出灰分的问题。KRW 已经设计出一种操作压力可达 16bar、温度可达 1000℃ 的工艺开发装置[3]。

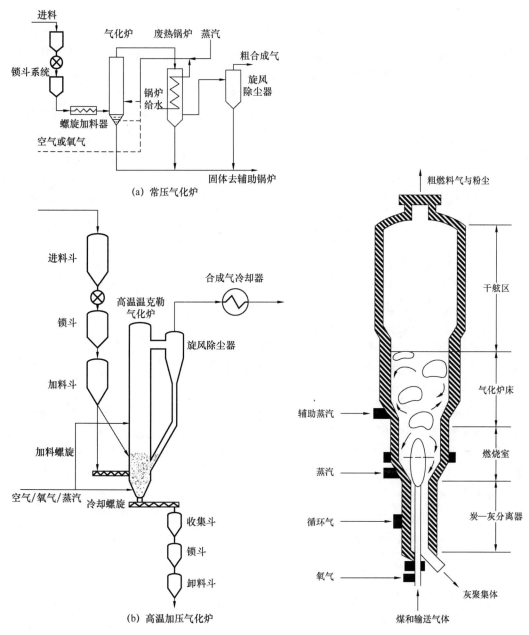

图 2.12　温克勒常压气化炉和高温
　　　加压气化炉流程图[1]

图 2.13　KRW 气化炉的流程设计图[3]

2.3.3.3　福斯特惠勒

（1）20bar 压力范围内的加压操作示范；

（2）12MW 气化炉的吹氧加压气化运行时间超过 9000h。

在瑞典的韦纳穆，作为示范装置的一部分，加压直接流化床气化炉可以在 18bar 的压力下对多种生物质燃料进行处理[21]。福斯特惠勒和 Sydkraft（现在被称为 E. ON）一样都是气化技术的供应商。设备以空气为气化剂、以合成气为燃气涡轮燃料,在IGCC模式下成功运行了3600h。18MW的生物质原料可生产6MW的电能和9MW的热量。装置中的陶瓷和金属热气过滤器进行测试后,都表现出良好的过滤效果,但陶瓷过滤器会产生机械故障并导致装置停运。之前有计划想将其改变为主要用于氢气生产的带有下游燃料合成的吹氧操作,但这个计划并未实现,到现在为止这套设备都没有投入运营[22]。

NSE生物燃料(Neste Oil和Stora Enso联合经营)和芬兰的研究院VTT与福斯特惠勒一起在芬兰Varkaus纸浆厂进行了一个生物质液化项目。一个12MW的加压气化炉从2009年起总计运行了9000h以上,到2011年仍保有96%的效率,甚至它的热气清洁装置也在运行5500h后成功保留了93%的运行效率[23]。在VTT,一个0.5MW的实验装置作为VTT的超清洁气体(UCG)项目的一部分,同时也为了支持这一技术的发展投入了使用。2012年,在欧盟NER300项目资金支持被裁剪之后,NSE生物燃料决定放弃这一项目。

2.3.3.4　安德里茨集团卡本公司/美国燃气技术研究院(GTI)

(1)可提供大于50MW的商用装置;

(2)位于美国燃气技术研究院的气化和催化焦油重整测试设施;

(3)吹气操作中的催化焦油重整示范。

安德里茨集团卡本公司提供了一种直接气化工艺,该技术基于美国燃气技术研究院发明的U-Gas和Renugas概念进行设计。在丹麦Skive的CHP工厂他们建造了一个能在0.5~2.0bar压力下操作的20MW的吹气加压气化炉,利用稳定热电联产装置产生的气体后可生产6MW电能和12MW热能,采用催化焦油重整的高温气体净化装置也在Skive成功完成示范,该装置利用率为80%~85%。在美国芝加哥的燃气技术研究院,还有一套氧气加压气化装置正在运行,用于生物燃料合成工艺流程的测试和验证,尤其是生物质液化和合成天然气工艺[24]。安德里茨集团卡本公司的气化技术是生物质合成天然气项目的核心,这也是能源服务公司E.ON一直在探究的方向,希望能够在瑞典建造200MW大规模生物合成天然气的生产装置。项目计划于2018年启动,但是公司仍在等待瑞典政府对未来可再生运输燃料补助计划的落地[25]。

2.3.4　间接流化床气化

间接气化过程中,从固体燃料转化为合成气所需的热量是在一些热传导媒介的辅助下由外部热源提供的,一般采用燃烧方式供热。对于规模在50MW以上的大型气化装置而言,间接气化的常用技术是以床层填充材料在燃烧室和气化室之间传递热量的循环流化床。但对于1~10MW规模的中小型气化装置来说,采用的技术有较大差别,例如,用装满了液态金属的浸入管作为两个完全独立的反应腔体的传热媒介。两种技术的主要区别在于,后一种技术两个反应室的燃料添加是单独控制的。在循环流化床气化系统中,气化室和燃烧室之间有着很强的依赖关系;从理论上来说,这一系统具有本质的自稳性,气化温度降低会导致炭转化率降低,进而使更多的炭被转移到燃烧室中;反过来,这又会导致燃烧室放热量增加,热量传导至气化室,从而使气化室温度上升。在实际操作中,通过额外添加燃料或控制燃烧室合成气的循环量也可以调整气化温度。然而,对于气化室和燃烧室完全分离的气化技术而言，对两个腔室燃料添加量的控制更为便利。

间接气化的基本思想是在不需要氧气供应条件下，提供一种没被氮气稀释的中、高热值合成气。气流床气化或直接气化过程中，用来获得纯氧的空分装置的建造和运行费用占据了气化系统的很大比重。通常认为间接气化只能在常压下运行，这在某种意义上限制了其放大的可能。生物质气化工艺受供应链物流局限性的制约，导致其几乎没有在规模上超过间接气化的技术可行性。因此，以下介绍的大部分间接气化合成天然气生产技术的选择都是基于生物质过程。

2.3.4.1 快速内循环流化床气化

（1）标准操作的气化温度范围为 800~850℃；

（2）常压气化；

（3）1MW 合成天然气生产示范；

（4）橄榄石作为标准床料，在一定程度上降低了焦油含量，同时具有良好的机械稳定性；

（5）使用菜籽油甲酯作为气体净化（除焦油）的标准溶液。

由 TU Vienna 开发的快速内循环流化床（FICFB）气化炉是一项革新技术，在奥地利格兴首次建造8MW 中试装置，于2001 年开始试验[26]。FICFB 气化炉最初的工艺设计理念是提高燃气轮机的热电联产效率，在奥地利和德国有多套10MW 的生物质 CHP 设备[27]。但是后来格兴装置甚至利用合成气侧线进行了1MW 生物质合成天然气生产装置测试[28]。这一概念中生物质转化生物合成天然气的化学效率 η_{ch} 预估为66%[29]，在更大规模的设备中则为68%[28]。图2.14 展示了 FICFB 气化炉的常规流程以及集成生物合成天然气示范装置的流程。FICFB 气化炉配套的除焦油技术是油基清洗技术，清洗废油则会在气化炉的燃烧区被烧掉，焦油清洗中菜籽油甲酯的消耗对整套反应的燃料和能量消耗也是不容忽视的。FICFB 气化通常使用煅烧橄榄石（一种硅酸镁铁）作为床料。

Repotec 授权的 FICFB 气化技术是瑞典哥德堡气化项目的核心，此项目于2013 年底开展，其目的在于利用32MW 的森林残留物生产20MW 的生物合成天然气[32,33]。该设备中焦油清洗的第一步就是对与格兴设备相同的菜籽油甲酯油洗，但余下的生物合成天然气工艺就与格兴以及 Topsøe 提供的生物合成天然气工艺有了技术上的区别。

法国的 Gaya 项目原料输入热值规模为0.6MW，是另一个以木材为原材料用 FICFB 气化技术进行生物合成天然气生产的项目。该项目设计建造一个5 年运行周期的开发与测试平台，目的是想选择对生物合成天然气工艺放大到工业生产规模的有利选项和条件[34,35]。

2.3.4.2 吸附强化重整气化

（1）快速内循环流化床技术示范；

（2）气化温度范围更低，即 600~700℃；

（3）通过原位碳酸化技术，在气化过程中利用含氧化钙床料去除二氧化碳；

（4）与标准气化过程相比，焦油含量低；

（5）由于床料消耗增加，导致粉尘含量增加。

吸附强化重整（AER）气化技术是基于 FICFB 概念更进一步的气化技术，其在2007—2008 年于格兴车间中成功通过测试[5]。AER 概念使用含 CaO 的床料在较低的温度区间下

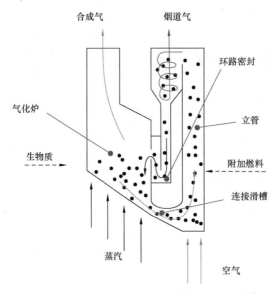

(a) 快速内置循环流化床气化炉 (8MW) [30]

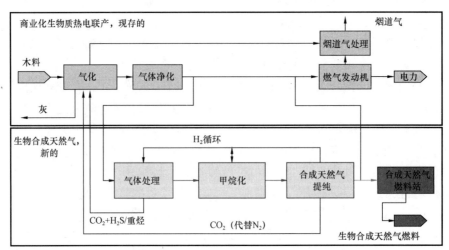

(b) 集成格兴热电联产装置生物合成天然气工艺概念 [28]

图 2.14 双床流化蒸汽气化炉概念

进行流化床气化(600~700℃),这样一来,床料可以原位碳酸化生成碳酸钙,然后 CO_2 就可以通过以下反应在气化反应器中被移出合成气:

$$CaO(s) + CO_2(g) \Longrightarrow CaCO_3(s) - 179kJ/mol \qquad (2.11)$$

该反应过程强放热,提高了对气化反应器的供热能力。为了让碳酸化反应能达到预期效果,与标准气化过程相比,需要在气化炉中保持更低的温度和更长的停留时间。降低气化炉温度使该技术更适用于高含灰量以及在高温下容易结垢的难处理燃料。根据平衡关系,降低温度有利于甲烷形成。CO_2 的原位移除使水煤气转化反应[式(2.6)]正向进行,使得氢气产量增加。另外,碳酸化反应逆向进行,产生的 CaO 和 CO_2 则会随着烟气一同排出。因为式(2.11)吸热，所以燃烧单元的热量需求有所增加。在实验设备中，吸附增强气化与传统气化相比，合成气干基中氢气浓度有大幅度增长（摩尔分数从 37.7% 增加到 73.9% ），H_2/CO 值从 1.3 变成 12[30]。床料机械稳定性的降低增加了灰尘的产生，然而吸附增强气化所用的含 CaO 方解石对焦油重整有更高的活性，这使得与橄榄石床料相比，其产物合成气中的焦油含量大幅度减少（从 3.5g/m³ 降至 1.4g/m³ ）[30]。在相同燃料输入条件下，吸附增强气化产生的合成气化学能比标准 FICFB 气化降低了 37%，这是由于燃烧区域[逆反应是式(2.9)]床料再生需要燃烧更多的炭导致能量需求增加造成的。对下游合成来说，气化器中直接移除 CO_2 无疑对气体组分有正面影响，但这里 CO_2 移除所需的能量 [179kJ/mol(CO_2)]近似于或大于下游传统 CO_2 氨基吸收设备所需的能量 [132kJ/mol(CO_2)]。此外，与 140℃ 的胺再生相比，这个反应需要大量供热使其燃烧温度达到 900℃。但它的好处在于能减少对下游设备的需求（不需更换）以及较低的合成气流量，使得设备尺寸更小，这一概念适于生物燃料合成的应用。

基于格兴示范装置的成功测试[5]，一个 10MW 的吸附增强气化装置计划于德国投建进行热电联产。此装置被视为生产生物燃料的研发平台，特别是与格兴装置类似，从侧线中制取氢气和合成天然气[36]。然而，由于木质燃料价格的猛烈上涨，此计划由于经济性原因不得不被放弃[37]。

2.3.4.3 MILENA 气化

（1）气化室和燃烧室集成在一个腔体内；

（2）高于水露点的油洗作为常用的焦油去除技术；

（3）生物质合成天然气工艺中试规模验证；

（4）工程放大后的加压设想。

荷兰能源研究中心（ECN）基于 MILENA 间接气化技术进行了 0.8MW 中试规模生物质合成天然气验证实验。与 FICFB 相比，MILENA 气化的主要区别在于其燃烧室和气化室集成在一个腔体中。在流化床的内部环形空间里，生物质和蒸汽一起被热解并部分气化，未转化的炭与空气一起在容器的底部被点燃，发生燃烧反应的腔体环绕在气化反应器周围为其提供足够的热量[38]。ECN 与 HCV 合作计划在阿尔克马尔建造一个 12MW 的废弃木料气化生产合成天然气的 MILENA 工艺设备，此设备将大部分净化产品气利用蒸汽动力循环锅炉生产绿色电力，少量合成气经提质后生产生物合成天然气，装置计划 2014 年开始运行[39]。图 2.15 所示为基于 MILENA 技术设计的生物合成天然气工艺流程，其中甲烷化技术采用多级固定床，燃烧室和气化室集成在一个腔体内，ECN 认为此技术在大规模放大生产过程中采用加压气化方式是可行的[39]。

2.3.4.4 Batelle/Silvagas 气化

（1）40MW 输入规模验证；

（2）常压气化。

Rentech - Silvagas（之前的 FERCO Silvagas 工艺）常压间接气化工艺在美国进行开发，采用 DFBG 气化概念，具有两个内部连接的循环流化床，最初是由 Batelle 哥伦布实验室在 20 世纪 70 年代末作为美国国防部能源生物质发电项目的一部分进行开发的。此工艺在 2000—2002 年于柏林顿的 CHP 工厂进行了成功验证，其设计工艺规模约为 40MW，在低

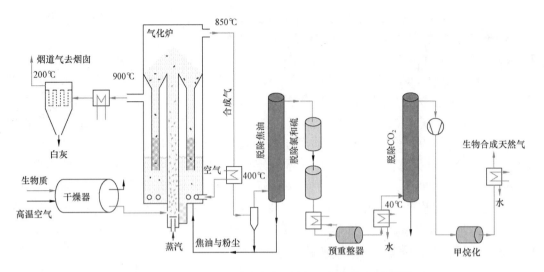

图 2.15   MILENA 生物质合成天然气工艺简易流程图[38]

热值的情况下，运用合成气进入锅炉混烧，依靠 60MW 左右的热量输入也能使其正常运行，然而，并没有下游燃料合成相关的报道[40]。

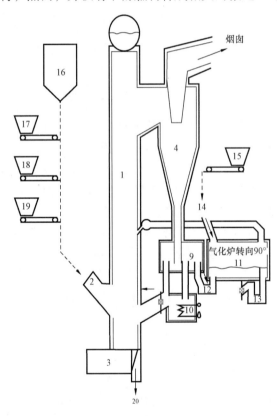

图 2.16   加入气化炉改进后的 Chalmers 循环流化床锅炉流程图

图中各数字表示工艺过程中物料流股的状态

2.3.4.5   Chalmers 间接气化炉

（1）对现有流化床锅炉概念改良；

（2）研究用气化炉。

Chalmers 间接气化炉的基本原理是通过对循环线路中安装气化反应器来改进现有的流化床锅炉。因为流化床气化炉在全世界上都极其普遍，将之改进为一种新建的、独一无二的气化炉是一项很经济的手段。根据所添加气化炉的规格，新反应炉要么完全像间接气化炉一样，要么就像一个多联产设施一样能同时供热、供电以及供气。这一概念在 2007 年于 Chalmers 的 12MW 循环流化床锅炉中完成验证，一台 2MW 气化炉通过两个密封循环集成到灼热床料的循环之中（图 2.16）[41,42]。这一气化炉被完全用于研究，到目前为止并没有投入燃料生产的计划；其所生成的粗合成气重新送入锅炉烧掉。此气化炉运行已经超过 15000h，到现在为止还没有关于锅炉性能上的负面影响的报道。

2.3.4.6   热管式重整器

（1）中小型规模工艺(小于 10MW)；

（2）实现 4bar 的加压操作验证；

（3）液态金属在热管中进行热量传导。

由 Agnion Energy Inc 授权、慕尼黑科技大学开发的热管式重整器（HPR）是一种将气化室与燃烧室完全分离的间接气化概念[49]。气化产生的热量通过充满液态金属（钠）的热管被传导至气化室（重整器），该技术是为小型和分散型设备开发的。在监测期间成功实现了气化工艺的 4bar 加压操作，这项技术已经在一个 500kW 的实验单元和一套商用 1.3MW 生物质热电联产设备中完成过验证。研究的目标是生物燃料的分散合成，尤其是生物合成天然气。在生物合成天然气生产的概念学习中，一套 1.3MW 输入规模的设备，其低热值冷气效率 η_{ch} 为 68%。图 2.17 展示了 HPR 和合成天然气工艺的技术设计。

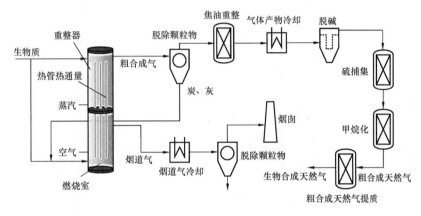

图 2.17　基于热管式重整器的生物合成天然气工艺理论[43,44]

Cortus Energy 授权了一个与 HPR 类似的称为 Wood Roll 的工艺概念。这项技术在气化的每一步中都使用了单独的容器，包括干燥、热解与气化单元，干燥所需的热量由热解气体的部分燃烧提供，余下的热解气体将在进入气化室的一个单段回热燃烧器中燃烧，并为气化提供热量。热解后残余的炭将与蒸汽一同被气化以生产适于燃料合成的无氮合成气。将各个子过程分离有利于各过程根据自身所需温度级别供热，这在理论上会使整套工艺拥有很高的㶲效率（图 2.7）。在瑞典的雪平，一套用来向石灰窑提供燃料气的 5MW 装置已经进入试运行阶段，估计在 2014 年 6 月会正式投入运营[45]。

2.3.5　加氢气化与催化气化

2.3.5.1　加氢气化

（1）无须下游甲烷化处理步骤；

（2）有内部制氢的双级气化概念。

如图 2.1 所示，在加氢气化中，煤制甲烷化学计量转化针对的是原料碳加氢直接反应制甲烷的反应，其总化学反应如下：

$$C + 2H_2 \longrightarrow CH_4 \qquad (2.12)$$

图 2.18 展示了 Rheinbraun AG 依据 HTW 气化炉进行的煤加氢气化的技术设计，这一

气化过程在两个流化床反应器上实现。上方的流化床用氢气作为煤气化的流化剂，其生成的富甲烷流体之后被提质到合成天然气级别，这里会使用深冷分离将氢气循环回反应器中。下方的流化床将使用加氢气化后残余的炭和蒸汽与氧气混合物制氢。由甲烷重整反应可以保证进入加氢气化反应器气流中的氢气纯度。类似的理论已经被开发与验证，例如Hydrane和Hygas气化炉，后者是由美国燃气技术研究院发明的。据报道，Hydrane气化炉需要将进料煤中约50%的炭用来制氢，同时约有35%离开第一气化反应炉的未转化炭会在加氢气化这一步中进行转换[46]。

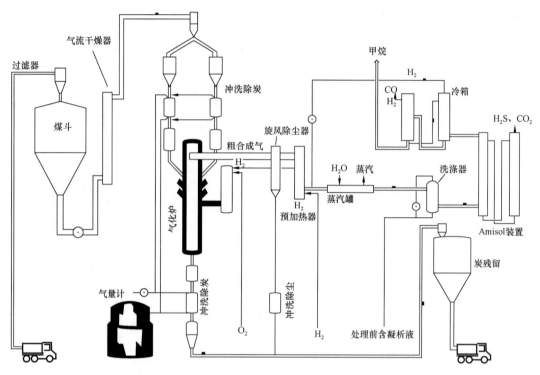

图2.18　基于HTW气体的煤制合成天然气的Rheinbraun AG加氢气化工艺[3]

2.3.5.2　催化气化

（1）低温（约700℃）气化的甲烷产量会更高；

（2）无须下游甲烷化步骤；

（3）验证了弱酸性钾盐是煤气化催化剂。

Exxon的工艺是煤催化气化的最杰出例子，此工艺运用碱金属盐作为催化剂在流化床中用煤制取合成天然气，图2.19展示了其基础流程图。在中试过程中发现KOH、K_2CO_3和K_2S是合适的催化剂。催化剂的主要作用是促进气相转化、甲烷化反应[46]以及提高蒸汽气化速率[47]。在催化气化的帮助下，之前在标准气化炉中925℃下实现的碳转化速率，现在在700℃下就能达到。根据平衡条件，这明显对甲烷生产有益（图2.2）。这样一来就不需要下游的甲烷化步骤，但排出的CO、H_2（循环至气化炉的）和酸性气体（CO_2、H_2S）需要进行提质，以获得符合输入管道质量要求的合成天然气。

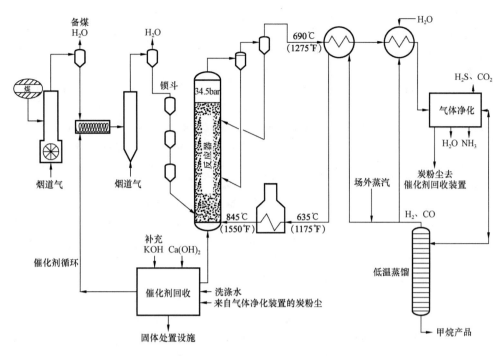

图 2.19 Exxon 催化煤气化工艺流程图[47]

参 考 文 献

[1] Higman C, van der Burgt M J. Gasification, 2nd edn. Gulf Professional Publishing/ Elsevier, Oxford, UK, 435 pp.; 2008.

[2] Phyllis – Database for biomass and waste: ECn; 2013 [2013 – 08 – 01]. Available from: http://www. ecn. nl/phyllis2/(accessed 12 december 2015).

[3] Woodcock KE, Hill VL. Coal gasification for SnG production. Energy. 12(8/9): 663 – 687; 1987.

[4] Mozaffarian M, Zwart RWR. Production of Substitute Natural Gas by Biomass Hydrogasification. Proceedings of First World Conference and Exhibition on Biomass for Energy and Industry. pp. 1601 – 1604; 2000.

[5] Koppatz S, Pfeifer C, Rauch R, Hofbauer H, Marquard – Moellenstedt T, Specht M. H_2 rich product gas by steam gasification of biomass with in situ CO_2 absorption in a dual fluidized bed system of 8 MW fuel input. Fuel Processing Technology 90(7/8): 914 – 921; 2009.

[6] Gassner M, Vogel F, Heyen G, Maréchal F. Optimal process design for the polygenera tion of SNG, power and heat by hydrothermal gasification of waste biomass: Process optimisation for selected substrates. Energy and Environmental Science 4(5): 1742 – 1758; 2011

[7] Waldner MH, Vogel F. Renewable production of methane from woody biomass by catalytic hydrothermal gasification. Industrial and Engineering Chemistry Research 44(13): 4543 – 4551; 2005.

[8] Vogel F, Waldner MH, Rouff AA, Rabe S. Synthetic natural gas from biomass by catalytic conversion in supercritical water. Green Chemistry 9(6): 616 – 619; 2007.

[9] Neves D, Thunman H, Matos A, Tarelho L, Gómez – Barea A. Characterization and prediction of biomass pyrolysis products. Progress in Energy and Combustion Science 37(5): 611 – 630; 2011.

[10] Lind F, Israelsson M, Seemann M, Thunman H. Manganese oxide as catalyst for tar cleaning of biomass –

derived gas. Biomass Conversion and Biorefinery 2(2): 133 – 140; 2012.

[11] Heyne S, Thunman H, Harvey S. Exergy – based comparison of indirect and direct biomass gasification technologies within the framework of Bio – SNG production. Biomass Conversion and Biorefinery 3: 36 – 42; 2013.

[12] Harris DJ, Roberts DG. Coal Gasification and Conversion. In: Osborne D (ed.) The Coal Handbook: Towards Cleaner Production, 2. Woodhead Publishing, London, pp. 427 – 454; 2013.

[13] Li C. Current Development Situation of Coal to SNG in China. IEA workshop, Peikin, China; 2014.

[14] ThyssenKrupp. Uhdes PRENFLO^{TM} – Verfahren wird für gemeinsames Forschungs – und Entwicklungsprojekt BioTfueL in Frankreich ausgewählt. Available from: http://www. thyssenkrupp. com/de/presse/art _ detail. html&eid = TKBase_ 1267695470819_ 934277290(accessed 12 december 2015).

[15] Bioliq. Home page. Available at: www. bioliq. de; 2012(accessed 12 december 2015).

[16] Cliff Keeler TL. POSCO Gwangyang Project for Substitute Natural Gas(SNG). POSCO, Gwangyang; 2010.

[17] Sharman RB, Lacey JA, Scott JE. The British Gas/lurgi Slagging Gasifier: A Springboard Into Synfuels. British Gas, london; 1981.

[18] Uhde T. Gasification Technologies. ThyssenKrupp uhde, p. 24; 2012.

[19] Lambertz J, Brungel N, Ruddeck W, Schrader L. Recent Operational Results of the High – Temperature Winkler and Hydrogasification Process. Conference on Coal Gasification Systems and synthetic Fuels for Power Generation, San Francisco, CA. Electric Power research Institute, Palo Alto, CA; 1985.

[20] Varmlands Metanol AB. Uhde Gasification Selected for World's First Commercial Biomass – to – Methanol Plant for VarmlandsMetanol AB. VarmlandsMetanol AB, Hagfors, Sweden. ; 2012.

[21] Ståhl K. The Värnamo Demonstration Plant – A Demonstration Plant for CHP Production, based on Pressurized Gasification of Biomass. Demonstration programme 1996 – 2000. European Commission, Swedish Energy Agency, Sydkraft AB, Stokholm; 2001.

[22] Ståhl K, Waldheim L, Morris M, Johnsson U, Gårdmark L. Biomass IGCC at Värnamo, Sweden – Past and Future. GCEP Energy Workshop. Stanford, USA; 2004.

[23] Hannula I, Kurkela E. Biomass Gasification – IEA Task 33 Country Report – Finland. IEA Task 33 Meeting. Istanbul, Turkey; 2012.

[24] Patel J, Salo K, Horvath A, Jokela. ANDRITZ Carbona Biomass Gasification Process for Power and Bio Fuels. 21st European Biomass Conference and Exhibition, ETA – Florence renewable Energies, Copenhagen; 2013.

[25] Fredriksson Möller B, Ståhl K, Molin A. Bio2G – A Full – scale Reference Plant for Production of Bio – Sng (Biomethane) Based on Thermal Gasification of Biomass in Sweden. 21st European Biomass Conference and Exhibition. ETA – Florence renewable Energies, Copenhagen, denmark; 2013.

[26] Hofbauer H, Rauch R, Loeffler G, Kaiser S, Fercher E, Tremmel H. Six Years Experience with the FICFB – Gasification Process. 12th European Conference and Technology Exhibition on Biomass for Energy, Industry and Climate Protection. ETA, Amsterdam, netherlands, pp. 982 – 985; 2002.

[27] Rauch R. Biomass Steam Gasification – A Platform for Synthesis Gas Applications. In: Agency IE(ed.). IEA Bioenergy Conference, Vienna. International Energy Agency, Vienna; 2012.

[28] Bio – SnG. Bio – SNG – Demonstration of the Production and Utilization of Synthetic Natural Gas(SNG) from Solid Biofuels. Bio – SnG Project TrEn/05/FP6En/ S07. 56632/019895, Bio – SnG, Malmo, Sweden; 2009.

[29] Rehling B, Hofbauer H, Rauch R, Aichernig C. BioSNG – process simulation and comparison with first

results from a 1 – MW demonstration plant. Biomass Conversion and Biorefinery 1(2)：111 – 119；2011.

[30] Pfeifer C, Puchner B, Hofbauer H. Comparison of dual fluidized bed steam gasification of biomass with and without selective transport of CO_2. Chemical Engineering Science 64(23)：5073 – 5083；2009.

[31] Repotec – Renewable Power Technologies 2013. Available from：http：//www. repotec. at/inde2. php/ technology. html(accessed 14 december 2015).

[32] GoBiGas. GoBiGas – Gothenburg Biomass Gasification. Göteborg Energi AB；2012. Available from：http：// gobigas. goteborgenergi. se/En/Start(accessed 14 december 2015).

[33] Gunnarsson I. The GoBiGas Project. International Seminar on Gasification – Gas Quality, CHP and new Concepts. Swedish Gas Center, Malmö, Sweden；2011.

[34] Mambré V. The GAYA Project. International Seminar on Gasification – Feedstock, Pretreatment and Bed Material. Swedish Gas Centre, Göteborg；2010.

[35] Perrin M. Biomass Gasification Technology as an Opportunity to Produce Green Gases – the GDF SUEZ Vision. International Seminar on Gasification – Process and System Integration. Swedish Gas Technology Centre ltd, Stockholm；2012.

[36] Marquard – Möllenstedt T, Specht M, Brellochs J, et al. Lighthouse Project：10 MWth Demonstration Plant for Biomass Conversion to SNG and Power via AER. 17th European Biomass Conference and Exhibition. ETA – Florence renewable Energies and WIP – renewable Energies, Hamburg；2009.

[37] Bomm M. The "Lighthouse" Tipped Over. Südwest Presse, dusseldorf, Germany；2011.

[38] van der Meijden CM, Veringa HJ, Vreugdenhil BJ, Van der drift A, Zwart RWR, Smit R. Production of Bio – Methane from Woody Biomass. Energy research Centre of the netherlands, report ECn – M – 09 – 086, Contract ECn – M – 09 – 086, Energy research Centre of the netherlands, Petten, netherlands；2009.

[39] van der Meijden CM, Könemann JW, Sierhuis W, van der Drift A, Rietveld G. Wood to Bio – Methane Demonstration Project in the Netherlands. 21st European Biomass Conference and Exhibition. ETA – Florence renewable Energies, Copenhagen, denmark；2013.

[40] Paisley MA, Overend RP, Welch MJ, Igoe BM. FERCO's Silvagas Biomass Gasification Process Commercialization Opportunities for Power, Fuels, and Chemicals. Second World Conference on Biomass for Energy, Industry and Climate Protection, ETA – Florence and WIP – Munich, Rome, Italy；2004.

[41] Larsson A, Seemann M, Neves D, Thunman H. Evaluation of performance of industrial – scale dual fluidized bed gasifiers using the Chalmers 2 – 4 – MWth gasifier. Energy and Fuels 27(11)：6665 – 6680；2013.

[42] Thunman H, Seemann MC. First Experiences with the New Chalmers Gasifier. Proceedings of the 20th International Conference on Fluidized Bed Combustion Tsinghua University Press, Beijing；2009.

[43] Gallmetzer G, Ackermann P, Schweiger A, et al. The agnion heatpipe – reformer – operating experiences and evaluation of fuel conversion and syngas composition. Biomass Conversion and Biorefinery 2(3)：207 – 215；2012.

[44] Gröbl T, Walter H, Haider M. Biomass steam gasification for production of SNG – Process design and sensitivity analysis. Applied Energy. 97：451 – 461；1012.

[45] Cortus Energy. Home page；2013. Available from：http：//www. cortus. se(accessed 16 August 2015).

[46] Probstein RF, Hicks RE. Hydrogasification and Catalytic Gasification. Synthetic Fuels. McGraw – Hill. new York, pp. 189 – 201；1982.

[47] Gallagher Jr JE, Euker Jr CA. Catalytic Coal Gasification For SNG Manufacture International Journal of

Energy Research 4(2)：137 – 147；1980.

[48] Neste oil Corp. Neste Oil and Stora Enso to end their biodiesel project and continue cooperation on other bio products. Press release，neste oil Corporation；2012. Available from：www. nesteoil. com（accessed 16 August 2015）.

[49] ENTRADE Group. Agnion Energy Inc. is currently subject to insolvency proceedings and the ENTRADE Group acquired all shares in May 2013. Press release，ENTRADE Group；2013. Available from：http：// biomassmagazine. com/articles/9051/the – entrade – group – to – acquire – agnion – energy/（accessed 22 August 2013）.

3 气体净化

3.1 简介

生物质或煤的热化学转化可以通过气化过程实现，生成的主要气体是氢气、水、一氧化碳、二氧化碳和 C_xH_y，同时也会形成富碳颗粒物。生物质制合成气中含有诸如焦油、硫化物、碱、卤化物、氮化物和痕量元素的杂质。颗粒物、焦油和污染物会降低催化剂、内燃机或燃气涡轮等下游设备的性能，因此需要快速有效的气体净化工艺将其中的杂质降至特定下游设备可接受的水平。

根据原料种类、气化技术和操作条件的不同，合成气中的污染物和痕量元素的种类和数量均不相同[1-3]。下面列出了可以识别的7类杂质：颗粒物、焦油、含硫化合物、卤化物、碱、含氮化合物及其他杂质。

进入气化系统的杂质含量取决于原料。煤的平均硫含量高于草料和木材[4]，来自草料的合成气中有机硫化合物的含量高于木质颗粒（不含树皮）[5]，就木材而言，树皮中的有机硫含量远高于树芯[6]。草料中的碱、卤化物和氮化物含量远高于木材和煤[4]。

气化炉技术和操作条件会影响合成气中污染物的特性。气流床气化系统的气化炉出口温度最高，生产的合成气中的焦油含量最低（近似为零）。具有低出口温度的上吸式固定床气化炉的焦油含量（$10 \sim 150 g/m^3$）高于下吸式固定床气化炉（$0.01 \sim 6.0 g/m^3$），原因在于合成气离开气化炉前通过了燃烧区[7]。低空燃比（λ 值）产生的焦油含量高于高空燃比[5,8-12]。

下游装置对合成气的质量有具体要求。除过滤装置外，气化炉的任何下游设备只能承受一定量的颗粒物，否则会因堵塞而失效或性能下降。特别是与颗粒物具有相同孔径（微米到亚微米）的多孔层，并且燃气轮机也会因进入颗粒物而受损。内燃机和燃气轮机对催化剂毒物（如硫）的耐受性更强，但若同时存在钠或钾，则会导致涡轮机的严重腐蚀[4]。镍、铜、钴或铁作为催化剂用于甲烷化、液体燃料合成和燃料电池反应，这些催化剂在使用过程中易出现硫中毒现象。

3.2 杂质

3.2.1 颗粒物

气化合成气中常常含有固体颗粒，这些固体颗粒会造成设备结垢和腐蚀。颗粒物中不仅包含未转化的生物质（炭、烟灰）和无机化合物（灰分），如果采用气化床，也会含有床层物料或催化活性材料(整颗粒或磨损产物)。高效气化技术的炭有效转化率高达99%,合成气中仅存有少量的焦炭。未处理的木质原料中无机物含量为2%(质量分数),而农业废弃物中的无机物含量则可能高达20%(质量分数)。生物质的灰分主要由 K_2O、SiO_2、Cl 和 P_2O_5 的盐组成。颗粒物的数量和组成受操作温度的影响。根据温度,化合物可以是气态、液态或固态(如碱)。颗粒物粒径范围从微米到亚微米级。通常按照颗粒物的大小和类型(如 PM10 是指气体动力学直径小于 $10\mu m$ 的颗粒物)来控制颗粒物的排放情况。

通常采用以下技术来脱除颗粒物,按照操作温度由高到低的顺序依次为:湿式除尘器、静电除尘器、旋风分离器、屏障过滤器。屏障过滤器(如陶瓷过滤器元件)的过滤效率高达 99.999%[13]。

3.2.2 焦油

焦油会冷凝、生成炭粒、抑制催化活性中心、吸附材料,因此对设备造成破坏。合成气中的焦油含量受气化技术、操作温度、水碳比以及气化炉中催化剂种类的影响,含量范围相差一个数量级之多[7]。根据能量转换系统的不同,焦油也可作为燃料来使用(如固体氧化物燃料电池)[14]。

在气化炉下游直接取样条件苛刻,因此难以对合成气进行确切表征。对焦油进行冷激或测量之前,通常需要先经过颗粒过滤器和气体冷却处理。与文献中的合成气焦油含量数据对比时,必须考虑上游气体净化装置取样点的影响。所谓的"焦油实验流程"就是一种对焦油化合物进行取样和分析的标准化方法[15-17]。保罗谢尔研究所开发了一种可连续在线测量的取样方法[18,19]。

焦油具有很多种定义,而且生物质气化产物中的焦油化合物种类繁多。荷兰能源研究中心(ECN)开发了一个包含50多种焦油化合物的数据库和估算焦油露点的计算方法[20]。"焦油实验流程"中将焦油定义为"分子量大于苯的烃类"[16]。Devi 等[21]提出将焦油分为5类:1类,气相色谱法无法检测到的;2类,杂环芳烃;3类,轻芳烃(单环);4类,轻质多环芳烃(2环或3环);5类,重质多环芳烃化合物(4~7环)。根据分子的复杂度,Milne 等把焦油分成初级、二级、三级和稠环焦油化合物[8]。

当生物质气化在较高温度下操作时,根据热力学平衡计算,几乎不存在焦油[22]。短的停留时间和慢的转化过程可能是导致焦油出现的部分原因。

有3种方法可以消除或减少合成气中的焦油含量,即物理除焦法、非催化热裂解除焦法和催化裂解除焦法。

3.2.3 硫化物

硫化物会腐蚀金属表面[23],并且燃烧过程中被氧化成受监测的污染物 SO_2。对于使用含 Ni、Cu、Co 或 Fe 催化剂的甲烷化反应、液态燃料合成和燃料电池而言,即使低浓度的硫也是催化剂的毒物。含量最高的硫化物是 H_2S,其次是 COS。尽管含硫烃类的总和占总硫浓度的很大一部分,但是却常常被忽略。合成气中的焦油硫包括硫醇、硫醚、二硫化物、噻吩、苯并噻吩和二苯并噻吩[5]。

湿式洗涤器或吸附材料可用来脱除大量 H_2S。到目前为止，吸附材料只能将合成气中的 H_2S 浓度降至亚毫克/米³ 级，但不能脱除其他硫化物（如焦油硫）。因此，除 H_2S 以外的含硫物质必须先转化为 H_2S，再从合成气中脱除。

3.2.4　卤化物

生物质制合成气中的卤化物主要是 HCl 以及少量的 HF 和 HBr。卤化物会导致高温腐蚀和催化剂中毒。HCl 可以和其他杂质反应生成 NH_4Cl 和 NaCl，这些物质在低温下冷凝，从而导致设备结垢。可以通过湿式洗涤器或吸附材料来脱除合成气中的卤化物。

3.2.5　碱性化合物

生物质原料主要含有 K 和少量的 Na。合成气中的碱性化合物主要以氯化物（KCl、NaCl）、氢氧化物（KOH、NaOH）和亚硫酸盐（K_2SO_3、Na_2SO_3）的形式存在。碱金属化合物会导致锅炉烧结、涡轮叶片和换热器腐蚀以及破坏催化剂。

碱金属盐在温度高于 800℃ 时会蒸发，而温度低于 600℃ 时，可以过滤除去。在更高的温度下，可以使用吸附材料来脱除合成气中的碱性化合物。

3.2.6　氮化物

生物质制合成气中的含氮化合物主要是氨气（NH_3）和少量的氰化氢（HCN），还有一些有机化合物，例如吡啶（C_5H_5N）。气化温度下的热力学平衡倾向于生成氮气。高温下，内燃机和涡轮机内可能形成氮氧化物（NO_x），因此必须要脱除废气中的氮氧化物。严格的排放标准和从废气中脱除氮氧化物所面临的困难，使得人们更希望在燃烧之前除去氮氧化物。氨能够吸附在催化剂的活性位上，从而降低催化剂活性，但它也是高温固体氧化物燃料电池的燃料。

如果需要脱除合成气中的氨，由于氨在水中的溶解度高，因此低温下有效的方法是经过湿式洗涤塔。而在高温下，只能通过催化分解，使用的催化剂与焦油分解用催化剂（如白云石、镍和铁催化剂）类似。

3.2.7　其他杂质

生物质制合成气中也存在其他杂质（如痕量元素）。痕量元素来源于原料以及不同工艺单元的组分。痕量元素的含量通常控制在毫克/米³ 和亚毫克/米³ 级[24,25]。还有一些杂质，如 Mg、Ca、Pb 和 V，会沉积并造成燃气涡轮机的腐蚀。据报道，As 和 P 等痕量元素会严重损坏 SOFC，Cd 导致性能明显下降，Zn、Hg 和 Sb 会使电池功率密度小幅度下降[26-30]。另外痕量元素也会对其他催化剂产生长期的负面影响。吸附材料可用来脱除一些痕量元素，但需要进一步研究。

3.3　冷气净化、暖气净化与热气净化

不同气体净化技术的操作温度范围从 -60℃ 至室温，一直到 1000℃。气体净化温度范

围和相应的名称没有通用定义，类似于其他定义[31]，建议将操作温度在室温附近或低于室温的净化过程称为"冷气净化"，操作温度在 100 ~ 400℃ 之间的净化过程称为"暖气净化"，操作温度高于 400℃ 的净化过程称为"热气净化"。

生物质气化的合成气热气净化技术非常具有发展前景，它能明显改善生物质发电、制合成天然气和液体燃料的转化效率。流程建模表明，由于该过程无须对合成气进行冷却和再加热处理，热气净化的转化效率显著提高[32,33]。

图 3.1 显示了三种不同操作温度下 B – IGFC 工艺的气体净化过程。此处以合成气通过燃料电池(如固体氧化物燃料电池)电化学转化为例进行说明，这些气体净化工艺也可用于涉及催化剂的其他转化过程，例如甲烷化或液体燃料合成反应。

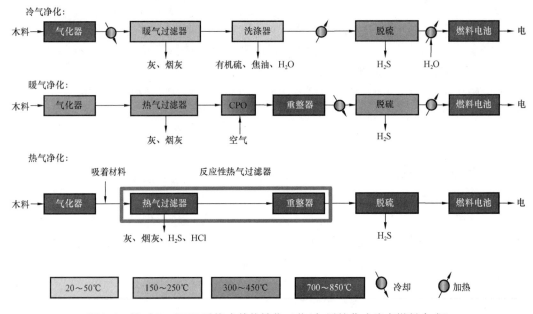

图 3.1   针对 B – IGFC 系统或其他转化工艺(如甲烷化或液态燃料合成)
的冷气净化、暖气净化和热气净化

3.3.1   冷气净化

冷气净化代表了气体净化领域的最新技术。例如，流化床气化炉的出口温度高达850℃，为了满足过滤系统的温度限制，低温气体净化需要将合成气温度冷却到 400℃ 以下。在过滤装置的下游，焦油、水蒸气和碱性气溶胶会在操作温度低至 10℃ 的急冷塔(湿式洗涤器)内冷凝。含硫物质被捕集在诸如湿式洗涤器(如 Selexol、Rectisol)这样的低温吸收塔内或固定床(活性炭、金属氧化物)内。依据采用的不同固定床脱硫材料，需要提高操作温度。脱硫装置的下游，若采用燃料电池作为转化单元，必须再次注入水蒸气，并且将温度升至 SOFC 所需的进气温度。

3.3.2   暖气净化

Paul Scherrer 研究所(PSI)的小型中试规模 B – IGFC 工艺过程应用了暖气净化，热量输入高达 12kW[34]。上吸式气化炉的出口温度与过滤器的操作温度同为 450℃，因此过滤单元的上游合成气无须经过冷却。而过滤单元的下游，合成气通过催化部分氧化（CPO）加热至重整催化剂所需温度。重整催化剂将焦油和含硫烃类转化成低分子烃、CO、CO_2、H_2、H_2O 和 H_2S，H_2S 通过吸附材料脱除。如果采用 ZnO 作为吸附材料，温度必须低于 600℃。与低温净化相比，由于暖气净化的操作温度在水的冷凝温度之上，因此该工艺不需要添加蒸汽。催化剂分解含硫烃的能力是热气净化与金属氧化物床相结合脱除 H_2S 工艺过程的先决条件，接下来才是无硫焦油的转化。

3.3.3　热气净化

热气净化是需要进一步研究的工艺过程。整个工艺过程在气化炉出口温度下操作，合成气无须冷却或重新加热，热气过滤器的操作温度高达 850℃。考察的设计概念是将重整催化剂整合到热气过滤器中，二者的操作温度相同[35]，这一整合避免了操作单元之间连接产生的热量损失。另外，热气过滤器的上游可以使用高温吸附材料来脱除 H_2S 和 HCl 等污染物。热气过滤器与上游的吸附材料、重整催化剂三者结合的单元称为反应性热气过滤器。

3.4　气体净化技术

气体净化技术将针对 3.2 节介绍的 7 种杂质分别进行说明。

3.4.1　颗粒物

脱除合成气中的颗粒物是为了防止下游处理单元结垢。生物质气化产生的高粉尘负荷和黏性灰颗粒使得颗粒物脱除技术面临巨大挑战。合成气中颗粒物的含量、择优的操作温度和过滤效率是选择分离技术的依据。

本节简要介绍主要的颗粒物脱除技术，不进行细节讨论。大多数脱除技术的基本原理已被充分了解并且应用于许多工业过程。屏障过滤器包括床式过滤器、袋式过滤器和刚性过滤器。屏障过滤器的小孔允许合成气通过的同时拦截颗粒物。对于所有种类的屏障过滤器，本书将详细介绍刚性过滤器系统，因为它是一种很有前途的过滤技术，可显著提高生物质转化工艺的效率。

各种颗粒物脱除技术的技术特征见表 3.1。

3.4.1.1　湿式洗涤器脱除颗粒物

湿式洗涤器可用于降低合成气中多种类型的杂质。脱除合成气中的颗粒物时，直径低于 1μm 的颗粒物可以通过洗涤液滴除去。湿式洗涤器常用的流体是水，其他液体的使用将在后续章节介绍。湿式洗涤器可靠并且操作温度通常在室温附近。清洗流体悬浮液中的颗粒物增加了堵塞的风险，常用的文丘里管洗涤器的压降范围为 3~20kPa，而且使用后的清洗液处理费用很高。对于湿式洗涤器，如果完全去除合成气中的杂质，则需要体积庞大且费用较高的洗涤柱。

表 3.1 颗粒物脱除技术特征[3,31,36,37]

参数	湿式洗涤器	旋风除尘器	静电除尘器
工作温度,℃	< 100	< 1000	< 500
压降, Pa	100 ~ 1000	500 ~ 3000	30 ~ 400
处理前粉尘质量浓度, g/m³	< 10	< 1000	< 50
处理后粉尘质量浓度, g/m³	> 10	> 100	> 25
过滤等级	PM1	PM5（优化 PM1）	PM5
工作温度,℃	< 870	< 370	< 1150
压降, Pa	1000 ~ 6000	600 ~ 2300	1000 ~ 10000
处理前粉尘质量浓度, g/m³	< 100	< 100	< 100
处理后粉尘质量浓度, g/m³	< 10	1 ~ 10	< 1
过滤等级	PM3	PM1	PM0.5

3.4.1.2 旋风分离器

旋风分离器利用离心力将颗粒物从合成气中分离出来。从建造和运行两方面而言，它都是一种简单、可靠且价格低廉的技术。旋风分离器可以除去大量的大直径颗粒物，因此可作为初始颗粒物分离装置，也可作为大多数流化床气化反应器的组成部分，用于除去合成气中的床层物料。旋风分离器的操作温度只受建造材料的限制，可在 1000℃ 的高温环境下使用[38]。将几个旋风分离器串联可以提高旋风分离器的分离效率。当最小压降为 1000Pa 时，旋风分离器可以除去 90% 的直径大于 5μm 的颗粒物[39]。即使是高性能的旋风分离器，也无法除去亚微米级颗粒物（如生物质气化过程中的焦炭颗粒物），这是该技术的主要缺点[40]。

3.4.1.3 静电除尘器

静电除尘器（ESP）通过施加强电场进行颗粒物分离。颗粒物在具有极高电位差的电晕极和集尘极之间获得电荷，离子化的颗粒物向集尘极迁移并沉积在其表面，再通过周期性的机械振动（干式静电除尘器）或喷淋液体（湿式静电除尘器，液体通常是水）从集尘极上除去。常用的是干式静电除尘器，其操作温度高达 500℃[41,42]，在一些研究项目中操作温度高达 1000℃[43]。喷淋液体的沸点限制了湿式静电除尘器的操作温度范围，但对于具有爆炸性、腐蚀性、黏性的颗粒物或高电阻率颗粒物，这是首选的脱除技术[44]。电晕极通常设计成具有刚性框架结构的金属丝或金属板，集尘极设计成金属管或金属板。静电除尘器的性能受装置的几何形状、外加电压、气体与颗粒的电阻率和颗粒物的大小与形状等因素的影响。较高的操作温度会影响密度、黏度和电阻率，进而影响静电除尘器的工作性能。较高的操作压力可以抵消温度引起的偏差。

3.4.1.4 床式过滤器

床式过滤器也称为填充床或颗粒层过滤器，这是一种将颗粒物捕获在床层材料孔隙中的深度过滤器。颗粒层材料通常是砂粒，但也可以是石灰石、氧化铝、莫来石或其他材料。可以将催化活性材料或吸附材料加入颗粒层床料中，这是除了可用于高温操作以及过滤黏性和含焦油灰尘之外的另一优点。床式过滤器的操作与固定床或移动床过滤器相同，与简单的固定床过滤器相比，移动床更复杂，但可以实现连续操作。一旦压降达到一定数值，就必须重新清洗或移除固定床过滤器。床式过滤器的缺点是过滤器的再生、操作和处置较难。

3.4.1.5　袋式过滤器

袋式过滤器使用纤维类柔性过滤介质，如纤维织物。由于织物过滤介质的机械强度低，因此需要使用金属丝笼和扩张环作为支撑。通过反向压力脉冲和机械运动使过滤介质上形成一定的压降，可实现织物过滤介质的再生。合成纤维(聚酯、聚丙烯和多肽)具有更好的化学、热力学性质和力学性能，因而取代了天然纤维(羊毛、棉花)。操作温度受聚合物纤维的熔点限制。由于无机纤维(陶瓷、玻璃)的价格很高，因而很少使用，但无机纤维的操作温度可以达到300℃以上[45]。例如，3M公司的Nextel™材料是由铝、硼和二氧化硅组成的复合材料，可承受高达370℃的高温[46]。VDI[37]和Löffer等[47]综述了织物材料的化学和物理特性。柔性过滤介质是低温工业应用中最常见的屏障过滤介质。

3.4.1.6　刚性过滤器

刚性过滤器由多孔金属或陶瓷材料制成，当合成气流过空隙时，可将颗粒物挡在它的表面。晶粒陶瓷滤管由碳化硅(SiC)、氧化铝(Al_2O_3)或堇青石(MgO、Al_2O_3、SiO_2)制成[48]，纤维陶瓷滤管主要由铝硅酸盐纤维(Al_2O_3、SiO_2)制成[49]。滤管表面的附加膜(如莫来石)可以改善滤管的过滤和再清洁性能。气相碱与陶瓷滤管发生化学反应会缩短过滤器的使用寿命。晶粒陶瓷滤管用于直径不大于$0.5\mu m$气体的过滤处理，过滤效率高达99.999%[13]。金属滤管由烧结金属粉末、烧结金属纤维(非纺织品)或金属织物制成。热力学和化学稳定性决定了采用哪一种等级钢和金属合金来制造耐蚀金属滤管。由于反应产物的体积大于纯金属的体积，腐蚀和氧化会导致金属过滤元件受到不可逆转的破坏。

工业上采用滤管形式的刚性过滤元件，颗粒物聚积在滤管的外表面并形成滤饼，利用滤管内部的回压脉冲来实现滤饼与滤管表面的分离。应选择尽可能降低堵塞风险的滤管形状来提高可靠性，滤管的长度可达3m，直径为6~15cm。具有更高过滤面密度的其他形状的过滤器，如蜂窝整体式结构和错流过滤器，迄今尚未进入工业应用阶段。滤管内部也有收集粉尘的设计结构[43,50,51]。

常规的刚性过滤器将过滤器元件的安装方式设计为垂直安装，原料气体侧的滤管端部是封闭的。过滤元件固定在分隔板的一侧，分隔板将原料气和净化区分隔开。对于固定在一侧且处于高操作温度下的刚性滤管，机械强度(过滤器断裂)是人们关注的一个参数。水平过滤器的过滤元件设计要短于垂直过滤器。滤管两端未封闭，固定在原料气区的两侧，形成一个净化区和一个额外的再净化区。将陶瓷滤管的两端固定改善了机械稳定性，因此无须担心过滤器破裂。

灰分和烟尘颗粒的含量较高时需要定期清洗过滤元件，利用回压脉冲来除掉过滤元件上的滤饼。当采用回压脉冲清洗过滤器孔道与表面时，必须确保过滤器运行的稳定性。热气过滤单元两端恒定的压降说明过滤器稳定运行。尽管如此，为了使下游设备免受压力脉冲的影响，并且还要节省能源与再净化介质的费用，清洁脉冲应尽可能地少，并采用尽可能低的压差。

为了确保热气过滤器的稳定运行,必须要优化参数,如再清洁压力、再清洁气量、清洁脉冲之间的时间间隔和过滤速率。过滤速度(m/s)等于原料气的流速(m³/s)除以总过滤面积(m²)。研究发现,再清洁过滤模块的最大压力和回压脉冲期间的压力恢复速度是确保过滤元件再清洁性能的最重要参数[52,53]。压力增加的速度(压力梯度)是关于再清洁系统类型、过滤元件种类、过滤速度、过滤器设计以及再清洗强度的函数。再清洗强度等于粗制天然气模块与内部滤管的压差。

出于过滤性能和节省成本的考虑,尽量详细了解过滤和再清洁的机制非常重要。动态压力测量有助于及早发现过滤器的问题[54]。以下故障都会降低过滤器的性能并提高操作成本:泄漏、阻塞、滤管破裂、阀门故障、过滤面积减少(局部清洁)以及过滤孔径减少(深度过滤)。造成过滤器问题的主要原因包括:过滤模块设计、过滤器材料种类、滤管壁的厚度和强度、热应力和残留灰分沉积[51]。正确的过滤器操作参数,例如冲洗罐压力、开阀时间以及再清洗间隔时间都可以避免过滤面积加速降低和过滤孔径的减少。借助于过滤材料阻力、灰分与颗粒性质、粉尘负荷、过滤速度以及过滤器设计的相关知识,可以确立正确的过滤器操作参数。

刚性过滤器应用于生物质气化和 IGCC 过程的案例很多,其中陶瓷过滤器相比于金属过滤器能查到更多的相关信息。

3.4.1.7 热气过滤

热气过滤(HGF)的温度需要保持在焦油和水的冷凝温度之上。这样做的优点是:焦油温度保持在其露点以上进行处理,可以避免冷凝污染设备;热气净化可以免于在急冷塔中进行冷凝,根据气化工艺,无须再向合成气中加入水蒸气,抑制过滤模块下游的蒸汽重整或催化单元(燃料电池)中烟气的生成都需要一定含量的水蒸气。此外,还可以避免急冷塔中液体被污染,继而提高能量效率并降低成本和对环境的影响。

因为可以在气化炉出口温度下对灼热气体进行过滤,热气过滤的存在避免了热交换器暴露在含颗粒的合成气之中。气化炉出口的高温使得在热气过滤中或上游使用高温吸附材料成为可能,这样有效减少了合成气中硫和碱的含量[55]。催化转化含硫烃(含硫焦油)和脱硫焦油为低分子量烃和硫化氢的过程也需要高温。硫化氢能被金属氧化物固定床吸附以完成合成气脱硫,催化剂可用于热气过滤的下游来保证其不受颗粒物的影响。无尘环境中,催化剂结构可以缩小(如整体式通道催化剂),使工艺单元之间更加紧凑。

到目前为止,大多数传统高温过滤单元无法在生物质转化所产生灰尘的影响下在450℃以上保证长期的运行稳定性,主要原因之一是喷气脉冲再清洁系统的限制。新发明的耦合压力脉冲(CPP)再清洁系统克服了这些限制,与传统喷气脉冲系统相比,耦合压力脉冲再清洁系统在更低的再清洁压力下提供了更高的再清洁强度[56,57]。

喷气脉冲技术是将高压、高速气体直接喷入滤管束。喷射气流通过不同的喷嘴设计和文丘里管喷射器进行优化。喷射的动能在进入滤管后转化为静态压力,喷射减速后,静态压力恢复并产生再清洗回压脉冲。使用喷气脉冲技术时,其滤管入口处的再清洗强度更低。与 CPP 技术相比,并非所有的再清洁区域都处于相同的压力。

CPP 技术通过大体积气流将整个再清洗区域保持在过压状态。此技术不使用气体喷射并将气体速度保持在声速以下(气流马赫数 $M < 1$)。再清洗回压脉冲与再清洗区域直接连接,冲洗罐的体积、高速阀的直径以及与再清洗区域的连接都需要足够大,以保证整个再清洗区域的快速升压。冲洗罐中的压力可以比粗制合成气罐中的压力高 20~100kPa,以便其有足够的压力达到相比于喷气脉冲更高的再清洗强度。

HGF 和 CPP 的组合成功应用于不同规模的生物质转化工艺中试装置[58-60]。

3.4.2 焦油

将焦油从合成气中移除需要避免其冷凝和生成灰烬后导致设备结垢。如果合成气中焦油可以产生大量的热,那便倾向于将焦油转化为低分子量烃。依据所选择的最终能量转化系统种类,焦油有时可以被视为燃料。

物理脱焦包括冷气清洁和热气清洁。它们都基于焦油在 450℃ 以下开始冷凝,由焦油气溶胶形成的焦油薄膜很难从清洁设备上洗掉。热气清洁包括催化转化和无催化转化,这种方法会避免焦油冷凝,使其保持气态。

3.4.2.1 物理脱焦

温度低于 450℃ 时,焦油开始凝结并生成气溶胶。湿式洗涤器、旋风分离器、静电除尘器和屏障过滤器之类的微粒去除装置都可以在 450℃ 以下将合成气中的焦油气溶胶脱除。除了湿式洗涤器以外,旋风分离器、静电除尘器和过滤器都面临着如何脱去表面焦油薄膜的挑战。

湿式洗涤器收集焦油气溶胶和可溶性焦油化合物,操作温度越低,焦油化合物越易凝结。油基洗涤器中焦油的溶解度高于水基洗涤器。湿式洗涤器中脱焦效率最低的是简易喷淋塔。文丘里管和涡流洗涤器以及文丘里管和旋风分离器的组合拥有更高的脱焦效率[61]。严格来说,湿式洗涤器的脱焦效率通常并不高,并且处理污染液体的成本很高。

荷兰能源研究中心(ECN)发明了一项名为 OLGA 的多级脱焦清洗器概念设计[62-64]。首先通过油基清洗液凝结脱除重质焦油,再通过第二个油基清洗液吸收除去轻质焦油。两个清洗器都在水的冷凝点之上进行操作。清洗液中回收的轻重焦油皆可循环至气化炉中,以提高工艺的能量效率。

静电除尘器通过与处理颗粒相同的方式来处理焦油液滴,其线路和管道的设计都倾向于焦油的收集[39]。收集器表面通过水或油基清洗液进行持续的清洗(湿式静电除尘器)以除去焦油沉积。湿式静电除尘器的操作温度越低,脱焦的效率就越高。

3.4.2.2 非催化脱焦

热裂解是在高温下将焦油分解成较轻烃类的过程,据报道,其操作温度为 900~1300℃[65-68]。900℃ 下相比于 1300℃,需要更长的焦油停留时间。例如,1150℃ 时萘在大约 1s 的时间内减少了 80%,但在 1075℃ 下却需要 5s 以上[65,69];想要在 0.5s 内达到这一程度,则需要 1250℃ 的环境[66]。如果气化炉的出口温度不足以发生热裂解,则可以通过换热器或合成气部分氧化反应热对合成气升温。非催化部分氧化通过向合成气中注入空气或纯氧来提高温度使焦油发生裂解[67,68]。

这一技术的优势是操作简单,但也有许多缺点:热裂解必须要用昂贵的耐高温合金;由于部分氧化,合成气的热值会显著下降,一氧化碳的含量增加但损失了转化效率[70];

如果需要加入换热器来增加合成气的温度，整套工艺的效率会下降；热裂解和相应的操作条件会导致烟灰和多环芳烃(PAH)产生[65,71-73]。

等离子体是自由基、离子和其他激发态分子组成的反应性气氛，反应性离子物质能引发焦油分解[74]。几种类型的放电反应器能够产生等离子体，其中能将焦油在大约400℃下脱除的脉冲电晕等离子体是最有前景的技术[75,76]。其他的等离子体技术包括介质阻挡放电、直流电晕放电、RF等离子体或微波等离子体[70,74-76]。成本、能量需求、使用寿命及操作复杂性阻碍了其在工业化规模上的应用[77]。尚不清楚其他污染物对等离子体性能的影响[3]。

3.4.2.3 催化脱焦

高温脱焦包括催化脱焦和非催化脱焦两种方式。催化脱焦相比于热裂解具有更低的操作温度，通常操作温度为600~900℃。催化脱焦可以原位或在气化炉的下游进行。原位脱焦时，催化材料作为床层填料或另外加入床层材料中。用于气化炉下游时，催化材料就变成了特定的反应器。固定床和整体反应器是最普遍的设计，但也有化学链重整(CLR)[78]或逆流催化焦油转化器(RFTCs)[79]等更复杂的设计。

脱焦催化剂有许多不同的分类方式[8,21,71,80-85]。Abu El Rub等建议的基于催化剂来源分类是最直接的方式[85,86]，催化剂被分为天然催化剂和合成催化剂。天然催化剂包括天然矿物，例如白云石、橄榄石、黏土矿物和黑色金属氧化物。合成催化剂包括焦炭、流化催化裂化(FCC)催化剂、碱金属碳酸盐、活性氧化铝以及过渡金属。

天然矿物属于低成本催化剂，常用于原位方式中。经常用到的种类是煅烧石，例如白云石、石灰石或碳酸镁，白云石上焦油的转化率高达95%[85]。煅烧石的缺点在于容易失活以及需要高二氧化碳分压来保持其活性[87]。

橄榄石是含有铁和镁的硅酸盐矿物质。相比于白云石，橄榄石的活性更低，但其耐磨性更高。

黏土矿物因其含有二氧化硅和氧化铝而表现出催化活性[85]，其活性低于白云石。并且由于黏土矿物的多孔结构，在通常的气化温度下热阻有限。

黑色金属氧化物，例如铁矿石，相比于白云石活性更低，而且容易结焦[88]。富铁矿的氧化铁含量为35%~70%。金属态具有比金属氧化物、金属碳酸盐、金属硅酸盐或金属硫化物更高的活性[85,88]。

焦炭通常是生物质热化学转化的副产物，因此丰富廉价。对焦炭的物理性质和化学性质并没有非常明确的定义，因为生物质进料和转化工艺会影响焦炭的性质[90-94]。以焦炭为催化剂可测到明显的焦油转化[86,95,96]，此外，还观察到焦炭对碱和硫化污染物有吸收的作用[96]。气化反应中，焦炭可以与蒸汽和二氧化碳一起连续使用。屏障过滤器(如陶瓷滤管)表面产生的滤饼中含有焦炭和灰分，这种滤饼高温下使用时不仅表现出催化活性，还具有吸收能力[26,97]。

活性氧化铝表现出类似白云石的相对高活性。通过加热从铝土矿和氧化铝一类的矿石中移除羟基(—OH)可以使氧化铝活化。活性氧化铝的优点是高机械强度和热稳定性[85,98]。为了提高活性氧化铝的活性、耐结焦和耐毒化性，可以使用其他金属氧化物(如 CoO、CuO、Cr_2O_3、Fe_2O_3、Mn_2O_3、MoO_3、NiO、V_2O_5)[99]。

硅铝沸石是石油工业中将重燃料油转化为轻质组分时经常使用的 FCC 催化剂。部分耐硫性、低价以及与常规氧化铝催化剂相比，更好的稳定性使沸石成为极具潜力的脱焦催化剂[85,100]。原位或沙床中使用 FCC 催化剂只能达到中、低水平的焦油转化率[95,101]，气化环境中沸石的平行水煤气变换反应降低了焦油转化率。相比于纯沸石，沸石与镍（Ni）相结合会展现出更高的活性[100,102]。

碱金属碳酸盐以碳酸钠（Na_2CO_3）和碳酸钾为代表（K_2CO_3）。生物质原料中天然就含有碱，但加入碱性矿石（天然碱、硼砂）、灰分或用碱金属碳酸盐浸渍都能增加焦油转化率[71,72,89,103-107]。向生物质中加碱会提高灰分含量。

过渡金属，例如钴（Co）、铜（Cu）、铁（Fe）、镍（Ni）、铂（Pt）、铑（Rh）、钌（Ru）和锆（Zr），可以用作催化剂载体和助剂。其焦油转化活性按照以下的顺序递减：$Rh > Pd > Pt > Ni$，Ru[70]。

许多研究都涉及生物质气化燃料气中焦油催化转化的性能[108-120]。镍催化剂表现出高活性，但在温度低于 900℃ 时有硫中毒的倾向。因此，900℃ 以下含硫条件中贵金属催化剂的性能成为人们感兴趣的研究焦点，更低的操作温度能更好地匹配生物质气化炉的出口温度，这就可以避免将合成气额外加热至 900℃。

贵金属催化剂由于其优异的抗结焦与耐毒化性能而具有极佳的前景。相比于典型的镍催化剂，用于焦油部分催化氧化（CPO）的 $Rh/CeO_2/SiO_2$ 催化剂表现出了远超于前者的焦油转化率[77,121]。Rhyner 等通过焦油（甲苯、萘、菲、芘）和含硫烃（噻吩、苯并噻吩、二苯并噻吩）的转化证明了 400cpsi❶ 贵金属催化剂的高活性[34,35,122,123]。

Rönkkönen 等在 600~900℃ 的温度区间研究了 ZrO_2 催化剂，并得出在 900℃ 与气体中高氧含量的情况下，萘转化率达到 80% 的结论，并指出 ZrO_2 催化分解萘的主要反应为氧化反应[124]。最近的研究对比了改性商业氧化锆载体（$m-ZrO_2$）负载的 Rh、Ru、Pt、Pd 与基准 $Ni/m-ZrO_2$ 催化剂在硫化氢存在条件下进行萘、甲苯和氨分解的性能，发现 $Rh/m-ZrO_2$ 是最有潜力的催化剂。

东京大学的 Furusawa 以萘作为生物质气化生成焦油的模型化合物，比较了 Co/MgO 和 Ni/MgO 催化剂上的萘蒸气重整[125]。虽然从催化剂性能来看，Co/MgO 相比于所有测试的 Ni/MgO 催化剂都具有更高的活性（转化率 23%），但转化率仍然不高。Furusawa 等在最新研究中以萘和苯作为生物质气化焦油模型化合物进行蒸气重整，探究载体对铂催化剂和镍催化剂性能的影响，他们得出了 800℃ 下，Pt/Al_2O_3 在催化剂载体测试中表现出最高和最稳定活性的结论[126]。

Cui 等[127]关注小型（1kg/h）流化床生物质气化炉中生成的永久气体物质、焦油化合物、含硫化合物和氨。他们通过对气化反应器的入口和出口的污染物进行定量分析，在不同条件下对两种商用镍催化剂和一种商用氧化锌吸附剂进行了评价。

有数个研究催化活性过滤元件的团队。Nacken 等研究镍催化活化的碳化硅基过滤元件[111,112,128]。据报道，在 100μL/L 硫化氢条件下萘的转化率高至 66%。Rapagnà 等报道了在实验室规模的流化床气化反应器中的自由空域使用了活性过滤元件[113,129,130]，温度高达

---

❶cpsi 为每平方英寸横截面上的孔道数。

850℃时的焦油转化率为58%。Simeone 等[59,60]在无尘模型气体中测试了莫来石膜涂层和整体镍催化剂组成的陶瓷热气过滤元件，在850℃、30%（体积分数）含水量和2.5g/m³萘的条件下，萘转化率为99.4%。实验中更高的蒸汽含量带来更高的反应转化率。

马德里康普顿斯大学 José Corella 教授组发表了四篇关于采用整装反应器进行来自流化床气化的高尘热气净化的文章，报道了脱焦效果[131]、整装反应器模型[132]、脱氨效果[133]、先进的二代双层整装反应器性能[134]。依据第四篇文献的结果，Toledo 等表示镍催化剂并非问题的最终答案，更低温度下的非镍基整装工艺或许才是未来更受欢迎的材料。

Chalmers 大学的研究人员测试了使用钛铁矿（$FeTiO_3$），Mn_2O_3 和 NiO 作为催化剂材料的化学链重整器（CLR）概念[78,135-140]。CLR 允许催化脱焦和催化剂除积炭再生同时进行。合成气净化在一个反应器（燃烧反应器）中通过催化剂进行，同时催化剂在另一个反应器（空气反应器）中持续再生。据报道，焦油的转化率为35%~44%。

为了尽量模拟真实的合成气，需要考虑蒸汽、焦油和含硫物质的影响。因为几乎不存在无硫合成气，之前提到的研究中考虑硫以硫化氢的形式存在。评价焦油重整催化剂性能时对蒸汽成分的考虑极其重要，因为以蒸汽为气化剂的气化炉会生产出蒸汽含量高达50%（体积分数）的合成气[10]。大多数研究仅使用甲苯和萘作为模型化合物。

催化脱焦的缺点在于催化剂失活和成本（尤其对于合成催化剂）。特别是像铱、铑、钌、铼、钯之类的贵金属要比钼、钨、镍和钴贵两到三个数量级。催化剂的失活由结垢（由烟灰和焦炭形成）、中毒、烧结、催化剂组分的蒸发和磨耗导致。中毒意味着催化剂活性位对污染物（如硫、氨和痕量元素）有强化学吸附。催化剂的抑制是催化剂中毒的一种更温和的表现形式，表明杂质或化合物的可逆吸附。

3.4.3 硫化物

合成气中的硫化物主要是硫化氢（H_2S）、羰基硫化物（COS）、二硫化碳（CS_2）以及含硫烃类。燃烧后，硫以管制污染物二氧化硫的形式排出（SO_2）。合成气中的硫化物必须要脱除，以保护下游用于气体提质和转化过程的催化剂。通常有三种脱除方法：湿法洗涤、加氢脱硫（HDS）以及使用吸附材料[39,141,142]。HDS 催化剂将含硫烃转化为可以通过湿法洗涤或吸附材料脱除的硫化氢。湿法洗涤是一种冷气清洁方式，而 HDS 是热气清洁的方式。吸附材料在 300~1000℃ 使用。热气过滤单元的上游可以添加用于大量脱硫的吸附材料[2,34,55]，固定床反应器可用于 HDS 反应器的下游。

含硫烃类在生物质气体净化研究中经常被忽略。合适的分析设备和方法的缺失可能是忽略含硫焦油的原因之一。Rechulski 等和 Cui 等的研究发现，生物质气化气体中存在多种含硫烃类[5,127]，可以检测出的含硫焦油多达41种。其中，含量最高的是噻吩，其次是苯并噻吩和二苯并噻吩。生物质合成气中含硫烃类的量可能超过催化工艺可接受的水平。

3.4.3.1 湿法洗涤脱硫

液体溶剂被用来通过物理吸附或化学吸附脱除合成气中的硫化氢。这一工艺也被称为酸气脱除。依据所选溶剂的不同，除了硫化氢还可以吸收 COS、CO_2 以及烃类。为保证连续操作集成了再生过程（如汽提塔），同时也可以集成硫元素回收工艺（如克劳斯工艺）。由于操作温度为 -60~20℃，因此需要能量密集型冷却设备。湿法洗涤脱硫虽然高效，但其运行和设备成本很高。

胺系溶剂在胺组分和硫化氢或二氧化碳之间形成弱化学键。伯、仲、叔胺被普遍用于吸收工艺。常用的胺包括单乙醇胺(MEA)、二乙醇胺(DEA)以及甲基二乙醇胺(MDEA)。COS 并不能有效地被胺洗涤除去,甚至会导致溶剂降解。因此,有必要将 COS 加氢转化为硫化氢。胺在此过程中会不断流失,必须频繁加入新溶剂。

硫化氢的物理吸附溶剂要好于化学吸附,其优势在于最小化的溶剂损失、高负荷以及无须额外热量即可通过降压汽提除杂。表3.2列出了常见的溶剂选择。

表3.2 湿法洗涤器脱硫溶剂

化学名称	缩写	产品	供应商	操作温度,℃
聚乙二醇二甲醚	DPEG	Selexol	DOW,UOP	> −18
聚乙二醇二烷基醚		Genosorb	Clariant	
甲醇	MeOH	Rectisol	Lurgi	−60 ~ −40
N −甲基−2−吡咯烷酮	NMP	Purisol	Lurgi	−15

液体氧化还原工艺用于硫化氢的直接脱除和硫回收。可溶性钒催化剂(Stretford、Sulfinol、Unisulf 工艺)或螯合铁浆(LO − CAT 工艺)都可用于液体氧化还原工艺。低苛刻度工艺是第三种液体氧化还原工艺,此工艺中硫化氢被极性溶剂吸收,并生成对苯二酚和硫单质[143]。

除此之外,还可以用细菌对硫化合物进行脱除[144],然而,反应条件被限制在活体细菌的舒适区。对于单独的生物硫回收工艺(Thiopaq、Biopuric、Bio − SR),适于细菌的操作条件优化起来更容易[145]。降低操作成本(节能)是开发化学—生物工艺的推动力。

3.4.3.2 脱硫用吸收材料

固体吸收材料主要用于将合成气中的硫化氢含量降至亚毫克/米³的水平。含硫烃类不能被吸收材料有效地捕集[146],所以不得不先转化为硫化氢。凭借可逆和不可逆吸收反应,吸收材料可以再生和重复利用。廉价吸收材料,通常是天然矿物,一次性用于不可逆吸收工艺。而更昂贵的吸收材料(合成材料)则理论上会被再生,并用于多次可逆吸收循环。

合成气大规模脱硫的吸收材料可直接加入气化炉中或颗粒脱除单元的上游。固定床安装在颗粒脱除单元的下游进行硫化氢脱除。反应可以在气化炉中、颗粒飞向颗粒移除单元过程中以及吸附颗粒到达过滤元件时的滤饼中发生。将吸收材料加入合成气流中会降低合成气的温度、增加颗粒物的数量并改变滤饼的特性。吸收材料不仅可以用来脱除硫化氢,还可以脱除碱、卤化物和痕量元素。由于没有杂质,因此需要根据成本、脱除效率和增加下游设备的使用寿命来对设备进行优化。其成本包括吸收材料、进料系统、热量排放以及增加过滤强度的花费。钙系吸附剂或天然碱可以用来大量脱除硫化氢。钙系吸附剂不仅包括天然白云石和石灰石,还包括醋酸钙或醋酸钙镁[式(3.1)和式(3.2)]。天然碱可用来脱除硫化氢和氯化氢。对600℃和800℃下硫化氢捕集的研究表明,当粗制合成气中的硫化氢含量为100μL/L和200μL/L时,捕集后的含量分别为1.8μL/L和1.0μL/L[147,148]。

$$CaCO_3 + H_2S \longrightarrow CaS + H_2O + CO_2 \qquad (3.1)$$

$$CaO + H_2S \longrightarrow CaS + H_2O \tag{3.2}$$

金属氧化物通常作为将硫化氢脱除至亚毫克/米³级的固定床吸附材料[式(3.3)]。氧化锌是一种很好的用于硫化氢脱除的吸收材料，因为它对硫化过程热力学最有利。然而，缺点是锌元素在600℃以上会蒸发。因此，铁酸锌（ZnFe₂O₄）和钛酸锌（ZnTiO₃）便被视为氧化锌的替代材料，900℃以上时钛酸锌也表现出更高的脱除效率[式(3.4)][3]。铜、铁、锰、铈系金属氧化物也可以作为硫化氢脱除的吸收材料。除了钙系吸附剂外，钛酸锌的操作温度最高。Meng等对硫化氢脱除所使用的吸收材料进行了总结[2]。

$$Me_xO_y + xH_2S + (y-x)H_2 \longrightarrow xMeS + yH_2O \tag{3.3}$$
$$Zn_2TiO_4 + 2H_2S \longrightarrow 2ZnS + TiO_2 + 2H_2O \tag{3.4}$$

3.4.4 加氢脱硫

加氢脱硫（HDS）催化剂用于将含硫烃类转化为硫化氢。硫化氢可以通过吸收材料被有效地脱除至亚毫克/米³级，而诸如硫醇、二硫化物和噻吩之类的含硫焦油则不行。加氢脱硫催化剂传统上被用于炼油和煤液化工业的加氢处理装置。经镍或钴改性的负载硫化钼或硫化钨催化剂（CoMoS、NiMoS、CoWS或NiWS）常用于需要加氢脱硫活性的加氢处理装置[149,150]。与过渡金属相比，它们的高活性和低成本是其被广泛运用的原因。CoMoS和NiMoS也可以促进烃类加氢、甲烷化以及水煤气变换反应。过渡金属硫化物（如钼或钨硫化物）、碳化物（如Mo₂C、NbC）以及磷化物（如MoP、NiP₂）的催化剂也可用于加氢脱硫[149,151-155]。Furimsky[149]发表过一篇关于石油炼化原料加氢脱硫催化剂选择的综述。一些研究表明，过渡金属硫化物的活性与其在元素周期表中的位置有关[156-173]，Rh、Re和Ru具有最高的加氢脱硫活性，通常与商用Co(Ni)Mo催化剂相当或比其更高。

由于加氢脱硫催化剂主要用于石油工业，因此在生物质气化方面对此催化剂表现的研究不多。在传统石油炼制和最近的生物质气化中的应用存在温度、压力和气体组分的差别[5]。

Rechulski测试了四种不同催化剂（CoMoS/Al₂O₃、NiMoS/Al₂O₃、RuS₂/Al₂O₃ Ⅰ型和RuS₂/Al₂O₃ Ⅱ型）在生物质制合成气工艺中的氢解性能[5]。在硫存在的情况下，催化氢解反应器应该能将含硫化合物加氢转化为硫化氢，焦油加氢或蒸汽重整，促进甲烷化，促进水煤气变换反应。这些催化剂均不会促进抗硫甲烷化。在500~600℃的操作温度下，RuS₂/Al₂O₃ Ⅱ型催化剂对所有反应显示出最高的活性。然而，钌催化剂的活性并不能匹配其作为贵金属的高价，它的价格比钼高出了两个数量级。在操作温度400℃下，商用钼系氢解反应器比钌催化剂更经济适用。

Rhyner等用400cpsi贵金属催化剂测试了存在蒸汽、硫化氢和乙烷时的焦油和含硫烃类的转化率[34,35,122]。为了模拟生物质气化产生的合成气，需要向合成气中加入重质烃（甲苯、萘、菲、芘）和含硫烃类（噻吩、苯并噻吩、二苯并噻吩）。催化剂的操作温度为620~750℃，含硫烃类的平均转化率（41%~99.6%）高于无硫焦油（0~47%）。高温、低气体体积空速、低蒸汽和一定硫含量有利于焦油和含硫焦油提高转化率。由于催化剂可以在接近木料气化装置的操作条件下分解焦油，因此可用于任意含对硫敏感的催化剂的工艺中(如燃料电池、液态燃料合成或甲烷化工艺)参与热气净化。在这些工艺中,从含硫焦油中催化重整生成的硫化氢可以在重整器下游的金属氧化物床中被捕获,如使用氧化锌。

3.4.5 氯(卤化物)

在生物质合成气中,主要的卤化物为氯化氢(HCl)。合成气中的氯元素以氯化氢的形式存在时,300℃以下与合成气中的氨(NH_3)进行反应并生成氯化铵(NH_4Cl)。冷气净化中使用湿式洗涤器,热气净化中使用吸收材料除去 HCl。湿式洗涤器可用来收集氯化物盐或吸收氯化氢蒸气。

煅烧过的石灰石和白云石是最常用的捕集来自烧煤设备烟道气中氯化氢的吸收材料[2]。CaO 和 MgO 可轻易地与 HCl 反应生成熔点为 774℃ 的 $CaCl_2$ 和熔点为 695℃ 的 $MgCl_2$[174,175]。钠和钾的化合物也能降低 HCl 浓度[(式3.5)]。苏打石是另一种可用于 HCl 脱除的天然材料[(式3.6)],它是一种廉价的天然矿石,成本约为 50 美元/t,且不需要再生。这种卤化物脱除方法已由 Siemens 进行中试[97]。天然碱可用于硫化氢和氯化氢的脱除。使用天然碱吸附剂,600℃ 时原本体积浓度为 20μL/L 的氯化氢降低至 40μL/L[147,148]。

$$2NaCl + Al_2O_3 + H_2O \longrightarrow 2NaAlO_2 + 2HCl \tag{3.5}$$

$$NaHCO_3 + HCl \longrightarrow NaCl + CO_2 + H_2O \tag{3.6}$$

3.4.6 碱

合成气中的碱可以通过冷凝或吸收材料进行脱除。碱蒸气在 600℃ 以下会发生凝结,因此可以被湿式洗涤器、滤饼及其他 600℃ 以下的表面捕获。吸收材料是高温气体净化工艺链的首选。碱脱除所使用的吸附剂常被称为"碱吸气剂"。如硅藻土(二氧化硅)、黏土或高岭石这样的天然矿物,还有提自铝土矿的活性氧化铝等合成材料,都可以用作吸收材料[43,176,177]。

Dou 等[1,174]在操作温度 840℃ 下使用煤层气测试了固定床反应器中的二级氧化铝、铝土矿、高岭土、酸性白黏土和活性氧化铝的碱金属脱除能力,其中 Al_2O_3 的吸收效率最高。Tran 等用固定床反应器对高岭土进行了测试,并得出了它能高效脱除 KCl 的结论[178]。Tran 等还报道了铝土矿对钠和钾有很高的物理和化学吸收效果,但对氯没有作用[179]。

还有一些工艺采用浸出法在热化学转化前脱除生物质中的碱,但这会产生洗涤、干燥、废物和机械处理成本[180-182]。

3.4.7 含氮化合物

生物质制得的合成气中含氮化合物主要为氨(NH_3)、少量的氰化氢(HCN)以及有机化合物,例如吡啶(C_5H_5N)。

如果要从合成气中脱除氨和氰化氢,利用它们在水中高溶解度的湿式洗涤器成为低温下脱除的有效手段。甚至合成气中的蒸汽冷凝水就足以大量去除胺或油基洗涤器、急冷器中的含氮化合物[183-185]。

高温下,只能通过催化分解成氮气和氢气或选择性氧化至 NO_x 来脱氮。在不影响其他气体组分(如甲烷、一氧化碳或氢气)的情况下,用氧分子对含氮化合物进行选择性氧化较难[77],分解成氮气和氢气看起来更加容易。常见的焦油或烃类重整催化剂,例如白云石、镍催化剂和铁催化剂,表现出了氨分解潜力[39,186]。基于钌、钨或其他贵金属的催化材料价格昂贵,但表现出良好的焦油和氨分解活性[39,77,102]。接下来需对这些焦油分解催化剂在氨分解方面的性能进行研究。除了氨分解能力外,催化剂对蒸汽和硫的抗性也是重要的研究方向。

选择性催化还原(SCR)或选择性无催化还原(SNCR)进行废气中的NO_x脱除以符合排放标准,在工业中有广泛应用,这里就不再加以讨论。

3.4.8 其他杂质

痕量元素通常通过吸收材料进行脱除,常用于脱除硫、碱和氯化物的材料也可用于痕量元素的吸收。关于吸附材料对不同痕量元素的吸附能力及其与污染物之间相互影响的信息有限,大多来自煤气化,而对生物质气化条件下的性能则知之甚少。二氧化硅、铝土矿、高岭石、沸石、石灰、活性炭、粉煤灰、氧化铝、金属氧化物等都可作为脱除痕量元素的吸收材料[24,26]。

粉煤灰、石灰石和金属氧化物具有很高的砷和硒脱除率。飞灰也可有效去除镉和锌[24]。含有气化过程中产生的细粉煤灰的滤饼的吸收能力不容低估,因其含有大量高比表面积材料。这是一种优良的吸收剂,金属和污染物蒸气能在上面凝结并被颗粒收集装置捕集[26,97]。研究还发现,粉煤灰可以在一定程度上吸收脱除镉、硒、砷、铅和锌[24,26]。

硅藻土(Celatom)是一种粒状煅烧硅藻土,是低成本的高温吸收剂的代表,适用于需要高稳定性和高吸收容量的多种应用。作为研磨吸收剂它是能够有效吸收砷、硒和锌的硅铝酸盐材料[26]。活性炭表面的氧化钙和氧化铜是另外一种适用于砷捕获的吸收剂[26,187]。

理想的吸收材料可用来捕集多种不同的杂质。表3.3列出了一些吸收材料及其试验温度、试验压力和污染物。

表3.3 吸收材料概述

吸收剂	试验温度,℃	试验压力,bar	参考文献	污染物
CaO	650	1, 5	[26]	H_2S、As
碳酸钙($CaCO_3$)	600~800	1	[147, 188]	H_2S、HCl
硅藻土(SiO_2)	650	1, 5	[26]	As、Se、Zn
碳酸氢钠($NaHCO_3$)	430~600	1	[97]	H_2S、HCl
天然碱(Na_2CO_3、$NaHCO_3 \cdot 2H_2O$)	430~600	1	[55, 97, 148, 188]	H_2S、HCl
Na_2CO_3	450~500	1	[55]	H_2S、HCl
Na_2O	450~500	1	[55]	H_2S、HCl
K_2CO_3	450~500	1	[55]	H_2S、HCl
CuO/C	30~140	52	[55]	As
白云石[$CaMg(CO_3)_2$]	650~1050	1	[1, 2]	H_2S

续表

吸收剂	试验温度,℃	试验压力, bar	参考文献	污染物
石灰石(CaCO₃)	$500 \sim 1050$	$1 \sim 20$	[2]	H_2S
醋酸钙[Ca(CH₃COO)₂]	$600 \sim 1050$	1	[2]	H_2S
醋酸钙镁	$800 \sim 1000$	1	[2]	H_2S
$Ca_xMg_y(CH_3COO)_{2(x+y)}Al_2O_3$	840	1	[174]	NaCl、KCl

3.5 反应性热气过滤器

由于减少了操作单元、降低了操作单元之间的温度损失,并且工艺模块设计更为紧凑、简洁,热气过滤和重整催化的集成概念可以降低成本、节约能耗。必须对热气过滤和重整催化的性能进行深入了解,以实现二者的结合。

目前,最大的限制因素在于过滤单元的最高温度(400℃),因此重整和部分催化氧化(CPO)单元会安装在具有高粉尘负荷的过滤器上游。选择低孔密度的整体催化剂,以降低颗粒和烟灰沉积的风险。热气过滤设计的发展和能在高达850℃下使用的陶瓷过滤器元件的发明,使得在高温低尘条件下安装低尘重整器/热气过滤器成为可能。

欧洲有两例焦油催化重整在工业化热电联产(CHP)设备上的应用:芬兰的Kokemäki和丹麦的Skive。这两台重整器都在高粉尘负荷下操作。这两套装置在进行基础建设(大约2003年)时,还没有能在400~800℃运行的热气过滤技术,因此这些重整器不得不建得规模很大以适应高颗粒负荷,其大小甚至与气化炉本身相当。这两台装置使用了不同的气化炉和重整技术(表3.4)。

表 3.4　Kokemäki 和 Skive 的气化和重整技术

安装地点	气化技术	重整技术
Skive(丹麦)	自热流化床	蒸汽重整器
Kokemäki(芬兰)	上吸式固定床	催化部分氧化

仅有少量发表的关于这两套装置运行经验的信息。Kurkela 等发表了 BIGPower 项目的最终活动报道,即有关 Kokemäki 装置的信息[189]。Rönkkönen 等也参与了这一项目[124,190,191]。而关于 Skive 装置,则仅有来自研讨会上演讲所透露的信息[192,193]。Leppin 等[192]指出,与镍催化剂相比,贵金属重整催化剂上获得了具有潜力的结果,850℃下焦油转化率高于93%。此外,还指出需要通过简化流程和创新技术来降低这项工艺的总成本[192]。另一个报告则提出在850~930℃的操作温度下,整体催化剂上50%~70%的焦油脱除能力并不能令人满意[193]。一张大多数通道被厚厚的粉尘覆盖的整体催化剂的照片即可说明高粉尘环境下焦油重整的问题[193]。

Pall Filtersystems 公司(M. Nacken 和 S. Heidenreich)与意大利拉莫大学和拉奎拉大学、比利时布鲁塞尔自由大学和荷兰代尔夫特理工大学一起,多年来一直从事焦油重整原位催化陶瓷过滤器的研究工作[111,112,128,194]。

Rapagnà 等将活性催化过滤元件安装在实验室规模的流化床气化反应器的自由空域中[113,129,130]。这些研究是已结束的欧盟 UNIQUE 项目的一部分，旨在将生物质流化床蒸汽气化、热气净化、调节系统整合至单一气化反应器[195]。

在已结束的欧盟项目 CHRISGAS 框架内[196]，Simeone 等通过无尘模型气体测试了有莫来石薄膜涂层并集成了镍催化剂的陶瓷热气过滤元件[197,198]。

Rhyner 等研究了热气过滤和催化重整器组成的反应性热气过滤系统，作为生物质发电、生物质合成天然气或液态燃料的热化学转化过程中的热气清洁(HGC)工艺。具有耦合压力脉冲(CPP)再净化系统的热气过滤系统可以稳定运行 1000h 以上。过滤单元在 450℃下运行，过滤来自上吸式木料气化炉中的颗粒物。另外，发现贵金属催化剂能够在 600 ~ 850℃将含硫烃类转化为 H_2S。

催化剂分解含硫烃类的能力是热气清洁结合金属氧化物床脱除硫化氢的工艺链应用的前提。迄今为止，吸收材料高温脱硫仅对硫化氢有效，而对含硫焦油无效，因此需要将含硫烃类转化为硫化氢。其次重要的是对无硫焦油的转化。水煤气变换(WGS)反应和甲烷水蒸气重整(SRM)的催化活性与脱硫步骤相关性小。一定程度上，合成气中的焦油和甲烷在用固体氧化燃料电池(SOFC)进行发电时并不造成问题，焦油可以作为燃料，甲烷可用于燃料电池的内部冷却[14]。

基于测试的重整催化剂的模拟计算表明，除了其他可能性外，在热气过滤器出口集成整体催化材料是可行的。假设热气过滤的设计工作温度为 850℃，有可能实现在出口温度 850℃下结合过滤器和催化剂的反应性热气过滤系统。为了完善这一系统，建议将天然碱作为热气过滤器上游的高温吸收材料，用于大量脱除硫化氢和氯化氢。完整的热气净化工艺包括最后的脱硫清洁步骤，$ZnTiO_3$ 可用于硫化氢的高温脱除。图 3.2 给出了建议的热气净化方案，包括 B–IGFC 工艺链的热气过滤器。

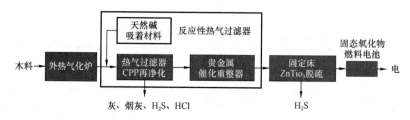

图 3.2　700~850℃时建议的热气清洁系统，包括 B–IGFC 工艺链中的反应性热气过滤

参 考 文 献

[1] Dou B, Wang C, Chen H, Song Y, Xie B, Xu Y, et al. Research progress of hot gas filtration, desulphurization and HCl removal in coal – derived fuel gas：A review. Chemical Engineering Research and Design 90(11)：1901 – 1917；2012.

[2] Meng X, de Jong W, Pal R, Verkooijen AHM. In bed and downstream hot gas desulphurization during solid fuel gasification：A review. Fuel Processing Technology 91(8)：964 – 981；2010.

[3] Aravind PV, de Jong W. Evaluation of high temperature gas cleaning options for biomass gasification product gas for solid oxide fuel cells. Progress in Energy and Combustion Science 38：737 – 764；2012.

[4] Judex JW. Grass for Power Generation – Extending the Fuel Flexibility for IGCC Power Plants. Report 18865,

ETH Zürich, Zurich, p. 199; 2010.

[5] Kaufman – Rechulski MD. Catalysts for High Temperature Gas Cleaning in the Production of Synthetic Natural Gas from Biomass. Report 5484, EPFl, lausanne, p. 270; 2012.

[6] Vassilev SV, Baxter D, Andersen LK, Vassileva CG, Morgan TJ. An overview of theorganic and inorganic phase composition of biomass. Fuel 94: 1 – 33; 2012.

[7] Nagel FP. Electricity from Wood Through the Combination of Gasification and Solid Oxide Fuel Cells, Systems Analysis and Proof – of – Concept. Report 17856, ETH Zürich, Zurich, p. 328; 2008.

[8] Milne TA, Evans RJ, Abatzoglou N. Biomass Gasifier "Tars": Their Nature, Formation, and Conversion. NREl Report 1998, National Renewable Energy laboratory, Colorado; 1998.

[9] Berger B, Bacq A, Jeanmart H, Bourgois F. Experimental and Numerical Investigation ofthe Air Ratio on the Tar Content in the Syngas of a Two – Stage Gasifier. In: Florence ETA, 18th European Biomass Conference. ETA, lyon; 2010.

[10] Gallmetzer G, Ackermann P, Schweiger A, et al. The agnion heatpipe – reformer – operating experiences and evaluation of fuel conversion and syngas composition. Biomass Conversion and Biorefinery 2(3): 207 – 215; 2012.

[11] Kinoshita CM, Wang Y, Zhou J. Tar formation under different biomass gasification conditions. Journal of Analytical and Applied Pyrolysis 29: 169 – 181; 1994.

[12] Meng X, de Jong W, Fu N, Verkooijen AHM. Biomass gasification in a 100 kWth steam – oxygen blown circulating fluidized bed gasifier: Effects of operational condi tions on product gas distribution and tar formation. Biomass and Bioenergy 35: 2910 – 2924; 2011.

[13] Martin RA, Gardner B, Guan X, Hendrix H. Power Systems Development Facility: High Temperature, High Pressure Filtration in Gasification Operation. Fifth International Symposium on Gas Cleaning at High Temperatures. Morgantown, USA, pp. 1 – 14; 2002.

[14] Nagel FP, Ghosh S, Pitta C, Schildhauer TJ, Biollaz SMA. Biomass integrated gasification fuel cell systems – Concept development and experimental results. Biomass and Bioenergy 35: 354 – 362; 2011.

[15] Good J, L V, Knoef H, Zielke U, Hansen P, van de Kamp W. Sampling and analysis of tar and particles in biomass producer gases. European Communication EFTA 2005: 1 – 44; 2005.

[16] CEN. Biomass Gasification – Tar and Particles in Product Gases – Sampling and Analysis. European Commission and the European Free Trade Association; 2005.

[17] Maniatis K, Beenackers A. Tar protocols. IEA bioenergy gasification task. Biomass and Bioenergy 18(1): 1 – 4; 2000.

[18] Kaufman – Rechulski MD, Schneebeli J, Geiger S, Schildhauer TJ, Biollaz SMA, Ludwig C. Liquid – quench sampling system for the analysis of gas streams from biomass gasifi cation processes. Part 1: Sampling noncondensable compounds. Energy and Fuels 26: 7308 – 7315; 2012.

[19] Kaufman – Rechulski MD, Schneebeli J, Geiger S, Schildhauer TJ, Biollaz SMA, Ludwig C. Liquid – quench sampling system for the analysis of gas streams from bi6358 – 6365; 2012omass gasifi cation processes. Part 2: Sampling condensable compounds. Energy and Fuels 26: 6358 – 6365; 2012.

[20] ECN. Thersites – The ECN Tar Dew Point Site. Energy Research Center of the Netherlands (ECN), Rotterdam; 2009.

[21] Devi L, Ptasinski KJ, Janssen FJJG. Decomposition of naphthalene as a biomass tar over pretreated olivine: effect of gas composition, kinetic approach, and reaction scheme. Industrial and Engineering Chemistry Research 44: 9096 – 9104; 2005.

[22] Van Paasen S, Kiel J. Tar Formation in a Fluidised – Bed Gasifier – Impact of Fuel Properties and Operating Conditions. Energy Research Center of the Netherlands, Rotterdam; 2004.

[23] Lovell R, Dylewski S, Peterson C. Control of Sulfur Emissions from Oil Shale Retorts. Environmental Protection Agency, Cincinnati, Ohio, p. 190; 1981.

[24] Diaz – Somoano M, Lopez – Anton M, Martinez – Tarazona M. Solid sorbents for trace element removal at high temperatures in coal gasification. Global NEST Journal 8(2): 137 – 145; 2006.

[25] Salo K, Mojtahedi W. Fate of alkali and trace metals in biomass gasification. Biomass and Bioenergy 15(3): 263 – 267; 1998

[26] Pigeaud A, Maru H, Wilemski G, Helble J. Trace Element Emissions, Semi – Annual Report. U. S. Department of Energy, Office of Fossile Energy, Morgantown, USA; 1995.

[27] Bao J, Krishnan GN, Jayaweera P, Lau K – H, Sanjurjo A. Effect of various coal contami nants on the performance of solid oxide fuel cells: Part Ⅱ. ppm and sub – ppm level testing. Journal of Power Sources 193: 617 – 624; 2009.

[28] Bao J, Krishnan GN, Jayaweera P, Perez – Mariano J, Sanjurjo A. Effect of various coal contaminants on the performance of solid oxide fuel cells: Part Ⅰ. Accelerated testing. Journal of Power Sources 193: 607 – 616; 2009.

[29] Bao J, Krishnan GN, Jayaweera P, Sanjurjo A. Effect of various coal gas contaminants on the performance of solid oxide fuel cells: Part Ⅲ. Synergistic effects. Journal of Power Sources 195: 1316 – 1324; 2010.

[30] Marina OA, Pederson L, Gemmen R, Gerdes K, Finklea H, Celik I. Overview of SOFC Anode Interactions with Coal Gas Impurities. ECS Transactions 26(1): 363 – 370; 2010.

[31] Woolcock PJ, Brown RC. A review of cleaning technologies for biomass – derived syngas. Biomass and Bioenergy 52: 54 – 84; 2013.

[32] Nagel FP, Schildhauer TJ, Biollaz SMA. Biomass – integrated gasification fuel cell systems – Part 1: Definition of systems and technical analysis. International Journal of Hydrogen Energy 34: 6809 – 6825; 2009.

[33] Gassner M, Marechal F. Thermo – economic optimisation of the polygeneration of synthetic natural gas (SNG), power and heat from lignocellulosic biomass by gasification and methanation. Energy and Environmental Science 5(2): 5768 – 5789; 2012.

[34] Rhyner U. Reactive Hot Gas Filter for Biomass Gasification. Report 21102. ETH Zürich, Zurich, p. 160; 2013.

[35] Rhyner U, Edinger P, Schildhauer TJ, Biollaz SMA. Applied kinetics for modeling of reactive hot gas filters. Applied Energy 113: 766 – 780; 2014.

[36] VDI. Filtering separators – High temperature gas filtration. VDI 3677. VDI/DIN – Handbuch Reinhaltung der Luft 6: 3; 2010.

[37] VDI. Filtering separators – Surface Filters. VDI 3677. VDI/DIN – Handbuch Reinhaltung der Luft 6: 1; 2010.

[38] Brouwers JJH. Phase separation in centrifugal fields with emphasis on the rotational particle separator. Experimental Thermal and Fluid Science 26(2/4): 325 – 334; 2002.

[39] Stevens DJ. Hot Gas Conditioning: Recent Progress With Larger – Scale Biomass Gasification Systems. Pacific Northwest National laboratory for US DOE, NETl, Richland, Washington; 2001.

[40] Cortés C, Gil A. Modeling the gas and particle flow inside cyclone separators. Progress in Energy and Combustion Science 33(5): 409 – 452; 2007.

[41] Probstein R, Hicks R. Synthetic Fuels. Dover Pubn Inc.; 2006.

[42] McDonald J, Dean A. Electrostatic Precipitator Manual. Noyes Data Corporation, Park Ridge, N. ; 1982.

[43] Seville JPK. Gas Cleaning in Demanding Applications, 1st Edition. Blackie Academic and Professional, london; 1997.

[44] EPA. Electrostatic Precipitator Operation. APTI Virtual Classroom. U. S. Environmental Protection Agency, Washington, D. C. ; 1998.

[45] Peukert W. High temperature filtration in the process industry. Filtration and Separation 35 (5): 461 – 464; 1998.

[46] 3M Deutschland GmbH. Ceramic Textiles and Composites Europe. 3M Deutschland GmbH, Neuss, Germany; 2012. www. 3m. com/market/industrial/ceramics/pdfs/3M_ Filter_ Bags. pdf(accessed 15 December 2015).

[47] Löffler F, Dietrich H, Flatt W. Staubabscheidung mit Schlauchfiltern und Taschenfiltern. Vieweg, Braunschweig; 1991.

[48] Pall Filtersystems GmbH. Homepage. Pall Filtersystems GmbH, Crailsheim, Germany; 2012. www. pall. com/main/fuels – and – chemicals(accessed 15 December 2015).

[49] TENMAT Ltd. Homepage. TENMAT Ltd, Manchester, England; 2012. www. tenmat. com/Content/Hot20- Gas20Filtration (accessed 15 December 2015).

[50] Sharma SD, Dolan M, Ilyushechkin AY, Mclennan KG, Nguyen T, Chase D. Recent developments in dry hot syngas cleaning processes. Fuel 89: 817 – 826; 2010.

[51] Sharma SD, Dolan M, Park D, et al. A critical review of syngas cleaning technologies – fundamental limitations and practical problems. Powder Technology 180(1/2): 115 – 121; 2008.

[52] Heidenreich S, Haag W, Mai R, Leibold H, Seifert H. Untersuchungen zur Abreinigungsleistung verschiedener Rückpulssysteme für Oberflächenfilter aus starrenFiltermedien. Chemie Ingenieur Technik 75 (9): 1280 – 1283; 2003.

[53] Leubner H, Riebel U. Pulse jet cleaning of textile and rigid filter media – characteristic parameters. Chemical Engineering and Technology 27(6): 652 –661; 2004.

[54] Rhyner U, Mai R, Leibold H, Biollaz SMA. Dynamic pressure measurements of a hotgas filter as a diagnostic tool to assess the time dependent performance. Biomass and Bioenergy 53: 72 – 80; 2013.

[55] Leibold H, Hornung A, Seifert H. HTHP syngas cleaning concept of two stage biomass gasification for FT synthesis. Powder Technology 180: 265 – 270; 2008.

[56] Mai R, Kreft D, Leibold H, Seifert H. Coupled Pressure Pulse(CPP) Recleaning of Ceramic Filter Candles Components and System Performance. Fifth European Conference on Industrial Furnaces and Boilers (INFUB). Porto, Portugal; 2000.

[57] Mai R, Leibold H, Seifert H, Heidenreich S, Walch A. Coupled pressure pulse(CPP) recleaning system for ceramic hot – gas filters with an integrated safety filter. Chemical Engineering and Technology 26 (5): 577 –579; 2003.

[58] Leibold H. Trockene HT Synthesegasreinigung. First Nürnberger Fach – Kolloquium, Methanisierung und Second Generation Fuels. Nürnberg, Germany; 2012.

[59] Simeone E, Nacken M, Haag W, Heidenreich S, de Jong W. Filtration performance at high temperatures and analysis of ceramic filter elements during biomass gasification. Biomass and Bioenergy 35: 87 – 104; 2011.

[60] Simeone E, Siedlecki M, Nacken M, Heidenreich S, De Jong W. High temperature gasfiltration with ceramic candles and ashes characterisation during steam – oxygen blown gasification of biomass. Fuel 108: 99 – 111; 2013.

[61] Heidenreich S. Heiss gas filtration. Chemie Ingenieur Technik 84(6): 795 – 807; 2012.

[62] Zwart R, Bos A, Kuipers J. Principle of OLGA Tar Removal System. Energy Research Centre of the Netherlands, Rotterdam, p. 2; 2010.

[63] Zwart RWR, van der Drift A, Bos A, Visser HJM, Cieplik MK, Könemann HWJ. Oil – based gas washing – Flexible tar removal for high – efficient production of clean heat and power as well as sustainable fuels and chemicals. Environmental Progress and Sustainable Energy 28(3): 324 – 335; 2009.

[64] Boerrigter H, Bergman P. Method and System for Gasifying Biomass. Energy Research Centre of the Netherlands, Rotterdam; 2002.

[65] Houben MP, de Lange HC, van Steenhoven AA. Tar reduction through partial combustion of fuel gas. Fuel 84(7/8): 817 – 824; 2005.

[66] Brandt P, Henriksen U. Decomposition of Tar in Gas from Updraft Gasifier by Thermal Cracking. First World Conference on Biomass for Energy and Industry. ETA Florence, Seville, Spain, pp. 1756 – 1758; 2000.

[67] Jess A. Reaktionskinetische Untersuchungen zur thermischen Zersetzung von Modellkohlenwasserstoffen. Erdöl, Erdgas und Kohle 111(11): 479 – 483; 1995.

[68] Jess A, Depner H. Thermische und katalytische Aufarbeitung von Rohgasen der Vergasung und Verkokung fester Brennstoffe. Chemie Ingenieur Technik 69(7): 970 – 973; 1997.

[69] Fjellerup J, Ahrenfeldt J, Henriksen U, Gobel B. Formation, Decomposition, and Cracking of Biomass Tars in Gasification. Technical University of Denmark, Copenhagen, p. 60; 2005.

[70] Han J, Kim H. The reduction and control technology of tar during biomass gasification/ pyrolysis: An overview. Renewable and Sustainable Energy Reviews 12(2) : 397 – 416; 2008.

[71] Sutton D, Kelleher B, Ross JRH. Review of literature on catalysts for biomass gasifica tion. Fuel Processing Technology 73(3): 155 – 173; 2001.

[72] Sutton D, Kelleher B, Ross JRH. Catalytic conditioning of organic volatile products produced by peat pyrolysis. Biomass and Bioenergy 23(3): 209 – 216; 2002.

[73] Houben MP, Verschuur K, de Lange R, Neeft J, Daey Ouwens C. An analysis and Experimental Investigation of the Cracking and Polymerisation of Tar. 12th European Conference on Biomass for Energy and Industry and Climate Protection. Amsterdam, Netherlands, pp. 581 – 584; 2002.

[74] Pemen AJM, Nair SA, Yan K, van Heesch EJM, Ptasinski KJ, Drinkenburg AAH. Pulsed Corona Discharges for Tar Removal from Biomass Derived Fuel Gas. Plasmas and Polymers 8 (3): 209 – 224; 2003.

[75] Nair SA, Yan K, Safitri A, et al. Streamer corona plasma for fuel gas cleaning: comparison of energization techniques. Journal of Electrostatics 63(12): 1105 – 1114; 2005.

[76] Nair SA, Pemen AJM, Yan K, et al. Tar removal from biomass – derived fuel gas by pulsed corona discharges. Fuel Processing Technology 84(1/3): 161 – 173; 2003.

[77] Torres W, Pansare SS, Goodwin JG. Hot gas removal of tars, ammonia, and hydrogen sulfide from biomass gasification gas. Catalysis Reviews 49(4): 407 – 456; 2007.

[78] Lind F, Seemann M, Thunman H. Continuous catalytic tar reforming of biomass derived raw gas with simultaneous catalyst regeneration. Industrial and Engineering Chemistry Research 50(20): 11553 – 11562; 2011.

[79] Beld L, Wagenaar BM, Prins W. Cleaning of Hot Producer Gas in a Catalytic Adiabatic Packed Bed Reactor with Periodic Flow Reversal. In: Bridgwater A. V., Boocock D. G. B. (eds) Developments in Thermochemical Biomass Conversion Springer, Dordrecht. pp. 907 – 920; 1997.

［80］ Li C, Suzuki K. Tar property, analysis, reforming mechanism and model for biomass gasification – An overview. Renewable and Sustainable Energy Reviews 13: 594 – 604; 2009.

［81］ Mastellone ML, Arena U. Olivine as a tar removal catalyst during fluidized bed gasification of plastic waste. AIChE Journal 54(6): 1656 – 1667; 2008.

［82］ Dou B, Gao J, Sha X, Baek SW. Catalytic cracking of tar component from high – temperature fuel gas. Applied Thermal Engineering 23(17): 2229 – 2239; 2003.

［83］ Yung MM, Jablonski WS, Magrini – Bair KA. Review of catalytic conditioning of biomass – derived syngas. Energy and Fuels 23(4): 1874 – 1887; 2009.

［84］ Xu C, Donald J, Byambajav E, Ohtsuka Y. Recent advances in catalysts for hot – gas removal of tar and NH_3 from biomass gasification. Fuel 89(8): 1784 – 1795; 2010.

［85］ Abu El – Rub Z, Bramer EA, Brem G. Review of catalysts for tar elimination in biomass gasification processes. Industrial and Engineering Chemistry Research 43(22): 6911 – 6919; 2004.

［86］ El – Rub ZA. Biomass Char as an In – situ Catalyst for Tar Removal in Gasification Systems. Dissertation, Twente University, Enschede, The Netherlands; 2008.

［87］ Simell PA, Hirvensalo EK, Smolander VT, Krause AOI. Steam reforming of gasification gas tar over dolomite with benzene as a model compound. Industrial and Engineering Chemistry Research 38(4): 1250 – 1257; 1999.

［88］ Tamhankar SS, Tsuchiya K, Riggs JB. Catalytic cracking of benzene on iron oxide – silica: catalyst activity and reaction mechanism. Applied Catalysis 16(1): 103 – 121; 1985.

［89］ Dayton DC. A Review of the Literature on Catalytic Biomass Tar Destruction Milestone Completion Report. Technical University of Denmark, Copenhagen; 2002.

［90］ Brandt P, Larsen E, Henriksen U. High tar reduction in a two – stage gasifier. Energy and Fuels 14(4): 816 – 819; 2000.

［91］ Zanzi R, Sjöström K, Björnbom E. Rapid high – temperature pyrolysis of biomass in a free – fall reactor. Fuel 75(5): 545 – 550; 1996.

［92］ Chembukulam SK, Dandge AS, Rao NlK, Seshagiri K, Vaidyeswaran R. Smokeless fuel from carbonized sawdust. Industrial and Engineering Chemistry Product Research and Development 20 (4): 714 – 719; 1981.

［93］ Zhang T, Walawender WP, Fan LT, Fan M, Daugaard D, Brown RC. Preparation of activated carbon from forest and agricultural residues through CO_2 activation. Chemical Engineering Journal 105(1/2): 53 – 59; 2004.

［94］ Brown RA, Kercher AK, Nguyen TH, Nagle DC, Ball WP. Production and characterization of synthetic wood chars for use as surrogates for natural sorbents. Organic Geochemistry 37(3): 321 – 333; 2006.

［95］ Abu El – Rub Z, Bramer EA, Brem G. Experimental comparison of biomass chars with other catalysts for tar reduction. Fuel 87(10/11): 2243 – 2252; 2008.

［96］ Hosokai S, Kumabe K, Ohshita M, Norinaga K, LiC – Z, Hayashi J – I. Mechanism of decomposition of aromatics over charcoal and necessary condition for maintaining its activity. Fuel 87(13/14): 2914 – 2922; 2008.

［97］ Gerdes K, Grol E, Keairns D, Newby R. Integrated Gasification Fuel Cell Performance and Cost Assessment. National Energy Technology laboratory, U. S. Department of Energy; 2009.

［98］ Ma L, Baron GV. Mixed zirconia – alumina supports for Ni/MgO based catalytic filters for biomass fuel gas cleaning. Powder Technology 180(1/2): 21 – 29; 2008.

［99］ Devi L, Ptasinski KJ, Janssen FJJG. A review of the primary measures for tar elimination in biomass gasification processes. Biomass and Bioenergy 24(2)：125 – 140；2003.

［100］ Luengnaruemitchai A, Kaengsilalai A. Activity of different zeolite – supported Ni catalysts for methane reforming with carbon dioxide. Chemical Engineering Journal144(1)：96 – 102；2008.

［101］ Corella J, Toledo JM, Molina G. A review on dual fluidized – bed biomass gasifiers. Industrial and Engineering Chemistry Research 46(21)：6831 – 6839；2007.

［102］ Pansare SS, Goodwin JG, Gangwal S. Simultaneous ammonia and toluene decomposition on tungsten – based catalysts for hot gas cleanup. Industrial and Engineering Chemistry Research 47：8602 – 8611；2008.

［103］ Dayton DC, French RJ, Milne TA. Direct observation of alkali vapor release during biomass combustion and gasification. 1. Application of molecular beam/mass spectrometry to switchgrass combustion. Energy and Fuels 9(5)：855 – 865；1995.

［104］ Cui H, Turn SQ, Keffer V, Evans D, Tran T, Foley M. Study on the fate of metal elements from biomass in a bench – scale fluidized bed gasifier. Fuel 89：74 – 81；2011.

［105］ Turn SQ, Kinoshita CM, Ishimura DM, Zhou J. The fate of inorganic constituents of biomass in fluidized bed gasification. Fuel 77(3)：135 – 146；1998.

［106］ Hauserman WB. High – yield hydrogen production by catalytic gasification of coal or biomass. International Journal of Hydrogen Energy 19(5)：413 – 419；1994.

［107］ Raveendran K, Ganesh A, Khilar KC. Influence of mineral matter on biomass pyrolysis characteristics. Fuel 74(12)：1812 – 1822；1995.

［108］ Draelants DJ, Zhao H, Baron GV. Preparation of catalytic filters by the urea method and its application for benzene cracking in H_2S – containing biomass gasification gas. Industrial and Engineering Chemistry Research 40：3309 – 3316；2001.

［109］ Engelen K, Zhang Y, Draelants DJ, Baron GV. A novel catalytic filter for tar removal from biomass gasification gas：Improvement of the catalytic activity in presence of H_2S. Chemical Engineering Science 58：665 – 670；2003.

［110］ Ma L, Verelst H, Baron GV. Integrated high temperature gas cleaning：Tar removal in biomass gasification with a catalytic filter. Catal Today 2005；105：729 – 734.

［111］ Nacken M, Ma L, Heidenreich S, Baron GV. Catalytic activity in naphthalene reform ing of two types of catalytic filters for hot gas cleaning of biomass – derived syngas. Industrial and Engineering Chemistry Research 49：5536 – 5542；2010.

［112］ Nacken M, Ma L, Heidenreich S, Verpoort F, Baron GV. Development of a catalytic ceramic foam for efficient tar reforming of a catalytic filter for hot gas cleaning of bio mass – derived syngas. Applied Catalysis B：Environmental 125：111 – 119；2012.

［113］ Rapagnà S, Gallucci K, Di Marcello M, et al. First Al_2O_3 based catalytic filter candles operating in the fluidized bed gasifier freeboard. Fuel 97：718 – 724；2012.

［114］ Rönkkönen H, Simell P, Niemelä M, Krause O. Precious metal catalysts in the clean – up of biomass gasification gas part 2：Performance and sulfur tolerance of rhodium based catalysts. Fuel Processing Technology 92：1881 – 1889；2011.

［115］ Rönkkönen H, Simell P, Reinikainen M, Krause O, Niemelä MV. Catalytic clean – up of gasification gas with precious metal catalysts – A novel catalytic reformer development. Fuel 89：3272 – 3277；2010.

［116］ Rönkkönen H, Simell P, Reinikainen M, Niemelä M, Krause O. Precious metal catalysts in the clean –

up of biomass gasification gas. Part 1: Monometallic catalysts and their impact on gasification gas composition. Fuel Processing Technology 92: 1457 – 1465; 2011.

[117] Toledo JM, Corella J, Molina G. Catalytic hot gas cleaning with monoliths in biomass gasification in fluidized beds. 4. Performance of an advanced, second – generation, two – layers – based monolithic reactor. Industrial and Engineering Chemistry Research 45: 1389 – 1396; 2006.

[118] Tomishige K, Miyazawa T, Asadullah M, Ito S – I, Kunimori K. Catalyst performance in reforming of tar derived from biomass over noble metal catalysts. Green Chemistry 5: 399; 2003.

[119] Zhao H, Draelants DJ, Baron GV. Performance of a nickel – activated candle filter for naphthalene cracking in synthetic biomass gasification gas. Industrial and Engineering Chemistry Research 39: 3195 – 3201; 2000.

[120] Pfeifer C, Hofbauer H. Development of catalytic tar decomposition downstream from a dual fluidized bed biomass steam gasifier. Powder Technology 180: 9 – 16; 2008.

[121] Miyazawa T, Kimura T, Nishikawa J, Kunimori K, Tomishige K. Catalytic properties of tar. Science and Technology of Advanced Materials 6(6): 604 – 614; 2005.

[122] Rhyner U, Edinger P, Schildhauer TJ, Biollaz SMA. Experimental study on high tem perature catalytic conversion of tars and organic sulfur compounds. Hydrogen Energy 80: 13 – 19; 2014.

[123] Rhyner U, Schildhauer TJ, Biollaz SMA. Catalytic Conversion of Tars in a Monolith in the Presence of H_2S at 750℃. In: Florence ETA. 19th European Biomass Conference and Exhibition. Berlin, Germany; 2011.

[124] Rönkkönen H, Rikkinen E, linnekoski J, Simell P, Reinikainen M, Krause O. Effect of gasification gas components on naphthalene decomposition over ZrO_2. Catalysis Today 147: 230 – 236; 2009.

[125] Furusawa T, Tsutsumi A. Comparison of Co/MgO and Ni/MgO catalysts for the steam reforming of naphthalene as a model compound of tar derived from biomass gasifica tion. Applied Catalysis A: General 278(2): 207 – 212; 2005.

[126] Furusawa T, Saito K, Kori Y, Miura Y, Sato M, Suzuki N. Steam reforming of naphthalene/benzene with various types of Pt – and Ni – based catalysts for hydrogen production. Fuel 103: 111 – 121; 2013.

[127] Cui H, Turn SQ, Keffer V, Evans D, Tran T, Foley M. Contaminant estimates and removal in product gas from biomass steam gasification. Energy and Fuels 24: 1222 – 1233; 2010.

[128] Nacken M, Ma L, Heidenreich S, Baron GV. Performance of a catalytically activated ceramic hot gas filter for catalytic tar removal from biomass gasification gas. Applied Catalysis B: Environmental 88: 292 – 298; 2009.

[129] Rapagna S, Gallucci K, Di Marcello M, Foscolo PU, Nacken M, Heidenreich S. In situ catalytic ceramic candle filtration for tar reforming and particulate abatement in a fluidized – bed biomass gasifier. Energy and Fuels 23(7): 3804 – 3809; 2009.

[130] Rapagna S, Gallucci K, Di Marcello M, Matt M, Nacken M, Heidenreich S, et al. Gas cleaning, gas conditioning and tar abatement by means of a catalytic filter candle in a biomass fluidized – bed gasifier. Bioresource Technology 101(18): 7134 – 7141; 2010.

[131] Corella J, Toledo JM, Padilla R. Catalytic hot gas cleaning with monoliths in biomass gasification in fluidized beds. 1. Their effectiveness for tar elimination. Industrial and Engineering Chemistry Research 43 (10): 2433 – 2445; 2004.

[132] Corella J, Toledo JM, Padilla R. Catalytic hot gas cleaning with monoliths in biomass gasification in fluidized beds. 2. Modeling of the monolithic reactor. Industrial and Engineering Chemistry Research 43 (26): 8207 – 8216; 2004.

[133] Corella J, Toledo JM, Padilla R. Catalytic hot gas cleaning with monoliths in biomass gasification in fluidized beds. 3. Their effectiveness for ammonia elimination. Industrial and Engineering Chemistry Research 44(7): 2036 – 2045; 2005.

[134] Toledo JM, Corella J, Molina G. Catalytic hot gas cleaning with monoliths in biomass gasification in fluidized beds. 4. Performance of an advanced, second – generation, two – layers – based monolithic reactor. Industrial and Engineering Chemistry Research 45(4): 1389 – 1396; 2006.

[135] Lind F, Berguerand N, Seemann M, Henrik T. Comparing Three Materials for Secondary Catalytic Tar Reforming of Biomass Derived Gas. Fourth International Symposium on Hydrogen from Renewable Sources and Refinery Pennsylvania American Chemical Society, New York; 2012.

[136] Berguerand N, Lind F, Israelsson M, Seemann M, Biollaz S, Thunman H. Use of Nickel Oxide as a Catalyst for Tar Elimination in a Chemical – looping Reforming Reactor Operated with Biomass Producer Gas. Industrial and Engineering Chemistry Research 51(51): 16610 – 16616; 2012.

[137] Berguerand N, Lind F, Seemann M, Thunman H. Producer gas cleaning in a dual fluidized bed reformer – a comparative study of performance with ilmenite and a manganese oxide as catalyst. Biomass Conversion and Biorefinery 2(3): 245 – 252; 2012.

[138] Berguerand N, Lind F, Seemann M, Thunman H. Manganese oxide as catalyst for tar cleaning of biomass – derived gas. Biomass Conversion and Biorefinery 2(2): 133 – 140; 2012.

[139] König CFJ, Nachtegaal M, Seemann M, Clemens F, van Garderen N, Biollaz SMA, et al. Mechanistic studies of chemical looping desulfurization of Mn – based oxides using in situ X – ray absorption spectroscopy. Applied Energy 113: 1895 – 1901; 2014.

[140] Lind F, Berguerand N, Seemann M, Thunman H. Ilmenite and nickel as catalysts for upgrading of raw gas derived from biomass gasification. Energy and Fuels 27(2): 997 – 1007; 2013.

[141] EPA. Flue Gas Desulfurization(Acid Gas Removal) Systems. APTI Virtual Classroo U. S. Environmental Protection Agency, Washington D. C.; 1998.

[142] Liu Y, Bisson TM, Yang H, Xu Z. Recent developments in novel sorbents for flue gas clean up. Fuel Processing Technology 91: 1175 – 1197; 2010.

[143] Plummer MA. Sulfur and hydrogen from H_2S. Hydrocarbon Processing 66(4): 38 – 40; 1987.

[144] Jensen AB, Webb C. Treatment of H_2S – containing gases: A review of microbiological alternatives. Enzyme and Microbial Technology 17(1): 2 – 10; 1995.

[145] Fortuny M, Baeza JA, Gamisans X, Casas C, Lafuente J, Deshusses MA, et al. Biological sweetening of energy gases mimics in biotrickling filters. Chemosphere 71(1): 10 – 17; 2008.

[146] Babich IV, Moulijn JA. Science and technology of novel processes for deep desulfuriza tion of oil refinery streams: a review. Fuel 82(6): 607 – 631; 2003.

[147] Leibold H. Trockene Synthesegasreinigung bei hohen Temperaturen. Kolloquium Sustainable BioEconomy. Forschungszentrum Karlsruhe, Germany; 2008.

[148] Seifert H, Kolb T, Leibold H. Syngas aus Biomasse – Flugstromvergasung und Gasreinigung. 41st Kraftwerkstechnisches Kolloquium. Dresden, Germany; 2009.

[149] Furimsky E. Selection of catalysts and reactors for hydroprocessing. Applied Catalysis A: General 171(2): 177 – 206; 1998.

[150] Topsøe H, Clausen B, Massoth F. Hydrotreating Catalysis. In: Anderson JohnR, Boudart Michel(eds.) Catalysis. Springer, Heidelberg, pp. 1 – 269; 1996.

[151] Twigg MV. Catalyst Handbook. 2nd Edn. Manson Publishing, london, UK; 1996.

[152] Deutschmann O, Knözinger H, Kochloefl K, Turek T. Heterogeneous Catalysis and Solid Catalysts, 1. Fundamentals. In: Ullmann's Encyclopedia of Industrial Chemistry Wiley – VCH Verlag, Heidelberg, pp. 16 – 25; 2000.

[153] Burns AW, Gaudette AF, Bussell ME. Hydrodesulfurization properties of cobalt – nickel phosphide catalysts: Ni – rich materials are highly active. Journal of Catalysis 260(2) 262 – 269; 2008.

[154] Duan X, Teng Y, Wang A, Kogan VM, Li X, Wang Y. Role of sulfur in hydrotreating catalysis over nickel phosphide. Journal of Catalysis 261(2): 232 – 240; 2009.

[155] Liu P, Rodriguez JA, Muckerman JT. Sulfur adsorption and sulfidation of transition metal carbides as hydrotreating catalysts. Journal of Molecular Catalysis A: Chemical 239(1/2): 116 – 124; 2005.

[156] Pecoraro TA, Chianelli RR. Hydrodesulfurization catalysis by transition metal sulfides. Journal of Catalysis 67(2): 430 – 445; 1981.

[157] Chianelli RR, Berhault G, Raybaud P, Kasztelan S, Hafner J, Toulhoat H. Periodic trends in hydrodesulfurization: in support of the Sabatier principle. Applied Catalysis A: General 227(1/2): 83 – 96; 2002.

[158] Topsøe H, Clausen BS, Topsøe NY, Nørskov JK, Ovesen CV, Jacobsen CJH. The Bond Energy Model for Hydrotreating Reactions: Theoretical and Experimental Aspects Bulletin des Sociétés Chimiques Belges 104(4/5): 283 – 291; 1995.

[159] Hermann N, Brorson M, Topsøe H. Activities of unsupported second transition series metal sulfides for hydrodesulfurization of sterically hindered 4, 6 – dimethyldibenzothiophene and of unsubstituted dibenzothiophene. Catalysis Letters 65(4): 169 – 174; 2000.

[160] Breysse M, Portefaix JL, Vrinat M. Support effects on hydrotreating catalysts. Catalysis Today 10(4): 489 – 505; 1991.

[161] Daudin A, Lamic AF, Pérot G, Brunet S, Raybaud P, Bouchy C. Microkinetic interpret tation of HDS/HYDO selectivity of the transformation of a model FCC gasoline over transition metal sulfides. Catalysis Today 130(1): 221 – 230; 2008.

[162] Raje AP, Liaw S – J, Srinivasan R, Davis BH. Second row transition metal sulfides for the hydrotreatment of coal – derived naphtha Ⅰ. Catalyst preparation, characterization and comparison of rate of simultaneous removal of total sulfur, nitrogen and oxygen. Applied Catalysis A: General 150(2): 297 – 318; 1997.

[163] Kuo Y – J, Cocco RA, Tatarchuk BJ. Hydrogenation and hydrodesulfurization over sulfided ruthenium catalysts: Ⅱ. Impact of surface phase behavior on activity and selectivity. Journal of Catalysis 112(1): 250 – 266; 1988.

[164] Hensen EJM, Brans HJA, Lardinois GMHJ, de Beer VHJ, van Veen JAR, van Santen RA. Periodic Trends in Hydrotreating Catalysis: Thiophene Hydrodesulfurization over Carbon – Supported 4d Transition Metal Sulfides. Journal of Catalysis 192(1): 98 – 107; 2000.

[165] Lacroix M, Boutarfa N, Guillard C, Vrinat M, Breysse M. Hydrogenating properties of unsupported transition metal sulphides. Journal of Catalysis 120(2): 473 – 477; 1989.

[166] Dhar GM, Srinivas BN, Rana MS, Kumar M, Maity SK. Mixed oxide suppor hydrodesulfurization catalysts – a review. Catalysis Today 86(1/4): 45 – 60; 2003.

[167] Breysse M, Djega – Mariadassou G, Pessayre S, et al. Deep desulfurization: reactions, catalysts and technological challenges. Catalysis Today 84(3/4): 129 – 138; 2003.

[168] Pérez – Martínez D, Giraldo SA, Centeno A. Effects of the H_2S partial pressure on the performance of bimetallic noble – metal molybdenum catalysts in simultaneous hydrogenation and hydrodesulfurization

reactions. Applied Catalysis A: General 315: 35 – 43; 2006.

[169] Vít Z, Gulková D, Kaluža L, Zdražil M. Synergetic effects of Pt and Ru added to Mo/Al₂O₃ sulfide catalyst in simultaneous hydrodesulfurization of thiophene and hydroge nation of cyclohexene. Journal of Catalysis 232(2): 447 – 455; 2005.

[170] Pinzón MH, Meriño LI, Centeno A, Giraldo SA. Performance of Noble Metal – Mo/γ – Al₂O₃ Catalysts: Effect of Preparation Parameters. In: B. Delmon G. F. Froment Grange P. (eds.) Studies in Surface Science and Catalysis. Elsevier, New York, pp. 97 – 104; 1999.

[171] Meriño LI, Centeno A, Giraldo SA. Influence of the activation conditions of bimetallic catalysts NM – Mo/γ – Al₂O₃ (NM = Pt, Pd and Ru) on the activity in HDT reactions. Applied Catalysis A: General 197(1): 61 – 68; 2000.

[172] Ishihara A, Dumeignil F, Lee J, Mitsuhashi K, Qian EW, Kabe T. Hydrodesulfurization of sulfur – containing polyaromatic compounds in light gas oil using noble metal cata lysts. Applied Catalysis A: General 289(2): 163 – 173; 2005.

[173] Wang J, Li WZ, Perot G, Lemberton JL, Yu CY, Thomas C, et al. Study on the Role of Platinum in PtMo/Al₂O₃ for Hydrodesulfurization of Dibenzothiophene. In: Can li, Qin Xin(eds.) Studies in Surface Science and Catalysis. Elsevier, New York, pp. 171 – 178; 1997.

[174] Dou B, Shen W, Gao J, Sha X. Adsorption of alkali metal vapor from high – temperature coal – derived gas by solid sorbents. Fuel Processing Technology 82: 51 – 60; 2003.

[175] Corella J, Toledo JM, Molina G. Performance of CaO and MgO for the hot gas clean up in gasification of a chlorine – containing(RDF) feedstock. Bioresource Technology 99(16): 7539 – 7544; 2008.

[176] Dou B, Pan W, Ren J, Chen B, Hwang J, Yu T – U. Single and combined removal of hcl and alkali metal vapor from high – temperature gas by solid sorbents. Energy and Fuels 21(2): 1019 – 1023; 2007.

[177] Mulik PR, Alvin MA, Bachovchin DM. Simultaneous High – Temperature Removal of Alkali and Particulates in a Pressurized Gasification System. Final technical progress report, April 1981 – July 1983. U. S. Department of Energy, National Energy Technology laboratory, Morgantown, USA. pp. 337; 1983.

[178] Tran K – Q, Iisa K, Steenari B – M, Lindqvist O. A kinetic study of gaseous alkali capture by kaolin in the fixed bed reactor equipped with an alkali detector. Fuel 84(2/3): 169 – 175; 2005.

[179] Turn SQ, Kinoshita CM, Ishimura DM, Hiraki TT, Zhou J, Masutani SM. An expermental investigation of alkali removal from biomass producer gas using a fixed bed of solid sorbent. Industrial and Engineering Chemistry Research 40(8): 1960 – 1967; 2001.

[180] Cummer KR, Brown RC. Ancillary equipment for biomass gasification. Biomass and Bioenergy 23(2): 113 – 128; 2002.

[181] Turn SQ, Kinoshita CM, Ishimura DM. Removal of inorganic constituents of biomass feedstocks by mechanical dewatering and leaching. Biomass and Bioenergy 12(4): 241 – 252; 1997.

[182] Davidsson KO, Korsgren JG, Pettersson JBC, Jäglid U. The effects of fuel washing techniques on alkali release from biomass. Fuel 81(2): 137 – 142; 2002.

[183] Pröll T, Siefert IG, Friedl A, Hofbauer H. Removal of NH₃ from biomass gasification producer gas by water condensing in an organic solvent scrubber. Industrial and Engineering Chemistry Research 44(5): 1576 – 1584; 2005.

[184] Pinto F, Lopes H, André RN, Dias M, Gulyurtlu I, Cabrita I. Effect of experimental conditions on gas quality and solids produced by sewage sludge cogasification. 1 Sewage sludge mixed with coal. Energy and

Fuels 21(5): 2737 – 2745; 2007.

[185] Koveal RJJ, Alexion DG. Gas conversion with rejuvenation ammonia removal. Fuel Processing Technology 49: 18 – 35; 1999.

[186] Mojtahedi W, Ylitalo M, Maunula T, Abbasian J. Catalytic decomposition of ammonia in fuel gas produced in pilot – scale pressurized fluidized – bed gasifier. Fuel Processing Technology 45(3): 221 – 236; 1995.

[187] Air Products and Chemicals, Inc., Eastman Chemical Company. Removal of Trace Contaminants from Coal – Derived Synthesis Gas, Topical Report. U. S. Department of Energy, National Energy Technology laboratory, Morgantown, USA; 2003.

[188] Leibold H, Mai R, Linek A, Zimmerlin B, Seifert H. Dry High Temperature Sorption of HCl and H_2S with Natural Carbonates. Seventh International Symposium and Exhibition, Gas Cleaning at High Temperatures(GCHT – 7). Newcastle, Australia; 2008.

[189] Kurkela E, Kurkela M. Advanced Biomass Gasification for High – Efficiency Power. Final Activity Report of BiGPower Project. VTT Research Notes 2511, VTT; 2009.

[190] Rönkkönen H, Simell P, Reinikainen M, Krause O. The effect of sulfur on ZrO_2 – based biomass gasification gas clean – up catalysts. Topics in Catalysis 52(8): 1070 – 1078; 2009.

[191] Viinikainen T, Rönkkönen H, Bradshaw H, et al. Acidic and basic surface sites of zirconia – based biomass gasification gas clean – up catalysts. Applied Catalysis A: General 362: 169 – 177; 2009.

[192] Leppin D, Basu A. Novel Bio – Syngas Cleanup Process. Presentation to ICPS09. Gas Technology Institute, Chicago, USA; 2009.

[193] Horvath A. Operating Experience with Biomass Gasifiers, Needs to Improve Gasification Plant Operation. IEA Task 33 Workshop. Breda, Netherlands; 2009.

[194] Heidenreich S, Nacken M, Hackel M, Schaub G. Catalytic filter elements for combined particle separation and nitrogen oxides removal from gas streams. Powder Technology 180: 86 – 90; 2008.

[195] EC. UNIQUE – Theme: Energy, Seventh Framework Program, EC, Brussels; 2010.

[196] EC. CHRISGAS – Fuels from Biomass, Sixth Framework Program, EC, Brussels; 2009.

[197] Simeone E, Hölsken E, Nacken M, Heidenreich S, De Jong W. Study of the behavior of a catalytic ceramic candle filter in a lab – scale unit at high temperatures. International Journal of Chemical Reaction Engineering 8: 16; 2010.

[198] Simeone E, Pal R, Nacken M, Heidenreich S, Verkooijen AHM. Tar removal in a catalytic ceramic candle filter unit at high temperatures. Florence ETA. 18th European Biomass Conference and Exhibition. lyon, France, pp. 1 – 20; 2010.

4 甲烷化过程生产合成天然气 ——化学反应工程设计

4.1 甲烷化——生产合成天然气的合成单元

在许多情况下，化学能载体的转化为吸热（如水蒸气重整、气化）或放热（如燃烧、加氢）过程。尤其当这一过程为非均相催化反应时，由于反应器设计阶段必须考虑热量管理，这给使用固体催化剂的反应器设计工作带来特殊的挑战。设计人员必须详细了解传热、流体力学现象（如混合、停留时间分布、传质）、反应动力学三者之间的相互作用，才能正确设计和优化此类反应器，并避免从实验室通过中试放大再到工业化规模的放大过程中的风险。这同样适用于合成天然气生产过程中的合成步骤——甲烷化反应。

合成步骤的任务是最大限度地将含碳分子转化成易于注入天然气管网的物质。根据技术规范的要求[1]，这些物质主要是超过 96% 的甲烷以及少量的乙烷。对于单位体积热值低甚至为零的物质，例如氢气、氮气和二氧化碳，规定了含量上限范围。由于一氧化碳的毒性特点，对一氧化碳的限制更加严格，通常允许的上限值为 0.5%[2]。

由固体原料气化生成的合成气中，主要的含碳化合物是一氧化碳、二氧化碳、甲烷和含两个碳原子的物质（如乙烯、乙烷、乙炔，参见本书第 2 章）。气化产物中还存在痕量芳香族物质，如苯、甲苯、萘和甚至更高分子量的多环芳烃[3]，但这些物质大部分在甲烷化上游的气体净化过程中已经脱除（见本书第 3 章）。由于气体混合物组成的复杂性，除甲烷化反应外，在合成天然气生产的合成步骤中还必须考虑一些其他的化学反应。

主反应是一氧化碳和二氧化碳的甲烷化，也被称为 Sabatier 反应[4]：

$$3H_2 + CO \rightleftharpoons CH_4 + H_2O \quad \Delta H_R^0 = -206.28 kJ/mol \tag{4.1}$$

$$4H_2 + CO_2 \rightleftharpoons CH_4 + 2H_2O \quad \Delta H_R^0 = -165.12 kJ/mol \tag{4.2}$$

由于水蒸气和氢气总是存在于气化炉煤气中，因而甲烷化反应总是伴随着可逆的均相水煤气变换反应：

$$CO + H_2O \rightleftharpoons CO_2 + H_2 \quad \Delta H_R^0 = -41.16 kJ/mol \tag{4.3}$$

此外，含 2 个碳原子的物质可以经过间接或直接加氢过程生成甲烷：

$$C_2H_2 + H_2 \longrightarrow C_2H_4 \quad \Delta H_R^0 = -175.6 kJ/mol \tag{4.4}$$

$$C_2H_4 + H_2 \longrightarrow C_2H_6 \quad \Delta H_R^0 = -136.9 kJ/mol \tag{4.5}$$

$$C_2H_x + (4 - x/2)H_2 \longrightarrow 2CH_4 \tag{4.6}$$

所有烃类，特别是一氧化碳，会在催化剂的表面上生成炭，即 Boudouard 反应：

$$2CO \Longrightarrow C(s) + CO_2 \quad \Delta H_R^0 = -172.54 kJ/mol \quad (4.7)$$

催化剂表面上生成的炭进一步聚合,可能导致催化剂积炭失活;但积炭也会与氢气或水蒸气发生加氢气化或非均相水煤气变换反应,再次形成气体化合物:

$$2H_2 + C(s) \longrightarrow CH_4 \quad (4.8)$$

$$H_2O(g) + C(s) \longrightarrow CO + H_2 \quad (4.9)$$

化学反应发生的程度取决于气体混合物的实际组分、所选择的催化剂、反应器类型,更确切地说,取决于反应器的设计与操作条件。

因此,本节将介绍最重要的原料气组成、热力学平衡对转化后产物组分的预期、主要反应的动力学与反应机理、催化剂失活的主要原因。下一节将讨论甲烷化反应器类型及其操作条件。本章的最后部分着重介绍甲烷化反应器的建模和模拟。

4.1.1 甲烷化反应器用混合物原料气

受上游工艺的影响(如气化工艺的选择、操作条件和后续气体净化与调节单元),原料气的气体组分呈现出明显的可变性。下面的章节介绍典型的原料气及其在甲烷化反应器上游的相应工艺链。

4.1.1.1 H_2/CO 的化学计量比为 3:1

三个氢分子和一个一氧化碳分子的化学计量混合物可能是最简单的气体组分。略微过量的氢分子既能抑制积炭,又可提高甲烷选择性。甲烷化反应器的这种原料气组成是用于煤制合成天然气装置的最佳解决方案,其重要优点是,除甲烷和痕量未反应氢外,反应过程中仅生成水蒸气。水蒸气可以通过冷凝和干燥分离,这简化了注入燃气管网之前的气体提质处理过程。

化学计量的原料气最佳组成的一个缺点是:需要提前除去或转化气化炉煤气中可能含有的所有高级烃(如乙烯)。这将会增加甲烷化反应器上游的气体净化或气体调节步骤的复杂性,最终导致化学效率下降。

最先进的煤制合成天然气装置,如美国大平原达科塔天然气公司的 1.5GW 合成天然气装置(由鲁奇建造),煤气化发生在蒸汽—氧气气化炉。合成气经过除尘处理后,部分通至二硫化钼催化剂,在硫化氢存在的条件下,进行水煤气变换反应,达到约 3:1 的 H_2/CO 化学计量比值。然后,气体混合物进入低温甲醇洗装置,洗涤液采用甲醇作为溶剂,操作压力和操作温度分别为 25 ~ 70bar 和 -40℃。在此步骤中,所有污染物以及水蒸气、二氧化碳和乙烯被除去,得到净化的、略超化学计量的氢气与一氧化碳的混合物。

4.1.1.2 源自气化的非化学计量组成原料气

当无上游的水煤气变换或脱碳单元时,净化后的合成气中会残留甲烷、C_2 物质、痕量芳族化合物或水蒸气,得到的原料气混合物是非化学计量的。

省去水煤气变换或脱碳单元:由于大多数气化炉煤气中氢气与一氧化碳的比值明显低于甲烷化反应的化学计量值(H_2/CO 为 3),因此省去上游水煤气变换单元本质上意味着必须调整水含量(最终通过添加蒸汽来进行调节),以便在甲烷化反应器内同时发生水煤气变换反应。相比于上面讨论的上游进行水煤气变换的情况，反应器内甲烷化反应产生水蒸气，因此总蒸汽消耗量下降。下游的气体提质步骤中二氧化碳的脱除处理仍然是必要的。在这种情况下，上游的二氧化碳脱除过程可以省略，并且已存在于气化煤气的二氧化碳也可送入甲烷化反应器。CO_2虽然稀释了反应物，但可以抑制积炭形成，抑制温度上升，影响水煤气变换平衡，从而增加了一氧化碳转变为甲烷的选择性。

气化炉型和气体净化步骤的影响：如本书第2章所述，直接气化的气化炉煤气中二氧化碳含量明显高于外热式气化炉，其原因在于直接气化过程包括了燃烧产生的二氧化碳，而外热式气化炉产生的二氧化碳随烟道气一起排出气化炉。虽然低温气化通常会获得更多的甲烷和C_2物质，但甲烷和C_2物质在甲烷化反应器原料气中的浓度和含水量则取决于气体净化工艺。蒸汽重整单元将C_2物质和甲烷转化为碳氧化物[5]。加氢脱硫催化剂（如二硫化钼）可将乙烯加氢生成乙烷[6]。操作温度低于水露点的低温气体净化可以得到干基气体混合物，因而必须通过加注水蒸气来避免积炭。另外，诸如由荷兰能源研究中心开发的油洗"OLGA"中温气体净化工艺可使水蒸气含量高达35%（参见本书第9章）。表4.1给出了典型气化炉煤气或甲烷化原料气中主要组分的摩尔分数（干基）。

表4.1 典型气化炉煤气或甲烷化原料气的主要组分摩尔分数（干基） 单位:%

组分	化学计量 $H_2/CO = 3:1$	外热气化	直接气化	化学计量（电转气）	生物质（电转气）	气化炉合成气（电转气）
H_2	75.6	30~40	25~30	80.4	62.1~67.2	70~75
CO	24.4	20~30	16~57	0	0	10~12
CO_2	0	20	2~36	19.6	15.2~16.4	10~12
CH_4	0	10	5~12	0	16.4~22.7	4~5
C_2H_2	0	0~1	0~0.5	0	0	0~0.5
C_2H_4	0	1~4	0~3	0	0	1.0~2.5
C_2H_6	0	0~1	0~0.5	0	0	0~0.5

4.1.1.3 电能转气应用于向甲烷化反应器输入原料气

近年来，将电能储存入天然气管网的电能转气概念得到一定发展[7]。在这个概念中，风能或太阳能等不稳定能源，无法利用抽水蓄能电站进行储存，形成过剩电能，可以用于电解产生氢气。氢气可以在甲烷化装置中进一步转化，将二氧化碳转化为甲烷（天然气中的主要成分）。通过这种方式，可以将二氧化碳转化为合成天然气，无论以沼气（生物质发酵产生的二氧化碳与甲烷的混合物）、气化产生的煤气的形式产生的二氧化碳，还是燃烧过程产生的烟道气中分离出来的纯二氧化碳。合成天然气可以用作车用燃料，例如压缩天然气汽车，也可以在用电高峰期通过联合循环或热电联产装置重新转化为电能。本书第7章中将通过示例来详细介绍这一过程。

德国韦尔特的第一套电能转气中试示范装置，利用来自沼气中的二氧化碳将氢气转化为甲烷。通过胺洗涤工艺将二氧化碳从沼气中分离出来，再与氢气混合，生成氢气与二氧化碳的化学计量比约等于4的混合物。与此类似，可以通过脱除来自诸如燃烧过程或水泥窑的烟道气中的二氧化碳来获得这样的气体混合物。如果二氧化碳来源于沼气池，且甲烷化步骤能够处理含甲烷(沼气中甲烷含量为50%～60%)的混合气体，则可以省略二氧化碳分离步骤，将沼气几乎完全转化为甲烷和(易冷凝)蒸汽。这样，甲烷化反应器原料气由约1/6的甲烷与1/6的二氧化碳和2/3的氢气组成，因而氢气与二氧化碳之比为4:1。

原则上，也可以向气化炉煤气中加入氢气来增加氢碳比。这样可以降低同时进行水煤气变换的必要性，更多的一氧化碳转化为甲烷，而非二氧化碳，因此碳效率(一氧化碳转化为甲烷的分数)提高。此外，气化炉煤气中的二氧化碳也可被氢气转化。由于碳氧化物作为合成甲烷的碳源被完全利用，利用过剩电能电解水所获得的氢气将从木材制得的合成天然气的产量增加了一倍，既降低了耗水量，也降低了水蒸发的热负荷和由于水煤气变换反应产生的二氧化碳量。

除了这些技术优势外，这两种工艺的集成也进一步提高了电能转气概念的经济可行性。首先，投资的甲烷化单元可以全年开工，而不仅在用电高峰期使用。此外，相对来说，木材制合成天然气装置的产能(20～200MW)超过沼气池，因此便于与适当产能的电解装置整合。向发生炉煤气(来自近似稳定的气化过程)中加入氢气时，由于随着氢气的加入，总气体流量增加，这要求反应器概念设计具有一定的灵活性。因此，冷却系统和换热器网络不仅必须处理更高的反应热量(由于更多的二氧化碳进行甲烷化反应)，而且需要适应更高的通量和线速度。此外，为了避免中间储氢过程，需要在短响应时间内动态整合额外的氢气流。表4.1列出了应用电能转气的不同工况下甲烷化反应器入口处的理论气体组成。

4.1.2　热力学平衡

前面部分讨论了甲烷化反应器入口处预计会出现的不同气体组合，这些气体混合物的组成取决于原料、气化技术和气体净化步骤的选择。由于甲烷化的主要任务是将尽可能多的碳转化为甲烷，优化化学效率，因而热力学分析的重点在于确定碳的最终去向。下面将针对几种气体混合物和重要的温度与压力区间(200～500℃，1～10bar)，基于热力学平衡，给出碳原子在不同分子上的预期分布情况。

甲烷化和水煤气变换反应的平衡常数可以通过生成焓(如来自DIPPR项目801数据库[8])等热力学数据计算，根据范特霍夫方程，生成焓是温度的函数：

$$\frac{\partial \ln(K_p)}{\partial T} = \frac{\Delta H_R^0}{RT^2} \tag{4.10}$$

由于反应焓随温度变化，因此必须通过热容变化的积分来求出每个温度下的反应焓(参比温度T_0为标准状态298.15K)：

$$\Delta H_R(T) = \Delta H_R^0(T_0) + \int_{T_0}^{T} \nu_i c_{p,i} \mathrm{d}T \tag{4.11}$$

使用HSC软件包[9]的计算结果见下一节。

4.1.2.1　一氧化碳和二氧化碳的化学计量混合物进行甲烷化反应

图4.1给出了根据热力学平衡对碳原子在不同分子上分布的预测结果。图4.1(a)、图4.1(b)分别比较了氢气与一氧化碳($H_2/CO = 3$)和氢气与二氧化碳($H_2/CO_2 = 4$)的化学

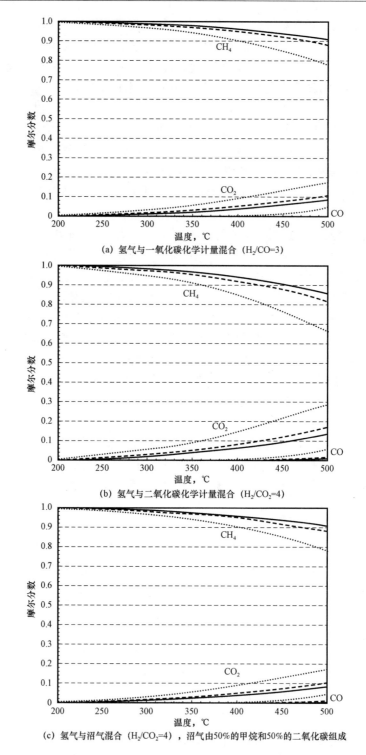

(a) 氢气与一氧化碳化学计量混合（$H_2/CO=3$）

(b) 氢气与二氧化碳化学计量混合（$H_2/CO_2=4$）

(c) 氢气与沼气混合（$H_2/CO_2=4$），沼气由50%的甲烷和50%的二氧化碳组成

图4.1　在不同气体混合物中，根据热力学平衡预测的碳原子在不同分子上的分布情况

温度为200～500℃，压力为1bar(点线)、5bar(虚线)和10bar(实线)

计量混合物的情况。通过比较可知，甲烷化反应因其放热特性，较低的反应温度有利于获得更高的甲烷收率，并且由于反应是体积缩小过程，更高的压力也是有利的。尽管如此，压力从1bar增加到5bar的影响显著大于压力从5bar增加到10bar的影响。就整个压力变化区间而言，操作温度为350～400℃，一氧化碳甲烷化的甲烷产率可达95%以上；同样地，二氧化碳甲烷化的操作温度则为300～350℃。这样可简化合成天然气注入天然气管网之前的后续提质步骤，即取消二氧化碳分离过程。

根据热力学计算结果，甲烷化和水煤气变换反应的耦合反应平衡产物中仅有少量二氧化碳，维持在较高的碳转化率（一氧化碳中碳的比例非常低），尤其是二氧化碳的甲烷化过程。原因是二氧化碳甲烷化每生成一个甲烷分子，同时会生成两个水分子。由于含水量较高，因此平衡计算表明，在更低的操作温度下就可以达到95%的二氧化碳甲烷化转化率，压力对二氧化碳甲烷化的影响强于对一氧化碳甲烷化的影响，但其影响仍然是温和的。

图4.1(c)给出了氢气与沼气混合反应情况下碳原子的分布情况，其中沼气由50%的甲烷和50%的二氧化碳组成，加入足量的氢气可将二氧化碳转化为甲烷。这类混合物与电能转气的应用有关，借助于过剩电能电解水所获得的氢气进行沼气的转化，无须分离甲烷和二氧化碳。从图4.1(c)可以看出，根据热力学，用甲烷进行稀释处理有助于在反应器出口获得95%的甲烷含量；目前，可以在350～400℃的操作温度下实现的，与化学计量的一氧化碳甲烷化反应情形类似。

可以通过将二氧化碳含量乘以4和一氧化碳含量乘以3来计算出口气中含剩余氢气的情况。因此，若操作温度为250℃左右，在提质阶段未进行脱氢处理的情况下，要使甲烷含量达到95%，二氧化碳的含量必须低于1%。

4.1.2.2　净化的自热与外热气化发生炉煤气

从煤或生物质气化来的净化发生炉煤气中，氢气与一氧化碳的比值明显低于化学计量值3∶1，并且其中含有甲烷、二氧化碳、C_2物质（如乙炔、乙烯和乙烷），甚至还发现了苯。根据不同的气体净化步骤，预计水蒸气含量可高达40%（非冷凝中温气体净化），特别是自热气化，因为气化产物含有燃烧产物，所以能够观察到相对较高的二氧化碳和水蒸气浓度。但是采用外热气化，二氧化碳和水蒸气则会随烟道气一起排出气化系统。

结果如图4.2(a)所示，根据热力学计算结果，气化炉煤气甲烷化产物中二氧化碳含量远高于化学计量混合物的反应结果。当操作温度低于400～450℃时，平衡状态下的一氧化碳含量可忽略不计，二氧化碳略高于甲烷含量。一方面是由于气化炉煤气中本身含有二氧化碳；另一方面是低于化学计量的氢气和高含水量有利于水煤气变换反应。与化学计量混合物的观察结果相同，在高压和低温条件下，从热力学上更有利于提高甲烷产量，其中温度的影响更明显。另一个值得注意的观察结果是，基于热力学计算，甲烷化反应器出口处不会出现更高碳数的烃（C_2物质、苯）。图4.2(b)为经中温气体净化的外热气化发生炉煤气转化的平衡计算结果，其中水蒸气含量为40%。在低压条件下，较高含量的水蒸气会将甲烷转化为二氧化碳，但压力为10bar时，这种影响相对较小。

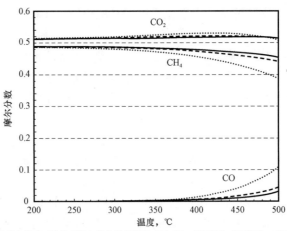

(a) 中等水蒸气浓度下净化外热气化发生炉煤气（40%H_2、25%CO、22%CO_2、10%CH_4、3%C_2H_4）

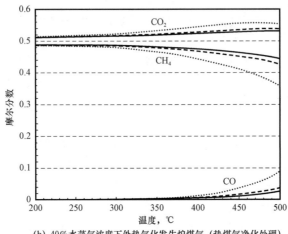

(b) 40%水蒸气浓度下外热气化发生炉煤气（热煤气净化处理）

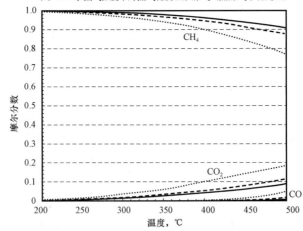

(c) 净化外热气化发生炉煤气加入化学式计量氢气（应用电能转气：73.8%H_2、10.9%CO、9.6%CO_2、4.4%CH_4、1.3%C_2H_4），未添加水蒸气

图4.2　在不同气体混合物中，根据热力学平衡预测的碳原子在不同分子上的分布情况

温度为200~500℃，压力为1bar（点线）、5bar（虚线）和10bar（实线）

如果气化炉煤气中富含氢气(如将干燥原料气化与电能转气的应用结合生产合成天然气),则所有的平衡状态向获得高的甲烷产率方向移动。正如预期一样,这些平衡计算结果与化学计量混合物的计算结果相似,其原因在于加入了很多氢气,而未加入水蒸气,所有的碳都可以被转化为甲烷,最终,只有很少量的碳以二氧化碳形式存在。根据热力学计算数据,仍然需要温度在325℃以下才能使甲烷的产率达到95%,以便省略下游的二氧化碳分离过程。甲烷化反应后剩余氢气的情况可以通过将二氧化碳含量乘以4来计算。因此,当操作温度在250℃左右,提质阶段未进行脱氢处理的情况下,要使甲烷含量达到95%,二氧化碳的含量必须低于1%。

4.1.3　甲烷化催化剂:动力学与反应机理

1902年,Sabatier和Senderens[4]发现多种金属能催化甲烷化反应,这些金属是铑、钌、铱、钴、铁和镍。镍因其高活性和相对低廉的价格,是迄今为止应用最多的催化剂。钌催化剂据报道具有一些特殊用途,如低温下反应和气体净化过程中的选择性甲烷化[10]。如4.2节所述,大多数情况下合成天然气生产用甲烷化反应器性能不受催化剂活性的限制,而受散热、热力学平衡或传质的限制,因此,没有进行改进镍催化剂活性研究的迫切需要。

针对不同使用条件,已经开发了一些不同载体的可靠的甲烷化反应工业催化剂,特别是氧化铝与氧化硅催化剂。多孔的γ-氧化铝载体可用于等温操作,但它在绝热甲烷化条件下不稳定。针对这类高温环境,常常采用α-氧化铝作为催化剂载体,但是出于稳定性考虑,添加了少量的氧化镁[11]。由于制备的镍催化剂处于氧化态,因此甲烷化催化剂也应在适当的低温(300~500℃)条件下进行还原处理。此外,镍催化剂还应具有很高的机械稳定性和热稳定性。Ross[11]详细介绍了甲烷化催化剂,许多催化剂制造商可以提供甲烷化催化剂,其中BASF、Topsøs和Johnson-Matthey是最知名的催化剂供应商。正如4.2节所讨论的,商用甲烷化催化剂具有非常好的活性和稳定性,因此反应器性能的制约因素是传质或传热,而非催化剂活性,换句话说,这也大大降低了开发新的甲烷化催化剂的必要性。

4.1.3.1　主要反应物的动力学与反应机理

尽管许多研究小组已经对甲烷化反应进行了研究,但是仍然存在各种各样的反应机理、表面中间体和速控步骤的假设。这一定程度上可以归因于种类繁多的催化剂、操作条件、确定动力学参数与阐明机理的实验方法。4.3.1节会更详细地讨论在确定强放热甲烷化反应的真实催化剂反应动力学参数方面所面临的挑战。

由表4.2可见,参考文献提出了不同的动力学方法,从简单的幂律模型到复杂的Langmuir-Hinshelwood(L-H)模型。幂定律仅适用于在测量范围内进行内插求解,L-H模型旨在通过速控步骤来更详细地反映其物理化学过程,因此可以将计算结果适当外延至更宽泛的操作条件。

表 4.2 镍催化剂上一氧化碳甲烷化的动力学方法

反应器	催化剂 d_p,mm	温度 K	压力,bar	拟议动力学模型方程	E_A,ΔH kJ/mol	说明	参考文献
Berty 反应器	18%（质量分数）Ni/Al₂O₃ 1.0×1.4	453~557	$p_总$:1~25 p_{H_2}:1~25 p_{CO}:0.001~0.6	$r_{CH_4} = \dfrac{k_{CH_4}K_C K_H^2 p_{CO}^{0.5} p_{H_2}}{(1+K_C+p_{CO}^{0.5}+K_H p_{H_2}^{0.5})^3}$	E_A:106±1.7 ΔH_{H_2}:−42±2.6 ΔH_{CO}:−16±3.3	RDS:A4 或 A5 无孔隙扩散	[13]
Berty 反应器	18%（质量分数）Ni/Al₂O₃ 1.0×1.4	453~557	$p_总$:0.2~3 p_{H_2}:0.2~3 p_{CO}:0.005~0.5	$r_{C_2H_6} = \dfrac{k_{CH_4}K_C^2 p_{CO}}{(1+K_C+p_{CO}^{0.5}+K_H p_{H_2}^{0.5})^2}$	E_A:103±1.7		[13]
Flow φ7~12mm	5%（质量分数）Ni/SiO₂ 0.3×0.6	463~843	$p_总$:1 p_{H_2}:0.007~1.0 p_{CO}:0.001~0.87	$r_{CH_4} = \dfrac{Z_1 p_{CO}^{0.5}}{(1+Z_2 p_{CO} p_{H_2}^{-0.5})^2}$		RDS:A5 无甲烷影响,H₂O $T<350℃$（无 WGS） $T>450℃$（WGS）	[14]
流化床 φ8mm	12%（质量分数）Ni/Al₂O₃; 20%（质量分数）Ni/Mg/Al₂O₃,0.3×0.5	443~573	$p_总$:1~15 p_{H_2}:1~15 p_{CO}:0.0002~1.5	$r_{CH_4} = \dfrac{k_1 p_{CO}^{0.15}}{(1+K_1 p_{CO} p_{H_2}^{-1})^{0.5}}$	E_A:75~117 ΔH_{H_2}:−69.7	RDS:A1 $H_2+2^* \rightarrow 2H^*$ 无甲烷影响,H₂O 和 CO₂ 无孔隙扩散	[15,16]
Flow 反应器	Ni/SiO₂ 3.2	573~623	$p_总$:1 p_{H_2}:0.55~0.8 p_{CO}:0.2~0.45	$r_{CO} = \dfrac{p_{CO}^3}{(A+Bp_{CO}+Cp_{CO_2}+Dp_{CH_4})^4}$		RDS:$C^*+2H^* \rightarrow$ 无甲烷影响	[17]
Flow φ10mm	G65;Ni/Al₂O₃ 0.35×0.42	443~483	$p_总$:1 p_{H_2}:1~p_{CO} p_{CO}:<0.02	$r_{CO} = \dfrac{k_1 p_{CO}}{(1+K_{CO}p_{CO})^2}$	E_A:42 ΔH_{CO}:−53	RDS:$(H_2\cdots CO)^* + H_2^* \rightarrow$ 无甲烷影响,H₂O	[18]
Flow φ10mm	G65;Ni/Al₂O₃ 0.35×0.42	443~483	$p_总$:1 p_{H_2}:1~p_{CO} p_{CO}:<0.02	$r_{CO_2} = \dfrac{k_2 p_{CO_2}}{1+1270 p_{CO_2}}$	E_A:106	RDS:无甲烷影响,H₂O CO 甲化化 CO₂ 甲烷化	[18]
微分反应器	2;10%（质量分数）Ni/SiO₂ 0.3×0.6	473~673	$p_总$:1~3 p_{H_2}:0.2~3 p_{CO}:0.005~0.5	$r_{CH_4} = \dfrac{k_1 K_{CO}K_{H_2}p_{CO}p_{H_2}}{(1+K_{CO}p_{CO}+K_{H_2}p_{H_2})^2}$	E_A:84~103	RDS:B3 $CO^*+2H^* \rightarrow C^* + H_2O^*$	[19]

续表

反应器	催化剂 d_p, mm	温度 K	压力, bar	拟议动力学模型方程	E_A, ΔH kJ/mol	说明	参考文献
管壁反应器 φ6mm	Ni	533~573	$p_{总}$:1 p_{H_2}:1~p_{CO} p_{CO}:0.047~0.65	$r_{CO} = \dfrac{k_1 p_{CO}^{0.5} p_{H_2}}{(1+K_{CO}p_{CO})}$	E_A:59 ΔH_{CO}:-25	RDS:A4 $C^* + H_2 \longrightarrow CH_2^*$ 无 H_2 吸附 无 WGS	[20]
管壁反应器 φ6mm	Ni	523~623	$p_{总}$:1 p_{H_2}:1~p_{CO} p_{CO}:0.03~0.62	$r_{CO_2} = \dfrac{k_2 p_{CO_2}^{1/3} p_{H_2}}{(1+K_{CO_2}p_{CO_2}K_{H_2}p_{H_2}K_{H_2O}p_{H_2O})}$			[20]
Berty 反应器	33.8%（质量分数）Ni/CaO/SiO₂ 0.5×1.0	453~505	$p_{总}$:1 p_{H_2}:0.22~0.96 p_{CO}:0.0008~0.14	$r_{CH_4} = \dfrac{k_1 p_{CO}^{0.5} p_{H_2}}{(p_{H_2}^{0.5}+K_2 p_{CO}+K_3 p_{CO}^{0.5} p_{H_2}^{0.5})}$	E_A:81.1 ΔH_2:-33 ΔH_3:-23.4	RDS:CH^* + H	[21]
Berty 反应器	5%（质量分数）Ni/Al₂O₃ 12.5,25.5（蜂窝状）	473~623	$p_{总}$:6.9 p_{H_2}:0.12~0.3 p_{CO}:0.005~0.12	$r_{CH_4} = \dfrac{k_1 k_2 p_{H_2}}{k_1 \cdot (1+K_{CO}p_{CO}K_{H_2}^{0.5}p_{H_2}^{0.5})^2 + k_2(1+K_{CO}p_{CO})^2}$	E_{A1}:143.7 E_{A2}:70 ΔH_{H_2}:-92 ΔH_{CO}:-68.5	RDS:从 A1 转化为 A4 H_2O 降低反应速率 无甲烷影响	[22]
固定床	27%（质量分数）Ni/Al₂O₃ 0.06	573	$p_{总}$:1 H_2/CO:1.2~16	$r_{CH_4} = \dfrac{k_1 p_{H_2}}{1+K_{CO}p_{CO}+K_{H_2}p_{H_2}+K_{CO}p_{CO}+K_{CH_4}p_{CH_4}}$		大量 N_2 稀释 CO 转化率<1%	[23]
固定床	27%（质量分数）Ni/Al₂O₃ 0.06	573	$p_{总}$:1 H_2/CO:1.2~16	$r_{CO} = \dfrac{k_2 p_{H_2O} - \dfrac{k_2 p_{CO_2}}{k_{eq}p_{CO}}\left(\dfrac{p_{H_2}}{p_{CO}}\right)^{0.5}}{(p_{CO}p_{H_2})^{0.5}}$		水煤气变换	[23]
固定床	29%（质量分数）Ni/Al₂O₃ 0.2~0.4	533~573	$p_{总}$:1~5 p_{H_2}:0.096~0.8 p_{CO}:0.032~0.16	$r = k_1 p_{CO}^{-0.87} p_{H_2}^{1.27} p_{H_2O}^{-0.13}$	E_A:78	0.2~0.5g 催化剂 N_2 稀释 无孔隙扩散	[24]

注:* 表示空活性位点;C^* 表示吸附物种（如活性炭）。

　　大多数已发表的动力学速率方程假设两个主要模型中的基元反应是速控步骤，以此提出反应机理。

　　反应机理 A（表 4.3）假定甲烷化是通过分子吸附和一氧化碳的后续离解来实现的，吸附碳原子成为催化剂表面的中间产物，并逐步加氢生成甲烷。反应机理 B（表 4.4）认为吸附态的一氧化碳加氢帮助碳—氧键断裂，这一机理假定的中间产物是含氧化合物，即 COH_x 络合物。

　　反应机理 A（假设催化剂表面的吸附碳原子为中间体）是 1976 年由 Araki 和 Ponec 提出的[25]，该假设得到了同位素示踪实验的支持，实验中向镍催化剂的表面通入 ^{13}CO，随后通入氢气和 ^{12}CO。$^{13}CH_4$ 先于 $^{12}CH_4$ 和 $^{12}CO_2$ 生成，且未检测出 $^{13}CO_2$[26]。吸附的碳原子和氧原子随后与氢气发生反应，氧与氢气反应生成水，这是甲烷化反应的另一个产物，并将 OH^* 吸附在镍催化剂表面，水和 OH^* 均可与吸附的 CO^* 发生反应生成二氧化碳。

　　吸附碳原子经历逐级加氢过程，最终形成甲烷。Galuszka 等使用红外光谱仪，在操作温度 100℃ 下观察到 $Ni/\gamma - Al_2O_3$ 表面上吸附的 CH_x^* 物质[27]。后来的许多作者[14,28-34]接受并采纳了表面碳在镍催化剂上逐级加氢生成甲烷的机理。为了评估实验动力学数据，一些作者测试了基于反应机理 A 的 L－H 模型，结果发现可以用来解释实验数据[13,14,19,20,28,31,34-37]，但他们假设的速控步骤是不同的。

表 4.3　反应机理 A 及其速控步骤[12]

$H_2 + 2^* \rightleftharpoons 2H^*$		H_2 解离吸附	A1
$CO + ^* \rightleftharpoons CO^*$	RDS	CO 吸附	A2
$CO^* + ^* \rightleftharpoons C^* + O^*$	RDS	CO 解离	A3
$C^* + H^* \rightleftharpoons CH^* + ^*$	RDS	C 氢化	A4
$CH^* + H^* \rightleftharpoons CH_2^* + ^*$	RDS	CH 氢化	A5
$CH_2^* + H^* \rightleftharpoons CH_3^* + ^*$	RDS	CH_2 氢化	A6
$CH_3^* + H^* \rightleftharpoons CH_4^* + ^*$		CH_3 氢化	A7
$CH_4^* \rightleftharpoons CH_4 + ^*$		CH_4 解吸	A8
$CO^* + O^* \rightleftharpoons CO_2 + ^*$		生成 CO_2	A9
$CO_2^* \rightleftharpoons CO_2 + ^*$		CO_2 解吸	A10
$O^* + H^* \rightleftharpoons OH^* + ^*$		生成 OH	A11
$OH^* + H^* \rightleftharpoons H_2O^* + ^*$		生成 H_2O	A12
$H_2O^* \rightleftharpoons H_2O + ^*$		H_2O 解吸	A13
$CO^* + OH^* \rightleftharpoons CO_2^* + H^*$		通过 OH 生成 CO_2	A14
$CO^* + H_2O^* \rightleftharpoons CO_2^* + 2H^*$		通过 H_2O 生成 CO_2	A15

注：* 表示空活性位点；C^* 表示吸附物种（如活性炭）。

表 4.4　反应机理 B 及其速控步骤[12]

$H_2 + 2^* \rightleftharpoons 2H^*$		H_2 解离吸附	B1
$CO + ^* \rightleftharpoons CO^*$	RDS	CO 吸附	B2

$H_2 + 2^* \Longrightarrow 2H^*$		H_2 解离吸附	B1
$CO^* + H^* \Longrightarrow COH^* + ^*$	RDS	COH 生成	B3
$COH^* + ^* \Longrightarrow CH^* + O^*$	RDS	COH 络合物解离	B4
$COH^* + ^* \Longrightarrow C^* + OH^*$	RDS	COH 络合物解离	B5
$COH^* + H^* \Longrightarrow COH_2^* + ^*$	RDS	COH_2 生成	B6
$COH^* + H^* \Longrightarrow CH^* + OH^*$	RDS	H 解离 COH	B7
$COH_2^* + H^* \Longrightarrow CH^* \cdot H_2O^*$	RDS	H 解离 COH_2	B8
$COH_2^* + H^* \Longrightarrow COH_3^* + ^*$	RDS	生成 COH_3	B9
$COH_3^* + H^* \Longrightarrow CH_2^* + H_2O^*$	RDS	H 与 COH_3 解离	B10
$CO^* + OH^* \Longrightarrow CO_2^* + H^*$		生成 CO_2	B11
$CO^* + H_2O^* \Longrightarrow CO_2^* + 2H^*$		生成 CO_2	B12
$CO_2^* \Longrightarrow CO_2 + ^*$		CO 解吸	B13
$O^* + H^* \Longrightarrow OH^* + ^*$		生成 OH	B14
$OH^* + H^* \Longrightarrow H_2O^* + ^*$		生成 H_2O	B15
$H_2O^* \Longrightarrow H_2O + ^*$		H_2O 解吸	B16
$C^* + H^* \Longrightarrow CH^* + ^*$	RDS	C 氢化	B17
$CH^* + H^* \Longrightarrow CH_2^* + ^*$	RDS	CH 氢化	B18
$CH_2^* + H^* \Longrightarrow CH_3^* + ^*$	RDS	CH_2 氢化	B19
$CH_3^* + H^* \Longrightarrow CH_4^* + ^*$		CH_3 氢化	B20
$CH_4^* \Longrightarrow CH_4 + ^*$		CH_4 解吸	B21

注：* 表示空活性位点；C^* 表示吸附物种(如活性炭)。

反应机理 B 假设一氧化碳非解离吸附后与吸附氢原子反应生成中间体 COH_x^*。由于 C—O 键离解的活化能垒低[38]，这些解离出的 OH^* 或水分子使镍催化剂表面产生吸附的 C^* 或 CH_x^*。与反应机理 A 相似，当吸附的 C^* 或 CH_x^* 逐步加氢成甲烷时，OH^* 可以进一步反应生成二氧化碳或水。Coenen 等用等物质的量的 $^{13}C^{16}O$ 和 $^{12}C^{18}O$ 进行甲烷化反应，未发现同位素交换现象[39]。同样，不同的作者假定不同的速率控制步骤和不同的中间体来评估他们获得的数据[18,21,37-45]。

最近的工作是将程序升温脱附和加氢、调制激发红外光谱(漫反射红外光谱，DRIFTS)和质谱(MS)技术应用于工业镍催化剂，借助于调制激发技术提供的高灵敏度来观察 IR 信号的微小变化[46]。研究发现，线性吸附一氧化碳和镍之间的结合力弱于桥式吸附一氧化碳，因此桥式一氧化碳的甲烷化活性更高。当线性吸附的一氧化碳在镍缺陷位点发生解离时，由于其活性较低，聚集在有序位点。同位素示踪(定期向稳定流动的 ^{13}CO 和氘 D_2 中添加 $^{12}CH_4$)显示，除了预期的主要产物 $^{13}CD_4$ 外，在 $^{12}CH_4$ 添加阶段还生成了 $^{13}CHD_3$ 和 $^{12}CD_4$。这证明在操作温度 300℃ 下，甲烷能够完全离解，在镍催化剂表面生成原子碳，并与过量的氘 D_2 反应。$^{13}CHD_3$ 的形成表明，$^{13}CD_x^*$ 可被认为是 ^{13}CO 与氘 D_2 甲烷化过程中生成的重要中间体，显然它在催化剂表面存在的时间长到足以与 $^{12}CH_4$ 离解生成的 H^* 原子发生反应。

4.1.3.2 副反应（C_2物质）的动力学与反应机理

如上所述，在含碳原料气化过程中，除了一氧化碳、氢气、二氧化碳和水这样的典型合成气组分，还含有甲烷、乙烯、乙烷、乙炔、丙烯和芳香族等烃类物质。气化过程中生成甲烷可以减少合成中发生甲烷化反应的一氧化碳的量，整体放热量减少，有利于整个工艺链的冷气效率提升，然而如此一来，气化过程中必要的低温条件也有助于其他烃类物质的生成，特别是C_2物质。

大部分外供热木材气化工艺生产的合成气中含有大约10%的甲烷、2%以上的乙烯以及接近0.5%的乙烷和乙炔，例如，奥地利格兴（Güssing）的商用双流化床气化炉。其中的乙烯和乙炔具有危害性，它们会导致固定床反应器中的镍催化剂积炭，甚至会形成碳纤维或碳晶须[47]。因此，如果上游的固定床甲烷化反应器使用镍催化剂，就必须采取措施将原料气中的乙烯脱除（如低温甲醇洗[48]）或转化，乙烯的催化转化可采用镍或贵金属催化剂重整[49]或硫化钼催化剂加氢脱硫步骤[6,50]。为了简化气体净化过程，人们更倾向于在不损害催化剂的情况下，在甲烷化步骤中对乙烯和其他C_2物质进行处理，这样就可以省去气体净化环节，这一过程被认为是目前脱除或转化乙烯必不可少的步骤，除此之外，还可以将气体中的乙烯转化为可注入的能量载体，从而提高了工艺的总化学效率。

奥地利格兴商业化木材气化炉的侧线上安装了一台实验室规模的流化床反应器[48]，在流化床操作条件下使用镍催化剂进行了1000h的长周期稳定性验证实验，结果显示，反应过程中，乙烯可能被转化成甲烷[51]。最近在微型流化床反应器上的研究[52]表明：当乙烯与气化产生的合成气一起作为镍基甲烷化催化剂的原料时，低温操作条件下生成的乙烷更多，而高温操作条件下则生成的甲烷更多（图4.3）。

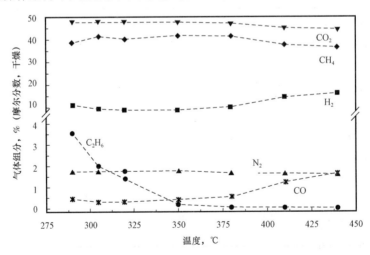

图4.3　出口干基气体组分与反应温度的函数

进料（体积分数）：H_2为39%，CO为27%，CO_2为19%，CH_4为10%，
C_2H_4为4%，N_2为1%。测量数据为稳定反应18h的平均值

研究人员对不同C_2物质在甲烷化反应条件下，镍催化剂上的反应过程进行了大量研究工作，但是对其反应途径或机理的理解仍不够清晰。

正如本章概论所述，饱和 C_2 物质乙烷可在氢解反应中形成甲烷。Sinfelt 和 Ken – Ichi Tanaka[53,54] 认为，乙烷吸附在镍表面，首先 C—H 键断裂，然后缺氢原子的分子上的 C—C 键断裂，随后加氢生成甲烷。单晶表面研究[55,56] 报道，Ni(100) 和 Ni(111) 表面对乙烷氢解的活化能不同，但 Ni(100) 表面上乙烷氢解和一氧化碳甲烷化的活化能是相同的。这表明两个反应在 Ni(100) 表面上都包括表面含碳物质加氢这一类似的反应步骤。同位素示踪实验[57] 和最近的研究[58,59] 表明，当乙烷和 D_2 通过镍催化剂表面时，生成了 CD_4。

甲烷化反应器中，乙烯在特定条件下会生成乙烷[52,60]、表面碳[47,61-63] 和部分甲烷[52,61-63]；带轴向移动式气体取样器的催化板式反应器的实验结果如图 4.4 所示。

据报道，与乙烯类似，乙炔在高温下也能在镍催化剂上形成表面碳[64,65]，事实上在 600℃ 以上可利用乙炔流经镍催化剂表面来制备具有多种用途的碳纳米管材料[66]。

Sheppard 等[67] 利用漫反射红外光谱技术的研究指出，乙炔加氢处理必须存在预吸附的氢；否则，加氢过程会变慢，并且会由于加氢和聚合反应形成含碳物质，如表面烷基。

一氧化碳存在条件下，炔烃在钯基与镍催化剂上选择性加氢生成烯烃的步骤是烯烃聚合上游的重要净化步骤，并且已被广泛研究[68]。当操作温度为 100~200℃ 时，氢能够形成次表面或体相氢化物，它在不希望出现的烯烃完全加氢转化为烷烃的过程中发挥作用。遵循 Horiuti – Polanyi 机理[69]，乙烯吸附在催化剂表面并形成 σ 键。氢原子与两个碳原子其中之一形成另一个 σ 键，在催化剂表面形成乙基，乙基加氢可能是速控步骤[70]，另外一些研究也观察到钯表面上生成次乙基类物质($^{*}C—CH_3$)[71]。

与乙烯类似，乙炔可以吸附在催化剂的表面上，逐步加成原子氢生成吸附态乙烯基($^{*}HC=CH_2$)，然后生成吸附态次乙基($^{*}HC—CH_3$)。后者可以生成乙烯或进一步加氢成乙基，它们都能够生成不希望出现的乙烷。一氧化碳的存在会明显改变该反应网络，由于炔烃加氢活性下降，对期望出现的烯烃的选择性增强，同时不希望出现的烷烃数量减少[72]。这可以通过催化剂表面上的一氧化碳吸附来解释，它减少了氢吸附和氢化物形成的位点数[68]。此外，还发现了低聚物的生成[72]，可通过一氧化碳吸附[68] 或镍催化剂添加锌进行抑制[73]。

最近的一项研究[58] 进一步阐明了甲烷化反应(在 200℃ 和 300℃ 时的一氧化碳氢化)条件下 C_2 物质(乙烷、乙烯、乙炔)在镍催化剂表面的反应路径。调制激发漫反射红外光谱仪的使用提高了对痕量物质和中间物质的灵敏度，而同位素示踪则有助于更详细地理解一些基元反应。

这些非常系统化的实验研究发现，在 300℃ 下，这三种物质都完全分解成表面碳原子，表面碳原子逐步加氢生成甲烷，或者基于水煤气变换反应，生成二氧化碳。分解速率按乙烷、乙烯和乙炔的顺序依次增大，后者会导致非反应活性积炭快速在催化剂表面积累。此外，一氧化碳加氢过程加入乙烯，观察到了乙烷的形成。积炭和氢气浓度的轻微变化会影响水煤气变换反应的平衡状态，除此之外，添加 C_2 物质似乎对甲烷化反应无影响。在 200℃ 下，分解速率明显降低，这有利于乙炔依次加氢到乙烯再到乙烷，而后者在如此低的温度下几乎不会发生反应(图 4.5)。

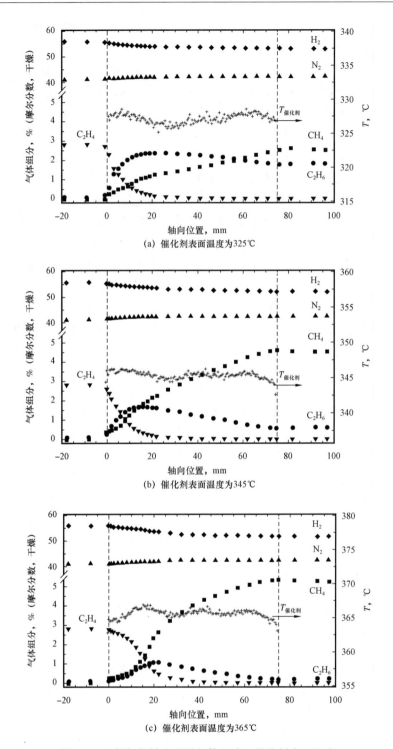

图 4.4　乙烯加氢轴向干燥气体组成和催化剂表面温度

进料气(标准状况): H_2 为 200mL/min, N_2 为 150mL/min, C_2H_4 为 10mL/min, H_2O 为 40mL/min($H_2/C_2H_4 = 20$)。

虚线表示催化剂区域开始和结束的位置(长 75mm, 催化剂 70mg)

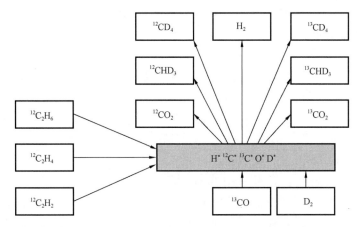

图4.5　通过调制激发漫反射红外光谱仪和质谱法观察到的物质演化过程

将摩尔分数为0.2%的$^{12}C_2$物质[乙炔含量仅为0.05%(摩尔分数)]加入摩尔分数为2%的^{13}CO和10%的

氢中的同位素示踪甲烷化反应，温度为300℃[58]

4.1.4　催化剂失活

通常情况下，催化剂失活源自下面的一种或多种原因(见Bartholomew关于催化剂失活的综述文章[74])：

(1) 结垢/堵塞(反应物无法到达催化剂表面的物理通道)；

(2) 中毒或固相反应(如催化剂活性位点发生变化)；

(3) 活性表面损失(如镍微晶烧结)；

(4) 活性相损失(如活性相与催化剂的主要部分发生物理或化学分离，并且流出反应器)。

在工业应用中，上述过程均无法完全避免，因此目标就是理解并控制以上因素，确保催化剂的寿命不低于1年，避免装置非计划性停车导致的生产中断现象。通过合成天然气工艺的合理设计可以有效避免以上问题，需要容许一定程度的催化剂失活现象，还需要同时考虑有合适的方式对催化剂进行频繁更换，但是控制催化剂失活在经济上仍然是有利的。

合理设计气体净化单元(见本书第3章)，通过洗涤或过滤过程脱除气化产生的多环芳烃或利用催化重整单元进行转化处理，避免多环芳烃冷凝或聚合引起催化剂结垢问题。

根据制造商提供的技术参数使用工业催化剂，可在一定程度上抑制镍催化剂及其载体的热烧结或氧化还原循环烧结(见4.2.1.2节的TREMP工艺讨论)。同样，通过选择合适的催化剂，可以将流化床的催化剂磨损控制在很低的水平(参见4.2.2.2节的COMFLUX工艺讨论)。

甲烷化镍催化剂面临的固有挑战是在高一氧化碳分压下会形成四羰基镍，四羰基镍具有很大的毒性和挥发性，容易引发化学烧结问题(由于发生了四羰基镍从小晶粒向大晶粒的气相转移过程，会形成大微晶)，或者甚至会使镍从反应器中流失。实际操作中，可以通过选择高温(高于200~250℃，取决于一氧化碳分压)和提高氢碳比来加以控制[11]。

以下将讨论甲烷化反应器原料气中的化合物（含硫物质、含碳物质）导致的催化剂失活问题，并提供甲烷化催化剂样品上积炭定性和定量的方法。

4.1.4.1 硫中毒

如本书第3章所详细讨论，气化原料如煤和生物质，除碳、氢、氧元素外，还含有一定量的杂原子，如硫、氮，以及磷、氯和碱金属等元素。通常采用最先进的气体净化技术就能除去其中的大部分杂元素，但是脱氮和脱硫仍存在挑战。氮主要以氨和有机化合物（如吡啶）的形式存在。硫能形成硫化氢、羰基硫、二硫化碳、硫醇、硫醚和大量的噻吩类物质（噻吩、苯并噻吩和二苯并噻吩及其衍生物）[75]。

大型煤制合成天然气装置可采用低温甲醇洗有效去除这些物质，将总硫含量降至 $100\mu g/L$ 以下。然而，中小规模的生物质制合成天然气装置受到经济性制约，无法使用这种低温/高压物理洗涤装置，其更适合使用微冷常压洗涤器、化学转化，或者未来将使用热煤气净化技术。冷却洗涤塔可除去大部分有机硫和氮物质，或利用加氢处理[6,50]和重整装置将其分别转化成氨和硫化氢[5,76]。硫化氢可被活性炭或金属氧化物基吸附剂（如氧化锌）吸附除去。尽管如此，未转化的含硫物质的总量仍然很大；例如，转化木材气化生成的合成气时，噻吩类物质会导致甲烷化催化剂失活[77]。当连续添加痕量硫时，硫在镍表面的吸附与解离会形成极其稳定且几乎不可逆的吸附物[74]，这些吸附物会随着时间的延长而将整个镍表面覆盖。硫阻断了一氧化碳和氢在镍活性位上的吸附，它是一种选择性非常强的毒物，一个硫原子很容易阻塞10个表面镍原子[74]。镍催化剂上，合成气原料中允许的含硫量仍然取决于含氢量、硫分压和温度。基于大量的工业数据给出了含硫量与操作温度的关系[78]（图4.6）。

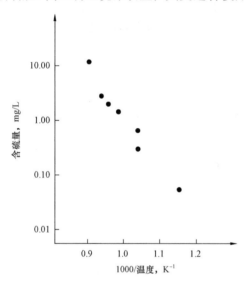

图4.6 烃类蒸汽重整过程中，可能导致镍催化剂中毒的最小硫浓度[78]

由于硫的强吸附，镍催化剂中硫的脱除非常具有挑战性，只能通过复杂氧化还原过程实现，在氧分压极低的条件下氧化和后续还原在本书的第12章中有详细介绍。氧分压过高会直接导致硫酸镍的形成，硫酸盐可采用830℃以上的氧化处理方法脱除[77]。虽然这种方法会破坏催化剂，但它可以结合合适的热重分析方法或测量释放的硫氧化物来确定总硫含量。注意对于采用热重分析方法的程序升温氧化过程，必须同时考虑到镍氧化引起的质量增加和积炭燃烧引起的质量损失[77]。

4.1.4.2 积炭与结焦

一氧化碳的转化本质上与催化剂表面出现的碳原子有关，碳原子彼此之间、碳原子与镍之间又会发生化学反应。这样会形成许多化学性质不同的物质，其中一些由于其反应性能，导致催化剂失活或受到破坏。由于蒸汽重整和甲烷化过程中镍催化剂的操作问题非常关键，因而该领域中发表了大量的研究论文，尤其是 Bartholomew[79]、Rostrup –

Nielsen[80]、Trimm[81]、McCarty[82]、Figueiredo[83] 及其同事的工作，以及其他研究者的工作。

蒸汽重整过程中，高碳烃分解也容易形成大颗粒积炭，本节重点关注甲烷化反应器中可能会出现的物质，即一氧化碳离解形成的积炭、C_2 物质（乙烯、乙烷、乙炔）以及少量轻芳烃存在下形成的结焦。区分一氧化碳或者烃类引起的结焦时须注意，一些积炭是由二者共同引起的。各种积炭的形成条件主要取决于温度，水蒸气、氢气、一氧化碳和烃的分压，以及镍微晶尺寸和催化剂载体，并且其影响可能会相互交叠。应该注意的是，水蒸气重整在高温下发生，所形成的积炭与石墨的化学性质相似，用石墨来表示积炭更为便利；然而，在典型的甲烷化条件下，并且同时存在烯烃和其他烃类时，实际结果可能会与热力学计算之间存在显著偏差[79]。

如前一节所讨论，一氧化碳和 C_2 物质可以在催化剂表面离解形成单个碳原子。这些吸附态的碳原子是生成甲烷的中间产物，通常记作 C_α，称作表面碳化物。当催化剂表面的积炭速率超过被吸附的水蒸气、氢或氧原子转化的速率时，碳原子可扩散进入金属体相形成体相碳化镍，通常记为 C_γ。由于典型的甲烷化反应条件下，体相碳化镍很容易与氢气和水蒸气发生反应，并且仅在操作温度低于 350℃ 时体相碳化镍保持稳定，所以这一因素导致催化剂失活的可能性也很小。

另外，在高达 500℃ 的操作温度范围内，吸附碳原子 C_α 可聚合形成无定形碳膜 C_β（有时也称为碳胶），覆盖催化剂活性位点导致失活。据报道，经过老化处理的无定形碳结构会变得更稳定[79]。含大量 sp^3 杂化碳的无定形碳会随着时间的推移而变成一种更稳定的 sp^2 杂化碳的石墨结构[85]。Bartholomew[79] 称之石墨碳 C_c。基于形成条件及其与氢的反应性，可以认为这种石墨碳与 McCarty 及其合作者进行的系统化的研究中发现的包膜碳 C_δ 几乎相同，研究中使用乙烯和乙炔作为积炭的来源，操作温度为 300 ~ 1000℃[84]。C_c/C_δ 可形成包裹镍微晶并使催化剂失活的石墨层状膜。McCarty 等[84] 发现在 500 ~ 800℃ 的高温下，在镍催化剂上添加乙烯和乙炔时生成了所谓的片状碳 C_ε[84]，有时很难与 C_δ 区分开来。因此，Bartholomew[79] 根据形成条件和反应性对 C_c 的定义涵盖了 McCarty 等[84] 发现的 C_δ 和 C_ε 的性质。

在一定的条件下，碳可以形成晶须碳或碳纳米纤维，Bartholomew 称其为蠕虫碳 C_v[79]，McCarty 等则称其为丝状碳 C_δ[84]。借助于这种特殊的形式，碳最可能经过镍表面[86] 扩散至镍微晶的边缘，沉积在镍的台阶位并形成将微晶从载体中抬起的碳纤维。由于镍微晶保留了活性，只要催化剂前端的积炭速率快于生成甲烷的反应速率，该过程就会继续，但是积炭速率不足以达到包膜的形成速率。因此，充足但不过量的氢是必要的，水则会降低其生长速率。积炭速率和纤维生长速率的大小顺序为：烷烃＜烯烃＜炔烃[87]。固定床条件下的甲烷化反应，乙烯出现时也观察到催化剂表面出现晶须[47]。尽管镍微晶仍然具有催化甲烷化反应和其他反应的活性，但这些纤维的生长会导致孔隙堵塞，催化剂颗粒受到机械破坏，进而会在数小时或数日内堵塞整个反应管。据报道，纤维的生长一旦开始（如由于操作失误导致局部热点或氢气不足），即使重新恢复富氢条件，纤维的生长也会继续进行，因此应尽量小心避免[74]。

最后，烃也会出现在热点（600℃ 以上）位置，即所谓的热裂解或非催化积炭 G[84]，它们虽然与镍微晶无关，但也会导致催化剂因阻塞而失活。图4.7给出了固定床甲烷化和蒸汽重整反应中镍催化剂上观察到的积炭物质及其特定的形成温度。

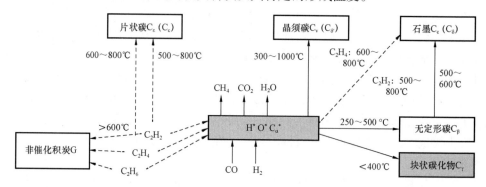

图4.7　固定床甲烷化和蒸汽重整过程中，在镍催化剂上观察到的积炭及形成温度[79,84]

作为对比，图4.8给出了当乙烯或乙炔加入镍催化剂时，不同温度下出现的积炭情况[84]。乙炔形成包膜碳C_δ、晶须碳C_δ和片状碳C_ε的温度显著降低（比乙烯低约100K），基于这样的事实，可以推断所有烃形成积炭的机制不完全相同，以及不同的镍催化剂上对应的积炭形成温度也不完全相同。

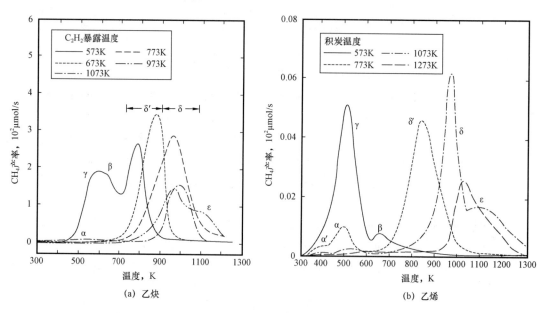

图4.8　乙炔或乙烯通入镍催化剂，程序升温还原测定积炭形成

如前文所述，降低温度、提高氢碳比和水碳比会降低积炭速率，甚至似乎存在温度窗口（330～400℃），此时C_α的生成速率超过加氢速率，导致出现积炭现象，同时C_β的聚合速率超过气化速率[79]。在此温度窗口中操作，会出现无定形碳聚积现象，因此应该在更高或更低温度下实现稳定操作。由于不同的镍催化剂对应不同的积炭条件，因此必须针对每种情况确定避开积炭窗口的最佳操作条件（温度、氢碳比、水碳比等）。

此外，痕量硫可能起到积极作用，但尚无定论。据观察，在较低温度下，硫可以通过阻塞某些位点和限制催化剂表面用于聚合的必要空间来避免积炭。但在较高温度下，硫阻碍了积炭物质再次气化所必需的氢吸附过程[89]。

4.1.4.3　积炭的定性与定量方法

积炭性质的一个重要方面是它的化学稳定性，这既决定了催化剂的再生，也决定了催化剂样品上积炭的区分、识别与定量方法；反过来，这也是与催化剂稳定性相关的操作条件优化的前提。

然而，目前没有一种可应用的方法能够完成所有必要特征的检测，例如 X 射线衍射只能检测足够大的晶体相，从上面讨论的积炭来看，这只适用于体相碳化镍；此外，可以检测石墨（有时作为催化剂颗粒的黏合剂）。拉曼光谱法能够检测积炭的石墨化类型，但很难检测出 sp^3 杂化碳，且不能用来检测吸附碳。此外，来自激光的能量输入可能会在短时间内改变或破坏样品。与此类似，电子显微镜（扫描电子显微镜和高分辨率投射电镜）适用于识别晶须碳和较大的碳结构，但是不能用来检测吸附碳，并且会很快导致催化剂样品发生改变。所有方法所面临的共同挑战是活性镍催化剂为还原态，在转移至表征仪器期间，至少与空气发生接触的催化剂样品表面会发生氧化反应，或者从反应器中取出样品之前，需要很小心地进行催化剂的钝化处理。在这两种情况下，与活性非常高的含碳物质有关的信息，即吸附碳原子的信息，也许很容易丢失。

程序升温过程由于装置易操作、方法可靠，已经成为测定催化剂表面积炭情况的重要方法。氧气、氢气和水蒸气可以用作反应性气体。程序升温氧化（TPO）方法可以用来确定用过的镍催化剂的含硫量、石墨（黏合剂）含量与总含碳量[77]，但程序升温氧化方法仅限于区分体相碳化镍、无定形碳和石墨碳，因为镍催化剂体相氧化（起始温度为 250～300℃）和积炭分别氧化出现的温度峰值可能会产生局部热点，导致对二氧化碳演化峰值温度的判断存在偏差。

最常见的方法是使用氢气程序升温还原（TPR），该方法能够区分大部分积炭[79,84]。图 4.8 是当在镍催化剂表面添加乙烯或乙炔时，程序升温还原确定不同温度下积炭情况的结果[84]。尤其对于反应活性非常高的积炭，分辨率非常高，这些样品可以采用原位 TPR 分析，样品无须离开反应器，不会与空气接触。如果样品来自规模更大的反应器，则难以避免会与空气发生接触。因此，不仅活性镍和积炭的状态会发生变化，而且载体也会发生变化，比如高比表面积氧化铝载体上生成羟基。反过来，这有可能在程序升温还原过程中解离释放出水，生成水蒸气与氢气的混合物，与催化剂表面上的碳发生反应[90]。还原性条件下，催化剂会再次恢复活性，除积炭加氢气化外，预期产物中生成的一氧化碳和二氧化碳会使分析和数据分析变得复杂。程序升温还原方法的另一个缺点是非常稳定的含碳物质（如非催化碳或有时用作黏合剂的石墨）需要在高温条件下转化。根据其反应条件，热力学平衡限制了非常稳定的含碳物质向甲烷的转化过程[79]。

因此与氢气作用类似，水被成功地用作弱氧化剂，可以与氢气结合使部分催化剂再生，提高其在甲烷化反应器中的含量是比较有利的。McCarty 及其同事[84]以乙烯和乙炔为原料，在水蒸气重整催化剂上反应形成积炭，并采用氢气（100%）和水蒸气（He 中含 3%水蒸气）进行样品的原位分析。在最近的一项研究中[90]，借助于微流化床分析了在含有24%水蒸气的氩气气氛中的催化剂和参比样品（图 4.9）；在 300℃下用乙烯（摩尔分数为

33%)和氢气(摩尔分数为67%)处理镍纳米粉末制得体相碳化镍的参考样品,利用 XRD 进行了表征判定。在400℃下用乙烯(摩尔分数为33%)和氢气(摩尔分数为67%)处理镍纳米粉末制得无定形碳与石墨碳,利用拉曼和电子能量损失谱进行分析。在875℃下用甲烷处理镍纳米粉末可以得到片状碳与非催化碳的参比材料,采用 HRTEM – EDX 进行分析。

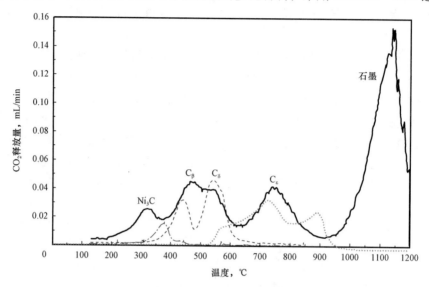

图4.9　微流化床上反应后的甲烷化催化剂(粗线)和含碳物质在水蒸气程序
升温反应过程中的二氧化碳生成情况[90]

表4.5 给出了各种积炭物质与氢气或水蒸气反应时的温度区间。从表中可以看出,通常情况下,水蒸气在解离碳碳键方面的活性更高,是在较低操作温度下解决聚合积炭的更优方案。对于单个碳原子和吸附碳与体相碳化镍的反应来说,程序升温还原方法能使催化剂恢复活性,更具有优势,因此,在低于蒸汽可转化温度下即可以实现碳原子的转化。

表4.5　各种积炭与氢气或水蒸气反应达到最大反应速率时的温度

碳类型	特征	反应速率最大时温度,℃				
		氢气[79]	氢气[84]	3%蒸汽[84]	24%蒸汽[90]	10%氧气[90]
C_α	吸附碳	200	200	320 ~ 350	—	—
C_β	无定形	400	380 ~ 390	320 ~ 380	450	400 ~ 500
C_γ	块状碳化镍	275	275 ~ 310	320 ~ 380	300 ~ 350①	350 ~ 400①
C_ν,C_δ	晶须	400 ~ 600	500 ~ 600	520 ~ 570	—	—
C_c,C_δ	包膜	550 ~ 850	700	570	550	450 ~ 550
$C_\varepsilon(C_c)$	片状		830	625 ~ 650	750	—
G	非催化碳	—	—	>950	900	—
石墨(黏合剂)		—	—	—	>1100	>730

① 取决于晶粒/体相碳化镍晶畴的大小。

4.2 甲烷化反应器类型

如4.1.2节所述,必须考虑各种输入甲烷化反应器的气体混合物。不同的气源(如来自不同气化步骤的合成气或应用电能转气的富氢混合物)和不同的工艺链(如冷煤气净化与热煤气净化)会导致气体组分的差异,这对反应器类型的选择存在很大影响;此外,可获得的原料量和装置处理能力也会影响反应器类型的选择。一方面,每一类反应器的规格对资金成本(CAPEX)与运营成本(OPEX)之比的依赖关系不同;另一方面,不同的反应器类型为获得耦合产品或副产品提供了不同的选择。例如,小型生物质制合成天然气工艺,是否可以利用所产生的热量可能不太重要,但对于大型煤气化装置,能量与热量整合以及由此产生的总效率则将发挥主导作用。

由于甲烷化反应的强放热特性和高温条件下平衡转化率的限制,催化剂床层内部温度控制是一个严峻也最为重要的挑战。实际上,根据系统所采用的移热方式可以将目前的甲烷化反应器类型进行分类。

若碳氧化物(一氧化碳)浓度高,则反应转化率以及反应产生的局部热量也高,并且很容易超过局部热量扩散速率。这种情况下,温度升高使得反应速率增加,产生更多热量,形成飞温。如图4.10(a)所示,产生的热量随温度升高呈指数级数增加,而冷却吸收的热

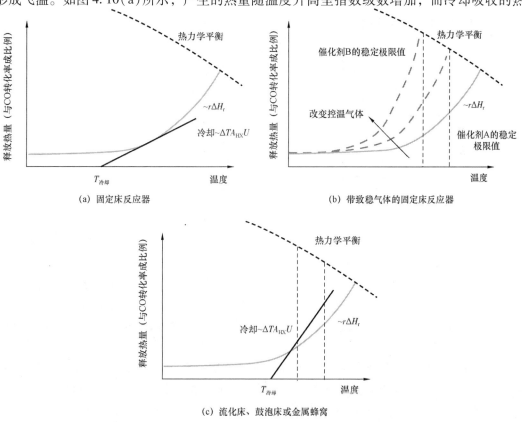

(a) 固定床反应器　　　　　　　　　(b) 带致稳气体的固定床反应器

(c) 流化床、鼓泡床或金属蜂窝

图4.10　甲烷化反应器中的放热和移热

$\Delta TA_{HX}U$—移热量;$r\Delta H_r$—反应放热量

量只是呈线性上升。这样会出现两个平稳操作点，此处吸收的热量等于产生的热量。但是，只有低位操作点是稳定的，因为此时系统能够修正小的偏差。温度的同步升高对冷却有利，冷却使系统回到低位稳定操作点，反之亦然。但高位操作点不稳定，因为较小的温度偏差会导致系统要么回到低位操作点，要么飞温。

最近的模拟研究[91]（参见4.3.2节）表明，即使适度稀释催化剂或使用具有极好对流传热性能的专用催化剂载体（所谓的封闭错流结构[92,93]），也无法避免飞温现象。随后，反应器内的一小段空间内温度和转化率升高，直至实现热力学平衡转化时为止。对于氢气与一氧化碳的化学计量混合物，很容易达到明显高于700℃的温度。对于典型固定床甲烷化镍催化剂，如此高的温度会影响催化剂的稳定性，必须尽量避免。通常情况下，可利用具有较高质量流量和热容的稳定性气体进行温度控制，反应产物再循环是比较常用的方式。

抑制反应器温度的另一个概念是大量增加有效冷却表面积。实际应用过程中，缩小反应器管径这一类解决方案存在一定局限性，反应管数量较多，管径缩小会导致压降升高，投资成本增加，催化剂更换时停工时间也会延长。但是可以通过将热量分散到发生放热反应的局部体积之外来获得相对较大的有效传热面积。向反应器中引入高热导率部件（如金属蜂窝）或在整个反应器内使热催化剂颗粒移动（如采用流化床或三相鼓泡塔），从而提高反应器内的有效传热面积利用率[图4.10(c)]。

4.2.1 绝热式固定床反应器

绝热式固定床反应器在结构和控制方面相对简单，这是迄今为止这个概念设计被所有大型煤制合成天然气装置采用的原因之一。如上所述，在这些反应器中，温度和转化率会上升直至达到热力学平衡转化。为了克服平衡限制，离开反应器的气流必须在进入下一个反应器之前再次冷却，其转化率和温度在下一个反应器中会再次升高，直至达到平衡时为止。如图4.11[94]所示，这样可以通过一系列间歇和具有循环冷却过程的绝热反应器来实现完全转化。尤其对于大型装置，在反应器之间进行冷却的高温气流是它的第二个优势，因为可以获得非常好的蒸汽参数，有助于能量的有效集成与电力生产。然而，通过建模表明，由于热惯性，负荷变化期间可能出现局部瞬态温度过冲现象[95]。

尽管在细节方面存在一些差异，但是大型煤制合成天然气装置通常都会采用相同的方案[48]（图4.12）：在靠近矿井口处进行气化，然后除尘、冷却和进一步压缩。部分原料气（仍然含有硫化氢和其他杂质）进入酸气变换工段，向变换区注入蒸汽，利用硫化钼催化剂将部分一氧化碳转化成二氧化碳，产生的氢气用来调节反应器原料气中的氢气与一氧化碳的比值，使之略高于化学计量比值（3.0~3.1）。紧接着所有气体在物理洗涤步骤（如Rectisol®）进行净化处理，即使用溶剂（如Rectisol®工艺用甲醇，Selexol®工艺用聚乙二醇二甲醚）在低温（-40℃）和高压（20~65bar）下除去除甲烷、氢气外的所有物质，二氧化碳也被溶剂洗去。这一步骤除去了来自气化炉和酸气变换区的二氧化碳、乙烯等烯烃、氨、硫化氢、所有高级烃和残留水分，留下氢气与一氧化碳近似化学计量的混合物，作为一系列甲烷化反应器的原料。Rectisol洗涤器下游的杂质浓度分别为180μL/L C_2H_4、750μL/L C_2H_6、10μL/L C_3H_6 和14μL/L C_3H_8，总硫含量（标准状况下）为0.08mg/m³（其中硫化氢占0.04mg/m³）[96]。

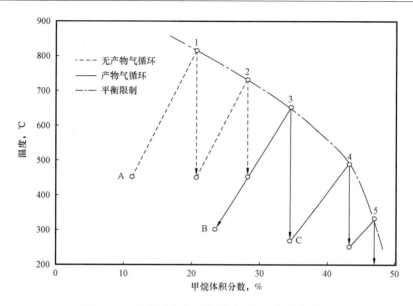

图 4.11　绝热固定床反应器系列的温度分布曲线

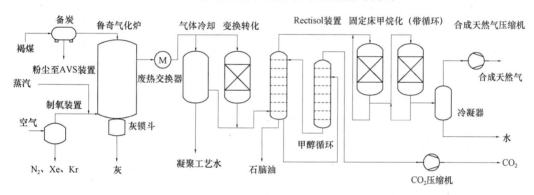

图 4.12　鲁奇褐煤制合成天然气工艺的流程图[48]

　　20 世纪 70 年代，许多地方发展了煤制合成天然气工艺[48]。截至目前，这些超过 12 个不同的开发概念中，有 3 个已实现了工业化生产。20 世纪 80 年代，鲁奇在美国建造了褐煤制合成天然气装置；戴维工艺技术公司和 Haldor Topsøe 公司最近在中国新兴煤制合成天然气市场建设的合成天然气装置已进入试运行阶段。此外，福斯特惠勒和科莱恩最近开发了一项稍作改进的煤制合成天然气工艺，它在中国的示范装置正在建设之中[97]。最后，Haldor Topsøe 针对生物质制合成天然气领域的特定条件，对其绝热式固定床反应器工艺进行了改进。下面将简要讨论一些已开发工艺的主要反应设计。

4.2.1.1　鲁奇

　　在 20 世纪 60 年代和 70 年代，鲁奇基于成功的上吸式固定床煤气化(鲁奇 Mark Ⅳ)技术开发了一种煤制合成天然气工艺。甲烷化单元包括两个带内循环的绝热式固定床反应器(必要时，还包含后期的微调甲烷化步骤)。由鲁奇和萨索在萨索尔堡(南非)使用来自 Fischer – Tropsch 装置的合成气侧线，设计并建造了一套中试装置[98]。合成气来自商用煤气化装置，采用 Rectisol 洗涤塔进行净化处理，并通过水煤气变换步骤来调节其组分。第二台中试装置位于 Schwechat(奥地利)，由鲁奇和 EL Paso 天然气公司建造，将源自石脑油的合成气转化为甲烷，中试装置运行了一年半，采用巴斯夫开发的 G‑185 甲烷化催化剂，进行了 4000h 的稳定性实验。如图 4.13 所示，在新鲜催化剂上，催化剂床层深度在 20% 时就可以达到绝热平衡，温度达到 450℃；连续评价 4000h 左右的催化剂，则需要催化剂床层深度 32% 才能达到。表征结果显示，氢气的化学吸附量减少了约 50%，镍微晶尺寸从 40Å❶ 增加到 75Å。上述结果均表明，催化剂存在轻微的失活现象[96]。基于这些结果，第一套商用褐煤制合成天然气装置在北达科他州大平原建成，达科塔天然气公司运营的这台装置包含并行的 14 台 Mark Ⅳ 气化炉，共运行了 30 年。自 1999 年以来，Rectisol 洗涤器分离出的二氧化碳供应给加拿大的油田，用来提高原油采收率(EOR)[99‑101]。表 4.6 总结了中试装置运行中的典型实验条件和气体组成。

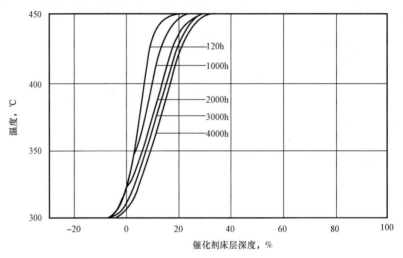

图 4.13　第一级反应器温度剖面曲线(鲁奇工艺绝热固定床甲烷化反应器)[48]

表 4.6　鲁奇工艺中试装置的操作参数和气体组分

参数	原料气	固定床反应器 R1		固定床反应器 R2	
		入口	出口	入口	出口
温度，℃	270	300	450	260	315
湿气流量，m^3/h(标准状态)	18.2	96.0	89.6	8.2	7.9
干气组分，%(体积分数)					
H_2	60.1	21.3	7.7	7.7	0.7
CO	15.50	4.30	0.40	0.40	0.05
CO_2	13.0	19.3	21.5	21.5	21.3
CH_4	10.3	53.3	68.4	68.4	75.9
C_{2+}	0.20	0.10	0.05	0.05	0.05
N_2	0.9	1.7	2.0	2.0	2.0

---

❶1Å = 0.1nm。

最近的报道表明，现在已并入法液空公司工程和建筑部门的鲁奇仍然积极地参与该工艺的进一步开发研究，尤其是面向将甲烷化应用于电能转气和生物质转化时所面临的新挑战[102]。

4.2.1.2 TREMP(Haldor Topsøe)

大多数镍基甲烷化催化剂在超过 600℃ 的操作温度下，其反应性能会受到严重影响，针对此种现象，Haldor Topsøe 公司利用其在镍催化剂研究方面的丰富经验来研发明显具有更高温度(大约 700℃)稳定性的新型甲烷化催化剂。该催化剂在较低温度下(适用于甲烷化反应，如反应器入口温度为 300℃)活性优于蒸汽重整镍催化剂。此外，即使催化剂在此之前经历了高达 700℃ 的高温[103]，其仍然保持了低温活性，在反应后期，温度梯度由于催化剂缓慢失活而逐渐下移，此时低温活性显得尤为重要。催化剂(MCR – 2X)为具有稳定微孔体系的氧化铝载体，它可以减少镍微晶烧结现象，具有高的镍比表面积且无碱性[103]。

与其他反应器概念相比，这种温度稳定的催化剂极大地降低了对循环气体的冷却要求，进而降低了循环气体压缩机耗电量。更重要的是，如图 4.14 所示，第一台冷却器可以获得更高的蒸汽效率，通过能量集成可获得更高的发电量。这一工艺最初是为 Adam 和 Eva 项目开发，被称为 TREMP 工艺(Topsøe 循环能效甲烷化工艺)[94,104]。在这个项目中，通过将在核反应堆的吸热甲烷重整和工业现场的放热甲烷化结合起来解决来自核反应堆高温热量的长距离输送问题，将其输送至需要高温热量或进行高温热发电的地方。20 世纪 80 年代初期，在 Jülich 和 Wesseling(德国)的中试和示范装置上研究了这一工艺概念，进一步发展到用于煤制合成天然气装置。

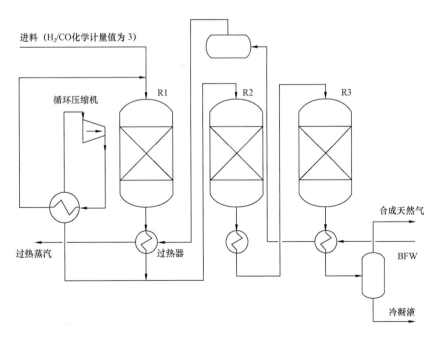

图 4.14 TREMP 工艺流程图

Haldor Topsøe 公司利用实验室规模和中试规模的装置测试了其催化剂的耐温稳定性和催化剂失活情况。值得注意的是，要确保小型绝热反应器的测试预测结果既可靠又无偏差[105]。报道给出中试规模(持续数千小时)的典型操作条件是：H_2/CO 化学计量值为 3，反应器入口温度为 300~330℃(避免形成四羧基镍)，压力为 30bar，空速约为 15000h^{-1}[106]。

图 4.15(a)所示为 1980 年的中试规模试验结果[106]，反应初始温度 350℃，氢气和一氧化碳按照化学计量形成混合物，发生快速反应，在仅 10cm 的反应器长度区间内达到温度为 700℃ 的平衡状态。由于催化剂缓慢失活，2000h 后的温度梯度缩小，在约 20cm 的反应器长度区间仍然达到了同样的热点温度。这些测试的结果表明，热烧结是催化剂缓慢失活的主要原因，导致载体表面积(采用 BET 法测量)从 52m^2/g 降至 30~35m^2/g。此外，氢化学吸附面积从 8m^2/g 左右降至 2~3m^2/g，镍微晶粒径(由 XRD 测定)则从 20nm 左右增至 35~55nm[106]，这导致催化剂活性(在 250℃ 下的测量值)在一年内几乎降至之前的 1/20。镍比表面积(由氢化学吸附测定)下降至原来的 1/4~1/3，这意味着催化剂的比表面活性减少到 1/6~1/5，支持了甲烷化反应具有强烈的结构敏感性的结论[106]。

同时，对催化剂稍做改性可进一步改善其温度稳定性和抗积炭性能[107]，图 4.15(b)给出了 2010 年的中试试验结果[108]，改性催化剂活性稳定性超过 1000h，催化剂活性的下降几乎可以忽略，并且未发现积炭迹象(无定形碳 C_β 或"碳胶")。催化剂表征表明，在 2000h 内，BET 表面积从 45m^2/g 降至 22m^2/g，并且镍微晶尺寸(由 XRD 测定)从 15.5nm 增至 22nm。归一化的镍表面积(采用硫吸附测量方法)降至新鲜催化剂的 29%，同样，归一化活性下降了 69%。因而再次支持了热烧结是催化剂失活原因的结论，但失活过程非常缓慢，预计工业运行时间有可能超过两年[108]。如图 4.15(b)所示，尽管催化剂活性明显下降，但温度梯度几乎不变，这说明在给定操作条件下，反应器性能主要取决于传热和传质，而非催化剂的活性。

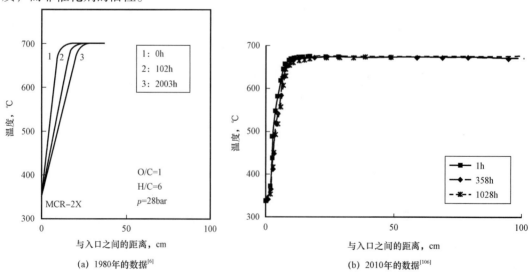

(a) 1980 年的数据[6]　　　　　(b) 2010 年的数据[106]

图 4.15　TREMP 中试试验的温度梯度曲线(压力为 28/30bar，H_2/CO 化学计量值为 3)

　　随着中国清洁煤炭技术需求的不断增长，近几年来，在乌海(内蒙古)、庆华(新疆)和克什克腾(内蒙古)已经有三套煤(或焦炉气)制合成天然气装置进入试运行阶段，还有更多的项目处于规划阶段[109]。上述装置，前两套采用 TREMP 工艺，第三套装置(大唐克旗项目)由庄信万丰公司的全资子公司戴维工艺技术公司承建，后者开发了已投入应用的CRG 甲烷化催化剂。

4.2.1.3　VESTA

　　鲁奇工艺利用高循环量控制一段床反应器温度，Haldor Topsøe 采用耐温稳定性更好的催化剂来降低循环量，福斯特惠勒和科莱恩(催化剂供应商)的设计思路与前两种截然不同，所开的 VESTA 工艺采用无循环设计[97]。他们提出仅在甲烷化后分离二氧化碳，将二氧化碳作为抑制所有绝热甲烷化步骤温升的致稳气体。同时加入水蒸气，一方面控制床层温升，另一方面也能够抑制焦炭的形成。该概念设想在脱硫步骤之后是高温水煤气变换反应器和三台带中间冷却的串联反应器，但不带循环冷却。对于每台甲烷化反应器来说，通过加注水蒸气来维持550℃的出口温度，一方面可获得合适的蒸汽效率，另一方面又简化了结构，降低了投资成本[97]。

4.2.1.4　GoBiGas

　　GoBiGas 项目在本书中(见第 6 章)以最大的生物质制合成天然气项目进行了介绍，这里主要讨论甲烷化部分的设计，是因为生物质工艺的特殊边界条件使它不同于标准的TREMP 方案。值得注意的是，这套装置仍处于试运行阶段(据报道，2014 年底已正式投入运行[110]，但目前为止还没有更详细信息)，因此这里只讨论设计理念，而非实际结果。

　　改变最初的 TREMP 方案设计的主要原因是在生物质制合成天然气装置上还未见商用的 Rectisol 洗涤单元以及类似的处理单元。在获得足够的生物质原料方面所面临的物流挑战限制了生物质制合成天然气的生产规模(内陆地区为 10～50MW，沿海地区可达200MW)。外供热型双流化床气化炉发生气中存在噻吩和乙烯，若不对其进行转化处理则很难除去。因此，在 GoBiGas 装置中，在硫化钼基催化反应器(烯烃加氢)之后安装了胺洗涤器，用来脱除硫化氢。这样可转化大部分噻吩和部分乙烯，同时脱除一半二氧化碳和全部硫化氢。

　　本书第 6 章的图 6.5 给出了装置的流程图，二氧化碳有助于抑制后面预甲烷化反应器的温升，因此在下游的变换反应器中，通过调整氢气与一氧化碳的比值，再次增加二氧化碳的含量，而在预甲烷化反应器中完成大部分一氧化碳的转化过程，并在 455℃时达到反应平衡[107]。后面的二氧化碳洗涤器脱除掉所有的二氧化碳，留下的氢气、甲烷和一氧化碳输入带中间冷却的三台串联绝热式固定床反应器。在生成的水蒸气冷凝后，最后一台精细反应器将残存的二氧化碳转化为甲烷，以确保其甲烷含量满足燃气管网的技术规范要求[107]。使用二氧化碳作为预甲烷化器的致稳气体来控制反应温度，有助于在出现高温积炭之前对残留的乙烯进行加氢。这样的话，平常的高蒸汽效率就不会出现在中间冷却段，但这对于带有需要热再生的多个洗涤段的小型设备可能不那么重要。

4.2.2　冷却反应器

　　如上所述，催化反应器的冷却有助于突破热力学平衡(诸如甲烷化和水煤气变换这样的放热反应)的限制，有利于提高选择性且能够避免或至少能够抑制催化剂失活现象。根据目标温度，可以选择不同的冷却介质。反应器内的蒸汽具有相对较宽的潜在温度操作范围(温度高低与压力大小有关)，热油的使用范围最高为 350~400℃ 的，温度过高热油会在高温下分解。要达到更高温度，必须考虑诸如熔盐这样的冷却介质。由于气体体积热容和侧传热系数较低，必须提高体积流速，增大换热面积才能达到冷却效果，对于放热量非常高的甲烷化反应器不太适用。就反应器类型而言，必须将冷却固定床反应器和催化剂颗粒移动式的多相反应器区分开来。

4.2.2.1 冷却固定床甲烷化反应器

固定床甲烷化反应器的冷却通过如下方式实现：(1) 催化剂床层颗粒中间插入冷却盘管；(2) 催化剂装填在列管内，冷却介质位于壳层；(3) 催化剂涂覆在能够从另一侧实施冷却的表面上。

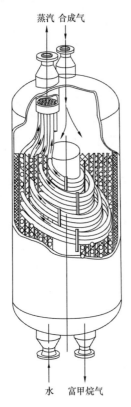

图 4.16　林德等温固定床反应器概念[111]

催化剂在壳层的例子是林德等温反应器概念[111] (图 4.16)或最近的斯图加特 Etogas GmbH 概念[112]。他们为电能转气应用设计的甲烷化反应器将中空结构板插入加压容器，中空板内冷却介质流移热，降低建造成本。这类反应器所面临的挑战是确保反应器横截面的气流均匀分布，避免形成偏流，所有传热区域均能得到有效利用。因此，每次装填催化剂必须检查催化剂颗粒是否处于最佳填充状态。即使传热区域之间几厘米的间距也会导致在其区间的催化剂床层中出现明显的热点，所以换热盘管或换热板之间的间距相对较窄，这样可以降低对催化剂颗粒填充状态的要求。

催化剂在冷却管内：目前为止，最常见的冷却固定床反应器是列管反应器，管内装填催化剂，冷却介质位于壳层。这类反应器用于部分氧化反应(如马来酸酐或邻苯二甲酸酐)或费托合成工艺(如壳牌中间馏分合成)，并且可能包含数万个填充催化剂的平行管。由于需要确保所有管中的压降相同，从而避免偏流现象，这类反应器的催化剂更换比较困难，其优点在于可放大性、传热面积大，以及床层内到相邻换热区之间热传导距离相对较短等。因此，仍有大量科学文献对相关技术进行研究，包括研究不同催化剂形状的热传导系数，模拟、优化床层压降，利用结构型催化剂载体替代散装式催化剂[115-123]。

在甲烷化合成天然气方面，目前这种反应器概念已被应用于 Werlte 的 ZSW/Etogas 项目电能转气中试装置(见第 7 章)，以及多段固定床甲烷化反应器[88](见第 11 章)。最近的模拟研究[91,122]和实验结果[123]表明，对于固定床甲烷化反应器，即使采取了冷却措施，也难以完全避免由于强放热导致的飞温。如图 4.17 所示，利用一维拟均相模型预测冷却固定床甲烷化反应器的最高温度是冷却温度和管径的函数。从中可以看出，只有当温度低于

300～350℃（产率低）和温度高于700℃左右（达到热力学平衡状态）时，才有可能实现稳定运行。

多段固定床甲烷化反应器中，在反应器入口形成高温点，有助于将烃类进行转化，通过致稳气体（蒸汽、甲烷、二氧化碳）将温升控制在500℃左右，这些致稳气体是外热式生物质气化发生气中的部分组分，可通过这种方式来抑制热烧结导致的催化剂失活现象。当然，为了简化气体净化工段，由于烯烃、焦油和含硫组分的残留导致催化剂缓慢失活也是可以接受的。

分段进料：对于电能转气用二氧化碳甲烷化反应器（见第7章），除分级冷却外，也采取了分段进料方法来抑制热点温升。尽管如此，模拟研究结果表

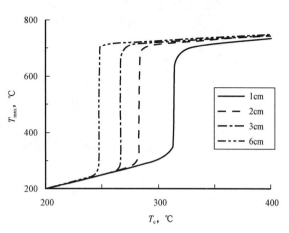

图4.17 一维拟均相模型预测冷却固定床
甲烷化的最高操作温度[112]

明[91]，必须小心优化给料位置分布，他们按化学计量二氧化碳甲烷化进行反应器模拟，其中氢气从入口处注入，二氧化碳从多个注入点加入。在甲烷过低的情况下，注入过多的二氧化碳会导致飞温。因此，加注二氧化碳时应确保其上游产生的甲烷含量足够高，可以作为有效的致稳气体来抑制温升。建立一个连续向氢气流中注入二氧化碳的膜反应器模型，通过这种方式，在反应器入口阶段起即可实现抑制二氧化碳累积的效果，最终实现等温操作[122]。

结构型催化剂载体的应用：除了分段进料外，研究人员还考察了通过应用结构型催化剂载体来改善甲烷化反应器的径向传热性能。采用一维拟均相模型研究了作为催化剂载体的闭式通道交叉流结构[91]（图4.18），催化剂载体将流体导向冷却壁面，尽可能降低系统内作为主要传热阻力的层流膜厚度。对于单向流，这类结构的传热系数比催化颗粒剂床层的传热系数高30%～55%[92]，若为气液两相流，甚至能高出60%～100%[93]，因此在其他放热反应系统中具有更高的时空收率（如费托反应器模拟[124]）。但是当使用化学计量甲烷化给料混合物时，飞温无法避免。然而，与固定床颗粒状催化剂相比，与冷却温度有关的操作灵活性增加。这种结构的催化剂滞留量更低（空隙率约85%），具有更好的传热系数，允许在最高温度类似的情况下具有更高的总温度水平（入口和冷却温度），因而单位质量催化剂的产率更高。高空隙率显著降低了压力降，压力降可由所使用的结构类型和数量明确决定。颗粒固定床必须在催化剂更换期间确保每个单管的压力降相同，与之相比，结构化催化剂由于更换一定数量结构的过程相对简单，缩短了停工时间。

高导热金属蜂窝作为催化剂载体：虽然采用交叉流结构的目的主要是将对流流体导向壁面，但使用金属整体作为催化剂载体的目的是利用铝或铜的高导热性。这些概念由E. Tronconi的研究小组[119,125-127]提出并通过实验证实。挑战在于反应器内必须具有较高的金属含量、金属蜂窝状催化剂载体与反应器管内壁之间紧密接触，因此对催化剂稳定性存

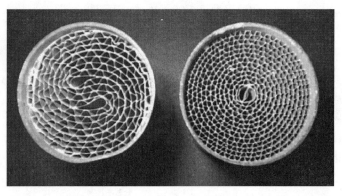

图4.18　闭式错流结构(左)与轧制金属蜂窝(右)

在较高要求。同一研究小组模拟了金属蜂窝作为一氧化碳和二氧化碳甲烷化催化剂载体的情况[128]。他们发现金属(铝)的体积分数为0.25时，其径向传热系数为200W/(m·K)，有可能将10in(25cm)长的单管温升限制在200K以下。

虽然模拟研究[128]使用方形通道的金属蜂窝，但卡尔斯鲁厄理工学院的恩格勒—邦特研究所则将目标瞄准更容易大规模生产的轧制金属蜂窝(参考废气净化催化剂)。他们对模拟数据和研究试验结果进行了报道[129]，利用金属蜂窝状催化剂即使直径放大4倍，也可达到与冷却固定床反应器类似的热点分布。由于他们的目标是针对电能转气(沼气和气化衍生合成气)的分散应用，这将减少必要的反应管数量，简化反应器结构和降低资金成本。

板式反应器概念：通过将催化剂涂覆在利用背面冷却的板上，可以实现最大可能的传热效果，其唯一的传热机制是通过相对较薄的壁传热，总传热系数可以达到1000W/(m²·K)的数倍[130]。此外，载体材料的导热有助于轴向和(或)横向温度的均匀分布。这一概念已广为人知，比如弗莱斯有限公司已将其成功应用于自热重整和费托工艺[131]，它有助于维持系统的等温状态和C_{5+}的高选择性。目前为止，应用于甲烷化反应仅有一项应用案例，仅处于实验室微反规模，因此并无技术应用方面的相关结论[132]。因此，仍不清楚该设计与其他等温反应器设计(如流化床)相比具有何种优势，其面临的主要挑战是涂在价格昂贵的微通道结构上的催化剂涂层的稳定性和如何防止催化剂中毒。

冷却反应器设计可以避免出现过高温度峰值(热点)，从而降低热烧结速率，抑制催化剂失活。而镍催化剂所面临的最重要威胁是含硫物质中毒，在甲烷化反应温度范围内，中毒基本与温度无关；对于使用镍催化剂的任何甲烷化工艺，必须通过上游气体净化处理来尽可能降低含硫物质的浓度。所有固定床甲烷化反应器包括冷却固定床反应器的一个重要缺点是催化剂易受不饱和烃(尤其是烯烃)所形成的炭和焦炭的影响。最近研究表明[59]，在300℃条件下，即使是极少量的乙炔，也会带来严重的积炭和催化剂失活问题，而在外热双流化床气化合成气中，乙炔的干气体积分数可以达到0.5%，必须在冷却固定床反应器上游添加气体净化单元，转化或去除这些不饱和烃，或在工艺设计时必须容忍一定程度的催化剂活性的持续损失。

4.2.2.2 颗粒移动式多相反应器

正如本节前面的介绍，在更大的反应器空间内分散热量可以显著增加有效传热面积，这是另一种可以大量移除热量的方式，可实现近等温操作。由于放热反应的热量通过催化剂表面释放，移动热源的最佳选择是使催化剂颗粒处于移动状态，颗粒移动的概念设计要优于如热传导等其他的热传递机理。此外，由于催化剂表面上的层流膜受到移动颗粒和流体的有效扰动，流体中移动的颗粒也增加了向冷却表面的传热效果，目前技术上已经发展出两种主要形式：(1) 鼓泡流化床甲烷化反应器，颗粒状催化剂悬浮在向上流动的反应气体中；(2) 鼓泡塔，颗粒和气体均悬浮在惰性液体中，用来增加系统的热惯性，改善传热性能。

美国矿务局开发的流化床甲烷化反应器：冷却流化床甲烷化反应器的开发早在 1952 年就开始了[133,134]。它是一个直径 1in(2.5cm)、床层高度大于 1m 的细长反应器，通过夹套中的热油进行冷却，填充 Geldart A 型催化剂颗粒。反应原料是氢气与一氧化碳的混合气，操作条件为压力 20bar，温度约 400℃。当只从底部给料时，观察到较强的轴向温度剖面(高达 100K)。为了更加接近等温条件，经过改进的二代冷却流化床甲烷化反应器设计了三个进料点。

鼓泡过程中，在靠近中心位置必然会存在颗粒上升区和下降区，由于颗粒直径很小，这种空间就非常小，也导致轴向颗粒传送距离相当有限。相应地，在选定的操作条件下，在如此细的反应管内必然会出现腾涌现象，因此，在整个床层内实现充分的轴向热传递是不可能的。

Bi - gas 项目：新一代流化床甲烷化反应器的开发始于 1963 年美国烟煤研究公司(BCR，USA)发起的 Bi - gas 项目。项目采用一个直径为 150mm、床层深度约为 2m 的反应器，配有两束浸入式换热器管(换热面积约为 3m²)，运行了数千小时[135 - 140]。它有两个给料点，一处位于底部，另一处位于第一与第二换热器的管束之间。典型操作条件是：温度为 430 ~ 530℃，压力为 69 ~ 87bar，催化剂填充量为 23 ~ 27kg。选择的流化数为 8 ~ 18(实际体积流量与提升颗粒实现流化模式所需的最小流量的比值)，因此被认为是强鼓泡流化床。一氧化碳转化率可以高达 99.3%，除主要产物甲烷外，还产生了大量二氧化碳和乙烷，也就是说，该结构设计有利于水煤气变换反应和乙烷的生成。

Comflux 工艺：迄今为止最大规模的流化床甲烷化反应器于 1975—1986 年在德国的 Comflux 项目中建造并投入运行[141 - 147]。蒂森格斯公司的目标是发展比固定床甲烷化概念成本低 10% 的煤制合成天然气工艺。在一台反应器中将水煤气变换和甲烷化反应进行结合，用以降低成本，因此可以显著减少设备和投资成本(-30%)。设计时选择带循环冷却和浸入式垂直换热管的鼓泡流化床，蒸汽自下而上流动(图 4.19)。

技术开发源于卡尔斯鲁厄大学 Engler - Bunte 研究所的一个大型研究项目，该项目针对催化剂失活、动力学特征、催化剂耐磨性和含硫物质存在条件下的甲烷化进行了实验室规模研究(参见图 4.20 中的等温反应器)[144 - 147]。

磨损实验(空气冷却与氢气加热)表明，磨损程度随着流量增大而增加，并且是反应器底部气体分布板的函数，分布板可避免喷射流的形成。此外，实验发现，商用镍催化剂每天的磨耗不超过 0.04%(质量分数)，远低于每天 1%(质量分数)的经济极限。在硫化氢高达 140μL/L 条件下，使用金属态和硫化态的镍钼催化剂与镍钨催化剂的甲烷化反应结果表明，这类催化剂通常可用于含硫物质存在条件下的甲烷化工艺，但必须在高压高温(600 ~ 750℃)的条件下才能达到平衡转化。

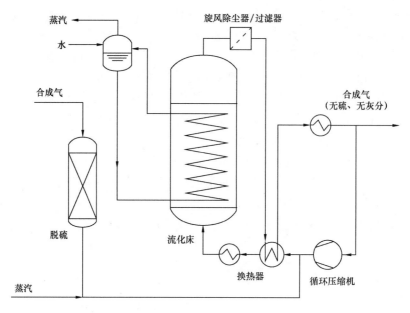

图 4.19　蒂森格斯工艺流程图[143]

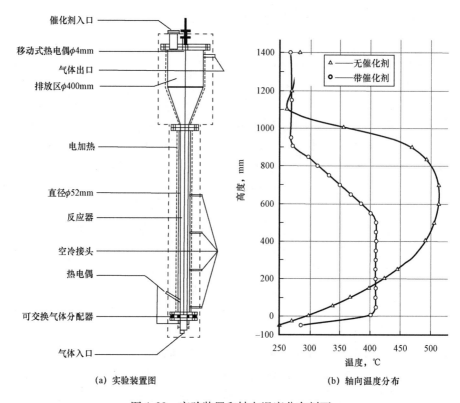

（a）实验装置图　　　　　　（b）轴向温度分布

图 4.20　实验装置和轴向温度分布剖面

基于实验室规模反应器所获得的结果（图 4.20），Didier 工程公司（德国 Essen）设计了一套中试装置（直径 40cm），并在 1977—1981 年运行。基于中试装置的试验结果，Didier

工程公司再次设计、建造了 20MW 的合成天然气示范装置(内径 1m),并成功投入运行,该示范装置位于德国奥伯豪森 Ruhrchemie 地区,获得了德国研究与技术部的资助。预计其商用装置的直径约为 3m。这次放大得到了德国埃尔兰根大学扩展冷流试验的支持。经过多次试验(包括长达 2125h 的连续测试),项目因 20 世纪 80 年代中期油价的下跌而终止。尽管如此,仍可以看出该反应器设计是通过在一个实际的等温步骤中加注蒸汽,在很宽的负荷范围(30% ~ 100%)内甚至可以将氢气与一氧化碳的非化学计量混合物转化为富甲烷气体,在产生有价值的高压蒸汽的同时,没有表现出严重的催化剂失活现象或磨损问题。表 4.7 给出了分别在中试装置和示范装置中进行系统试验的规模与操作条件。

表 4.7　蒂森格斯工艺中试装置及示范装置的实验条件

参数	中试装置	示范装置
工程名称	Didier	Didier
运营时间	1977—1981 年	1982—1983 年
直径, m	0.4	1.0
床高, m	2 ~ 4	2 ~ 4
催化剂用量, kg	200	1000 ~ 1800
粒径, μm	50 ~ 250	10 ~ 400
温度, ℃	300 ~ 500	420 ~ 550
压力, bar	20 ~ 60	20, 30, 60
气体混合物	CO, H_2, H_2O	CO, H_2, H_2O
CO 进料流量, m^3/h		1000, 1750, 2500
H_2/CO 化学计量比	2 ~ 3	2.0, 2.5, 3.0
合成天然气最大流量, m^3/h	400	3000
循环比	0 ~ 2	0, 0.1, 0.3
蒸汽压力, bar		70, 90, 120
最大蒸汽温度, ℃		475
实验时间, h	>1000	2125
特殊事项		加压操作期间加入/取出催化剂

保罗谢尔研究所:基于 Comflux 项目技术上的成功开发经验,瑞士保罗谢尔研究所(PSI)选择鼓泡流化床反应器作为木制合成天然气工艺链中的甲烷化步骤。在研究过程中发现,除结构简单外,这类反应器还具有转化气化炉煤气特定气体组分的优势。

低气化温度有利于气化过程中甲烷的生成,在干基生物质制合成天然气工艺链中,采用大约 850℃ 的低温气化方式更具有优势。典型外热低温气化合成气中的甲烷干基含量约为 10%。在气化产物中存在一定的甲烷,说明未发生吸热的水蒸气重整反应转化为碳氧化物和氢气,这意味着只需燃烧少量原料就可以供给气化步骤所需的热量。而较少的二氧化碳则必须通过放热的甲烷化步骤进行转化,这反过来降低了化学能含量的损失,进而降低了总化学反应效率或冷气效率(低热值合成天然气的质量流量与低热值木质气化的质量流量之比)的损失。与几乎无甲烷生成的高温气化工艺概念相比,冷气效率提升明显,可以达到 60% ~ 70%，具体数值取决于木材的含水量与热量集成。

然而，合成气中的高甲烷含量通常与乙烷、乙烯、乙炔以及痕量芳香族物质有关，这些物质可能会导致镍基甲烷化催化剂表面出现积炭现象。如 4.1.3.2 节和第 8 章所详细讨论的那样，流化床反应器不仅提供了将水煤气变换和甲烷化集成在一台反应器中的简化方法，而且具有将不饱和烃转化为饱和烃(甲烷和乙烷)的独特性能，同时还可以抑制积炭。反过来又可以显著简化气体净化装置，有别于与固定床甲烷化反应器，流化床不需要除去或转化甲烷化上游的不饱和烃。

与 Comflux 概念不同，装置的进一步简化完全省去了循环气压缩机。气化合成气通常是非化学计量的氢气与一氧化碳的混合物，含有大量能抑制温升的二氧化碳和甲烷，使得循环气压缩机简化具有可行性。此外，氢气与一氧化碳比值在非化学计量时要求注入蒸汽，蒸汽再次发挥了致稳气体的作用。操作条件必须适应转化含高比例 C_2 物质的合成气面临的具体挑战，具体参见 4.1.3.2 节。

使用与图 4.20 所示装置规格相同的实验室规模反应器，对该概念进行了大量的测试研究。在实验室条件下，系统改变操作条件，同时利用轴向移动式采样管获取轴向浓度剖面，以便更好地理解化学反应与流体动力学之间的相互作用，并验证计算模型的有效性[148-150]。此外，在奥地利格兴，利用商用木质气化炉进行的现场侧线试验中，使用了相同规模但压力范围更高的全自动化装置。虽然气体净化是个挑战，尤其是噻吩类含硫物质的脱除，但证明甲烷化单元是非常稳定可靠的，而且随负荷变化具有灵活度[51]。最后经过几次脱硫改进后，成功进行了超过 1000h 的长周期试验[48]。

之后，作为欧盟资助项目"Bio - SNG"(2006—2009 年)的子项目，在瑞士电力生产商的大力支持下，CTU AG(瑞士 Winterthur)在 Repotec(奥地利维也纳)的支持下设计和建造了 1MW 的合成天然气工艺开发装置，这套装置包括完整的气体净化、甲烷化和气体提质处理步骤，生产的合成天然气符合管道输送标准。这套装置建在奥地利格兴的气化炉旁，其试运行获得了来自保罗谢尔研究所和 TU Vienna 的支持，尤其是在分析和工艺诊断方面。这套装置的运行负荷为额定负荷的 30% ~ 100%，并将高达 20% 的气化炉发生气转化为合成天然气(氢气质量，沃布指数为 14.0，高热值为 10.67kW · h/m³)，成功地完成了用于压缩天然气汽车的现场试验[48]。中试试验中最重要的发现是装置对负荷范围和氢气循环的灵活性、近等温操作、不到 30min 的快速启动时间以及可能将合成气中的大部分乙烯转化为有价值的乙烷，提升了合成天然气的低热值水平[151]。

为了巩固已有的经验和进一步降低放大风险，正在进行的研究将继续深化和扩大对工艺的认识。工作的重点是带垂直内部构件的鼓泡流化床流体动力学、催化剂失活、副反应动力学、气体净化和建模与模拟。此外，模拟与实验室研究表明，反应器概念具有结合电能转气的应用将二氧化碳和氢气转化为甲烷的能力，将采用(动态)中试装置对其进行测试。

与此同时，法国的 GAYA 项目针对的是 20 ~ 80MW 规模的木质纤维素生物质制合成天然气，认为外热双流化床气化和流化床甲烷化是一项很有前途的技术组合[152,153]。

中国的发展近况：如 4.2.1.2 节所述，出于对清洁煤炭技术的需要，中国是目前最大也是增长最快的合成天然气生产市场。除建设基于最先进的绝热式固定床甲烷化煤制合成天然气装置(参见 4.2.1 节)外,也在国内开展了固定床和流化床甲烷化研究,已经有中试与示范装置[109]。近期发表的一些文章是关于实验室规模流化床甲烷化反应的研究[154,155],并且在一篇综述[109]中提到了流化床技术的优点,尤其是在防止积炭和焦炭沉积方面具有优势。

鼓泡塔:将液相引入流化床甲烷化反应器有几个优点。液相密度大,可作为一种强控温介质,能有效抑制任何局部热点的形成,并可用作储热库,以保证需要频繁启动和关闭时,反应器的温度高于“起活”温度,例如用于电能转气。而且液体中的上升气泡会诱发强混合模式,提高了整个反应器的散热能力和向浸入式换热器表面的传热能力。并且由于仅有小的催化剂颗粒才能悬浮在气液混合物中,颗粒内的扩散限制也许并不显著。

这类反应器通常也面临一些挑战。固定床反应器内的催化剂藏量为 50% ~ 60%(体积分数),鼓泡流化床气固反应器内也很容易达到 40%(体积分数),尽管鼓泡塔在技术上可能达到 40%(体积分数),但实际数值通常比较低。在催化剂藏量非常低的情况下,催化剂的有效质量及其本征反应速率受限;然而,当催化剂藏量较高时,催化剂颗粒被液体包围,气体必须先溶入液体,然后再扩散至催化剂表面,气液传质则会受到一定限制(图 4.21)。此外,固体含量高可能会增加气泡的聚结,为了增大气体的溶解度,通常会采取加压手段。

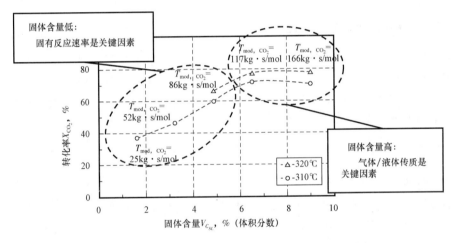

图 4.21　电能转气催化剂浓度对 CO_2 转化率的影响(20bar,310 ~ 320℃,粒径不大于 100μm)[157]

另一个挑战是合适液相的选择,所选择的液相需具有如下特性:蒸气压非常低、热稳定性高、化学降解速率低、反应气体溶解度高,既不会与所涉及的物质反应,也不会使催化剂失活。选择高密度、低黏度和低表面张力的液体是有利的,因为气体在其中形成的气泡小、传质速率高[156]。此外,对于典型的气—液—固相系统,如费托反应器,反应物和反应产物呈现内循环模式,据报道其选择性较低。

美国 ChemSystem 公司在 20 世纪 70 年代后期开发了一种催化鼓泡塔反应器(液相甲烷化反应器,简称 LPM),将来自煤气化炉的合成气转化为合成天然气[158,159]。产物气的主要成分是甲烷、二氧化碳,以及一些未转化的氢气、一氧化碳,利用液相分离器进行分离处理,再对其进行分析;液体使用的是矿物油。直到 1981 年,才进行了实验室与中试规模的试验(表 4.8)。鉴于该技术选择有效热管理模式，在动力学非稳态和未满负荷条件下运转时具有一定优势，最近一段时间，研究人员考虑将催化鼓泡塔应用于电能转气时的二氧化碳甲烷化过程[157]。到目前为止，已经完成了实验室规模的实验，反应器直径为 25 ~ 55mm，操作压力为 5 ~ 20bar，操作温度为 230 ~ 320℃ [156,157]。

表 4.8 液相甲烷化反应器及其操作条件

参数	实验装置	PDU	中试装置
反应器直径, cm	2.0	9.2	61.0
反应器高度, m	1.2	2.1	4.5
气体流量, m^3/h(标准状态)	0.85	42.5	425 ~ 1534
催化剂床层深度, m	0.3 ~ 0.9	0.61 ~ 1.8	
催化剂质量, kg			390 ~ 1000
压力, bar	20.7 ~ 69.0		34 ~ 52
温度, ℃	260 ~ 380		315 ~ 360
H_2/CO 化学计量比	1 ~ 10		2.2 ~ 9.5
催化剂粒径, mm	0.79 ~ 4.76		

4.2.3 甲烷化反应器概念比较

表 4.9 就化学反应工程设计、热集成/回收和成本等方面对不同甲烷化反应器设计理念进行了对比。反应器的选择总是会受到原料、采用的气化与气体净化技术、公用事业与商品的可用性及其价格、供应商经验以及表中各因素权重的影响，无法通过简单的比较确定最佳的反应器概念。完善的工程设计总是必不可少的，不同甲烷化反应器的对比分析可以作为工程设计的出发点。

反应器的简单化不仅涉及制造反应器过程中复杂程度(必要的资金成本)，而且还涉及反应器放大时所面临的挑战。

如果使用一台反应器可以达到完全转化的效果，那么必需的单元数量会相应减少，同时反应器、压缩机和换热器的建造成本也会下降，若串联反应器采用间歇与循环冷却方式，则必需的单元数量会进一步增加。

冷却温度水平是评估甲烷化反应器反应热回收效果的重要参数，决定蒸汽参数，进而可决定装置能够达到的发电能力和运营成本与效益。

反应器设计的灵活性涉及多个方面，如非满负荷运转灵活性、动态启动/停车，以及氢气的灵活与动态加注。对于产能大且稳定的煤制合成天然气装置，以上这些问题都不重要，而对于电能转气或多联产概念中的甲烷化装置则非常重要，由于气化炉装置稳定运行，合成气的用途不受限制，既可用来发电(和供热)，也可用来生产合成天然气。

当合成气含有烯烃(乙烯、乙炔)以及装置的产能和经济性不允许在高压下使用低温洗涤器时，允许原料添加烯烃是有利的。这种情况下，若甲烷化单元可以处理不饱和烃，则气体净化和调节步骤可大大简化。

表 4.9 各种甲烷化反应器概念对比

供应商/发明人	鲁奇	TREMP（Topsøe），戴维	Vestas（福斯特惠勒和科莱恩）	Comflux，PSI	ZSW/Etogas	EBI	Agnion	EBI
反应器类型	间歇和循环冷却的绝热固定床	间歇和循环冷却的绝热固定床	间歇和循环冷却的绝热固定床	等温鼓泡硫化反应器	带多点进料和冷却的多段固定床	等温鼓泡床反应器	带部分冷却的多段固定床	带导热性催化剂载体的多段固定床
特点		高催化剂稳定性，低循环速率	以 CO_2 为致稳气体	必须使用耐磨损催化剂		液相必须热稳定性和化学稳定性好，饱和蒸气压低	可以接受烯烃，硫和焦油导致的催化剂缓慢失活	冷却管内为涂覆催化剂的金属蜂窝载体
反应器简化程度	+	+	+	-	-	-	o	o
处理单元少	-	-	-	+	+	o	++	+
高温冷却	+	++	+	-	o	-	o	-
灵活性	o	o	o	++	+	++	o	+
可加入烯烃	-	-	-	++	-	-	+	-
传质充分	+	+	+	+	+	++	+	+
传热效果具好	n.a.	n.a.	n.a.	++	o	++	o	+
对催化剂要求不高	o	-	o	-	o	+	-	o
成熟度	9	9	7~8	7,8	8	4	5	4
商业装置或中试和示范装置	美国大平原，1984 年（>1GW）	中国多套装置，2013 年/2014 年（>1GW）；瑞典 GoBiGas，2014 年（20MW）	中国南京，2013 年/2014 年	德国奥伯豪森，1982 年（20MW）；奥地利居辛，2009 年（1MW）	德国 Werlte，2013 年/2014 年（3.5MW）			

注：++表示有很多资料；+表示有资料；o 表示资料少；-表示无资料；--表示根本没有资料；n. a. 表示不适用。

传质充分和传热性好是选择反应器规格的依据，取决于必要的传质或传热面积，催化剂活性通常不是制约因素。

反应器概念的成熟度采用技术就绪水平(TRL)来表示。这一概念源自美国国家航空航天局，同时也被美国能源部等许多资助机构所采用。TRL 1 表示构想阶段，TRL 9 则表示已建立商用装置。从实验室研究(TRL 1 至 TRL 4，用模型物质进行实验)开始，使用实际原料在实验室进行长期连续实验(TRL 5)，以及使用模型化合物或实际原料的中试装置(TRL 6 或 TRL 7)和示范装置(TRL 8)。表格的底部给出了商用装置或中试装置与示范装置示例，以及试运行年份。

4.3 甲烷化反应器的建模和模拟

在开发用于某些工艺链的化学反应器时，化学反应器的建模与模拟被认为是重要且有用的第二支撑，它是对作为第一支撑的实验研究的补充。尽管只有实际进行中试规模的(中长期)实验才能够证明和验证反应器的性能以及工艺的技术与经济可行性，但模拟与实验研究协同进行可以改善和加快反应器和工艺的开发进程，控制反应器的放大风险。模型的精确程度取决于建模结果所支持的事实或预测。

基于早期的实验室结果，必要时甚至可以使用热力学平衡假设，采用流体动力学、传质和传热的标准或简化假设，开发反应器基础模型。利用基础模型，可以进行敏感性研究，以便了解在什么情况下偏离给定假设条件会使反应器性能显著改变。基于这些研究结果，可以推导出进一步的实验需求，并且将实验工作集中于最敏感参数(如动力学或传热/传质)的研究，以及偏差最严重的操作参数区间。当可以使用几种不同的物理化学现象来解释一个发现时，建模/模拟也用于解释实验结果。这种情况下，模拟中所有的重要现象必须定量描述，这会有助于了解哪一个子过程属于约束条件。

利用这些实验所获得的结果与知识，开发改进的速率控制模型，以便恰当描述反应器中所有重要子过程的速率(如化学反应动力学、传热/传质、流体动力学、相的形成等)。速率控制模型有助于优化操作条件，设计必要的中试规模装置，限制中试试验中测试的操作参数的范围。如果模型在中试规模装置上得到验证，则外推至中试规模以上的风险就会降低，因为速率控制模型能够预测放大期间的限制性或主导性子过程的变化趋势。

获得验证的速率控制模型可以进一步应用于整个工艺链的热经济学优化，不同工艺装置的相关性说明能够对不同的工艺配置进行模拟，包括不同操作条件[162]。利用这些工具，可以计算效率、质量平衡和成本，还可以获得合成天然气生产的帕累托曲线，即成本—效率曲线[163,164]。如果有必要作为替代模型来实现运算时间的最小化，整合甲烷化反应器的速率控制模型可以明显改变热经济学分析与优化结果[165]。

接下来将介绍一些准确确定反应动力学的方法，这对诸如甲烷化这样的高放热性且存在潜在积炭问题的反应是一个挑战。此外，将讨论模拟两种主要甲烷化反应器(固定床和流化床)的情况，包括确定流体动力学和进行模型验证实验的考虑。

4.3.1 如何测量(本征)动力学?

实验确定本征动力学的一个最重要原则是消除物理限制因素，例如传质和传热。只有这样，速率控制模型才能够正确预测放大期间反应器的主导性子过程是否发生了变化。更具体地说，实验人员必须确保测量的温度代表了催化剂床层的温度，并且反应速率不受颗粒内扩散限制、膜扩散限制或某些停留时间效应的制约。例如，尽管可通过计算 Thiele 模数或第二 Damköhler 数，排除潜在的传质限制，但在强放热甲烷化体系中使催化剂维持近等温条件并非易事。此外，某些类型的反应器比其他类型的反应器更容易导致积炭和催化剂活性下降（如由于出现不饱和烃和芳香族物质）。因此，将针对动力学测定详细讨论一些典型的或具有潜力的反应器。

装填催化剂颗粒的管式固定床：正如 4.2 节所讨论的，绝热式固定床反应器通常存在轴向温度分布变化，这实际上会使预测的数据存在偏差。由于温度分布截面的形成本质上与强轴向浓度分布截面有关[166]，除非使用很小的管径和催化剂颗粒，并进行催化剂稀释处理，否则局部可能发生传质限制和偏离活塞流的现象，但这种结果无法通过使用催化剂床的总转化率计算的相关参数（Thiele 模数、Damköhler 数、Peclet 数）检测到。此外，必须排除催化剂床层内已达到热力学平衡这一情况。另外，如果冷却固定床反应器，除轴向外，也可能形成径向温度和浓度分布剖面。因此，具有明显温度分布剖面的实验室固定床反应器上进行的实验也许仅能用于筛选催化剂，但不适合用于动力学数据的测定。筛选催化剂时为了使结果具有可比性，应使用绝热反应器；此外，入口温度、压力、催化剂质量和摩尔流量（重时空速）应始终保持恒定。出口温度应该在下游设第二个热电偶来记录，因为在绝热条件下，它是放热反应催化剂活性的量度。

Berty 型反应器：避免出现浓度与温度梯度的最佳方法是使用 Berty 型反应器（无论是否存在气体循环），这类反应器包括一个催化剂装填篮和实现气相充分混合的叶轮。再者，也可以采用在通过固定催化剂床层时加大循环量的方法[102]。研究人员采用甲烷化模型反应，系统地研究了商用 Berty 反应器的操作参数[167]。有研究者引用了使用 Berty 型反应器获得的有关镍基甲烷化催化剂的许多重要的动力学研究成果[39]，因此 Berty 型反应器被视为标准反应器。尽管如此，该系统仍存在一些限制条件。当作为微分反应器时，要求有相对较低的转化率（通常低于 10%），并且为了避免床层出现过大温度梯度，需要对催化剂床和（或）反应气体进行稀释处理，此外还要求高灵敏的分析方法，否则可能会产生显著的相对误差。

带催化涂层板的通道反应器：前文所述的各种反应器均存在某些限制因素，将微分反应器和积分反应器整合到一个反应器中可以克服这种缺陷。这可以通过在控制径向梯度的同时，适当采集轴向浓度和温度分布数据来实现，也可以通过将催化剂固定在整体式载体或泡沫载体上，并沿孔径通道轴向移动热电偶和气体采样管来实现[168-172]。通道反应器在通道壁面涂覆了催化剂，这种结构也可以满足这些目的。此外，可通过外部供热或移热的方式，使涂覆在通道壁面上的催化剂保持近似等温状态，因此该方法特别适用于动力学数据的测量。在管状结构中，可用反应器中心线上的一个可移动热电偶或几个固定热电偶来测量形成的温度分布截面数据[173]。薄的催化剂涂层可使颗粒内浓度梯度以及传质限制降至最低，必须仔细检查反应器管内层流层的扩散情况来考察外部传质，管内径应在几毫米范围内，由于反应器几何结构简单，外部传质也是比较容易计算的，必须借助于中心线上的可移动采样管来测量浓度分布截面数据。

光学方法可以更好地控制反应条件，可采用红外热敏成像仪来测量催化剂表面温度。扁平通道可用来确定甲烷化和水煤气变换反应的速率（图 4.22）[37,174,175]。图 4.4 给出了一例使用这种反应器测量的浓度分布剖面。通过最小化温度梯度与使用精细化的一维和二维模拟方法，可以消除传质限制和轴向扩散对测定动力学的影响[37]。可以计算每个数据点（从一个轴向测量位置到下一个轴向测量位置的转化）的 Weisz 模数和 Carberry 数（第二 Damköhler 数乘以催化剂有效因子），来分别控制颗粒的内外扩散限制。通过这种方式和红外摄像机进行温度测量，可以选择无传质限制的（近）等温数据点来确定动力学参数[37]。虽然为了说明单位长度催化剂质量的微小变化，必须在实验后测定催化剂涂层厚度剖面，但该反应器概念用于像甲烷化这样的放热反应时，结合了微分和积分反应器的优点。

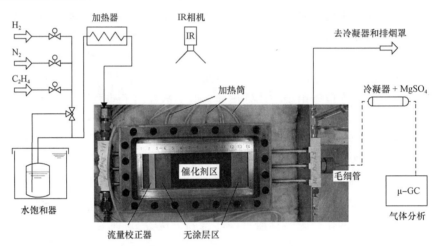

图 4.22　甲烷化动力学测量实验装置
催化涂层板，测量温度的红外相机和测量浓度分布剖面的石英窗和轴向可移动采样管

略高于最小流化状态的流化床：如图 4.4 所示，带催化涂覆板的通道反应器用以研究乙烯加氢反应网络。由于催化剂存在慢失活现象，观察到反应热点（3～4K 的温度峰值）在 5h 内轴向移动了 20mm，因此它不能用于动力学测定。从 4.1 节的讨论可知，催化剂慢失活主要是由于形成碳化镍和（或）无定形碳。因此，为了确保催化剂具有足够的稳定性，固定床反应器不适用于对乙烯进行动力学实验。研究证明，流化床可以有效抑制积炭引起的催化剂失活现象（参见 4.1 节），并且可以实现出色的温度控制。但是流化床中形成的"气泡"可能会限制传质，尤其是存在 Geldart B 颗粒的情况下，必须充分考虑传质问题。

研究人员利用精细惰性颗粒的强热传导性能优势，将大颗粒催化剂与惰性材料结合在同一床层中进行流化[176]。最近的一项研究采用了一种测量动力学实验的轴向温度和浓度剖面的方法系统地探讨了微流化床反应器的潜力[177]。对于鼓泡流化床来说，一方面需要强热传导性能材料和催化剂颗粒之间形成良好混合，这可以通过加速气泡运动得到改善；另一方面需要通过保持较小的气泡直径来避免反应物进入后影响传质，必须在两者之间找到一种优化方案。研究人员[177]通过在恒定空速下改变流化数（所施加的气体线速度与流化所需的最小速度之比)来寻找低流化数状态下消除热点和传质限制的工艺条件。研究证实，微流化床反应器床层深度仅有几厘米，其中形成的气泡尺寸足够小，不足以对传质和反应速率造成影响。因此，如果仔细进行实验，略高于最小流化态的微流化床可以看作用于测定可能存在积炭的放热反应动力学的优选方案。

4.3.2 固定床反应器建模

当反应动力学数据已知或已经明确后，下一步的工作是确定建立能够恰当反映流体动力学的速率控制反应器模型的相关假设，如传热和传质。模型的精细化程度取决于预测的精度和建模/模拟的目的。

针对不同设计选项和操作条件之间的相关对比，可以进行合理简化。如果某些确定的数值是重要的考量因素，例如预算成本会决定最终反应器规格，实验数据需要作为模型验证的输入条件，此时必然需要了解更多细节，也需要更复杂的模型。然而，越复杂的模型通常会包含更多的参数(如传质系数)，如果针对这些参数的数据库质量不高，则可能会限制复杂模型的使用。因此，必须强制性要求通过对应用参数数值的敏感性分析和反应器工程设计参数(如 Thiele 模量等)的计算来评估模型预测结果的可靠性。

固定床甲烷化反应器有一些合理的简化假设，可以参考 Levenspiel[178]、Froment – Bischoff[179] 或 Baerns – Hoffmann – Renken[180] 的教科书。如果反应器内径等于或大于颗粒直径的 10 倍，催化剂床层深度又等于或大于反应器内径的 10 倍，则可以假设流体状态为活塞流，分布不均现象可以忽略不计。

对于绝热式固定床反应器，例如煤制合成天然气工艺中使用的先进的甲烷化反应器，因为无管壁冷却时不存在径向浓度或温度梯度，一维模型完全能够满足要求。对于采用冷却固定床反应器(参见第 7 章)的电能转气装置，则必须在假定所有传热阻力位于反应管内壁的简单的一维模型与可以描述引入床层径向导热性和管壁传热系数的复杂二维模型之间做出选择。此外，在所有情况下，必须考虑对外部传质(导致颗粒有效因数低于 1)和颗粒内部梯度是进行完整的描述，还是合理的舍弃。

基于动力学数据，使用一维模型来模拟将生物质气化得到的合成气转化为合成天然气的绝热式固定床甲烷化反应器，并根据所采用的商用催化剂实验性能对模型进行了调整[181,182]。他们的模型正确预测了达到热力学平衡时的温度水平，但是如 TREMP 反应器中观察到的(图 4.15)，模型对放热甲烷化飞温期间的温度梯度预测值偏高。作者发现非均相模型和准均相模型之间存在一定偏差，在他们建立的非均相模型中，放热的甲烷化反应速率大于吸热的可逆水煤气变换反应速率，导致出现 1cm 长的局部热点(约 150K)。但是由于模型没有考虑轴向热扩散(如通过辐射和固体传导)或质量扩散，以及这种反应器的温度剖面(图 4.15)没有反映出任何热点的存在，这种偏差的重要性仍然值得商榷。因此，作者使用准均相模型进一步开展了对催化剂有效因数和反应器入口处 CO_2/CO 值的敏感性分析。根据模型预测结果，二氧化碳的加入对反应有利，它能抑制温升，并抑制甲烷化过程中的水煤气变换反应，降低被水蒸气转化为二氧化碳的一氧化碳的量。

建立同样的模型，进行冷却式列管固定床反应器的敏感性分析，使用 19mm 的小管径反应管,用于电能转气的二氧化碳甲烷化[91]。这项工作中,他们研究了高径向传热性能的结构化催化剂载体的应用对反应的影响[93],采用多点进料或转化沼气来控制反应器温升。该模型增加了传热项,固定床反应器的质量和能量平衡方程如下所示:

$$\frac{\mathrm{d}n_i}{\mathrm{d}z} = \nu_{ij}r_j A_{横截}\rho_{催化剂} \tag{4.12}$$

$$Gc_p\frac{\mathrm{d}T}{\mathrm{d}z} = \sum_j r_j\Delta H_{R,j}\rho_{cat} + \frac{4U}{d_i}(T_{管壁} - T) \tag{4.13}$$

式中,$A_{横截}$是反应器的横截面积;$\rho_{催化剂}$是催化剂密度;G是单位横截面的质量流量;c_p是比热容;U是总传热系数;$T_{管壁}$是冷却管壁温度。

初始条件是:$X_{(z=0)}=0.0$,$T_{(z=0)}=T_0$。每一步中,根据针对结构化催化剂载体[92]和颗粒床层[183]确定的相关式,并基于真实气体组分来计算总传热系数 U。

图4.23给出了基于简化的准均相一维模型获得的反应器温度和浓度分布剖面。可以看出,如果反应器足够长来达到冷却的目的,则二氧化碳转化率几乎为100%,且一氧化碳的含量可忽略不计。这表明由于反应遵循热力学平衡,转化率受反应温度决定,反应器的传热性能直接决定了所需反应器的大小。作者从敏感性分析中进一步得出结论:如果不添加甲烷(如通过沼气的转化)等致稳气体或采用多个冷却区,放热甲烷化产生的局部热量容易超过固定床反应器的(局部限制)冷却能力,温度控制将是一个挑战。

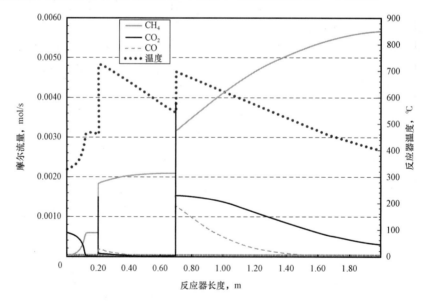

图4.23 25mm 管径反应管的摩尔流量(实线和虚线)和反应器温度(点划线)分布
压力为10bar,入口温度为280℃,冷却温度为340℃,H_2与CO_2化学计量比为4.1:1,
入口添加10% CO_2,20cm 处加入25% CO_2,70cm 处加入余下65% CO_2

对二氧化碳甲烷化的冷却式列管固定床反应器建模进行深入研究,将一维与二维模型和准均相与非均相模型进行对比[122]。基于原始动力学数据[182],针对不同反应器管径的冷却温度进行了研究,同时研究了在相应温度下因冷却效果不足导致飞温的情况,如

图 4.17 所示。为了降低冷却温度，二维模型将预测的"启动"温度移动了 5 ~ 10K，这是由于径向温度梯度引起的早期热点导致的。假设颗粒粒径为 5mm，孔径为 20nm，非均相模型预测气相与颗粒之间的温差高达 20K，但由于传质性能受限，也明显改变了"启动"温度（增加 20K），由此降低了飞温期间的催化剂有效因数。然而，假设非均相模型中的孔径为 50nm 时，得出的结论是非均相模型的预测结果类似于准均相模型的预测结果。概括而言，研究证实使用简化的准均相一维模型来进行敏感性分析是合理的。此外，为了确定和准确了解温度失控的起始点和由此产生的最高温度，非均相二维模型是必要的，但由于实际系统传质和传热参数的不确定性，还需要使用实际数据进行验证。

模型验证：根据文献研究成果，可以认为固定床甲烷化反应器内存在三个区域。

诱导区：转化和放热缓慢进行，直至温度足够高到引发飞温。

第二区：飞温发生的区域，温度升高直至反应器内一小段长度达到热力学平衡状态。此区域内传质是限制因素，如果进行冷却，由于局部冷却表面小，冷却几乎无效果。

第三区：位于温度峰值的下游，反应受到平衡限制，而平衡又取决于温度高低。

反应器的第三区以及这种冷却式固定床反应器的长度完全受传热性能的制约。

基于这些考虑，使用精细化速率控制模型来预测反应器性能、最高温度（作为催化剂稳定性的边界条件）在反应器设计中是非常必要的，模型应该能够正确模拟飞温起始点的轴向位置、温度峰值高低以及出口温度和转化率。对于只有传质主导的第二区和只有传热限制的第三区（当反应存在平衡限制时），测量中试规模装置的反应器轴向温度分布剖面与出口浓度就足够了。这种情况下转化和放热之间存在内在联系，因此可以使用这些数据来进行模型验证。

应该注意，如图 4.15 所示，确定绝热式固定床反应器尺寸时，应该考虑补偿催化剂缓慢失活所需的催化剂装填量，而不仅是达到平衡转化所需的催化剂量。因此，在模型设计时，如果仅使用完全活性催化剂性能当作实际转化率设计反应器，忽略催化剂失活现象，必然会低估所必需的反应器尺寸。

4.3.3　等温流化床反应器建模

与固定床反应器相反，流化床反应器的温度分布剖面并不重要，因为与固定床相比，如果床层的高径比、内部换热面积和流化程度选择恰当，流化床上只能观察到较小的温度梯度（图 4.20，见 4.2 节）[146]。使用高活性催化剂 100 ~ 200g[149] 进行实验室规模的实验，在靠近分布板位置观察到温差高达 100K 的热点，但重新仔细评估这些实验，控制实验条件，结果表明观察到的热点是由移动采样管人为引起的，它导致催化剂颗粒无法移动，在局部位置形成了近似固定床结构[165]。

当气体流速超过悬浮颗粒所需的最小气体流速时会形成空隙（也称为"气泡"），这是流化床建模的主要挑战。这些空隙的上升不受催化剂周围的气流影响，空隙与催化剂颗粒一起形成所谓的密相。因为空隙内没有或仅有少量的催化剂颗粒，所以空隙内的气体分子必须在催化剂颗粒表面发生反应前就转移至密相。这种传质形式是一种重要的阻力因素，在放大过程中必须正确描述，避免高估传质性能或未预料到的反应物突进现象。以此为基础，开发出了所谓的两相模型[184,185]，可将这种方法应用于流化床甲烷化反应器[186,187]，利用动力学数据，提出改进方法[37,150]。

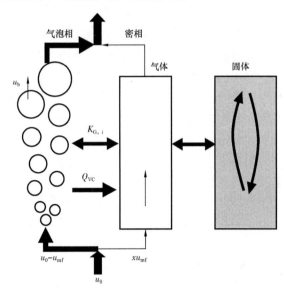

图 4.24　模拟流化床甲烷化反应器的两相模型

图 4.24 所示的模型基于如下假设：

（1）气泡中不存在固体，无反应发生。

（2）气泡相与密相为活塞流。

（3）借助于文献数据推导得到气泡直径和其他流体动力学的相关关系（滞留量、气泡上升速度和传质 $K_{G,i}$）。

（4）密相处于最小流化状态 u_{mf}，且体积流量恒定。

（5）考虑到甲烷化反应过程中的体积收缩现象，因此包含气泡相到密相的附加传质 Q_{vc}。

（6）甲烷化和水煤气变换的动力学来自独立的实验结果。

以此为基础，得到如下平衡方程[150]：

$$0 = -\frac{dn_{b,i}}{dh} - K_{G,i}aA(c_{b,j} - c_{e,i}) - N_{vc}x_{b,i} \tag{4.14}$$

$$0 = -\frac{dn_{b,i}}{dh} + K_{G,i}aA(c_{b,j} - c_{e,i}) + N_{vc}x_{b,i} + (1 - \varepsilon_b)(1 - \varepsilon_{mf}) \cdot \rho_p AR_i \tag{4.15}$$

式中，a 是比传质面积；A 是反应器横截面积；$K_{G,i}$ 是传质系数；$x_{b,i}$ 是气泡相中的摩尔分数；ρ_p 是颗粒密度；$(1 - \varepsilon_b)$ 是密相体积分数；$(1 - \varepsilon_{mf})$ 是颗粒体积分数。

气泡相至密相的总体积流量 N_{vc}（补偿反应导致的体积收缩）表示因密相内的反应与传质导致的物质的量损失之和：

$$N_{vc} = \frac{n_{vc}}{dh} = \sum_i K_{G,i}aA(c_{b,i} - c_{e,i}) + (1 - \varepsilon_b)(1 - \varepsilon_{mf})\rho_p A \sum_i R_i \tag{4.16}$$

在 $h = 0$（入口）处的边界条件：

$$n_{b,i}\big|_{h=0} = n_{b,i,\text{feed}} \tag{4.17}$$

$$n_{e,i}\big|_{h=0} = n_{e,i,\text{feed}} \tag{4.18}$$

通常情况下，传质与气泡相和密相之间的浓度差呈线性关系，为了正确描述传质过程，必须知道气泡的滞留量、大小和上升速度与上述所有参数的关系，以及在流化床放大时所需遵循的规则，文献资料中存在大量的流体力学相关式，例如 Grace、Werther、Horio、Darton、Rowe、Mori 及其同事的文章。为了使模型简化，从实验数据中推导出的这些相关式，通常使用了如下假设：（1）流化床特定位置的所有气泡直径相同；（2）气泡的生长通过径向聚结来完成；（3）气泡直径越大，上升速度越快；（4）所有气泡都是球形的。

另外，可以应用 CFD 技术来构建流化床甲烷化反应器模型。利用甲烷化与水煤气变换动力学和2mm蜂窝栅格[37,188]，借助欧拉—欧拉双流体模型成功模拟了等温流化床反应器（内径52mm）。通过这个模型，作者成功地预测了同直径的反应器中床层深度与出口浓度的关系，与Kopyscinski等[149]测量结果一致。如前文所介绍的，在这些实验中，由于低位气体采样管与分布板之间存在相互影响，采样管测定的轴向气体浓度存在偏差，导致反应器的入口区域无法准确预测。

CFD模型的预测值涉及的流态必须要通过层析成像测量和（或）流体动力学相关式来验证，宏观两相模型的预测值取决于基本假设条件和流体动力学相关式的质量。

遗憾的是，流化床甲烷化反应器建模时，这些关联公式的应用受到几个方面的限制。虽然大多数相关式由自由鼓泡流化床确定，但等温甲烷反应器包含密集排列的垂直换热器管。冷流模型的压力波动测量结果表明[189]，有这些垂直管时，气泡的生长速度下降，同时可以观察到更平滑的流化状态。光学探头测量结果表明，气泡实际的平均刺入弦长和上升速度随床层深度增加而增加，这种分布从气泡直径和气泡上升速度上可以反映出来（图4.25）。进一步还观察到，两者都取决于冷却管束的直径与管间距离，与冷却管的排列形式（矩形和三角形）无关[189]。必须注意，为了正确预测反应物突进现象，进而预测反应器性能，流体力学关联公式仅采用平均值也许是不够的，必须考虑其分布情况，因为最快和（或）最大的气泡（而非平均化气泡）出现反应物突进的可能性最高。

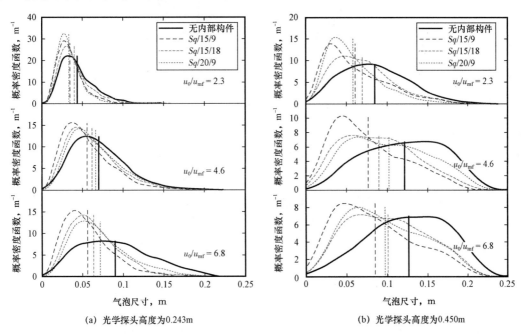

(a) 光学探头高度为0.243m　　　　　(b) 光学探头高度为0.450m

图4.25　通过光学探针测量气泡刺入弦长分布的核平滑密度

列管排布结构，$Sq/15/9$表示管径15mm，管间距9mm；$Sq/15/18$，
管间距较宽；$Sq/20/9$，管径较大，且无内部构件

应用X射线层析成像和后期的图像重建技术进行冷流模型的研究，最新研究结果表明，垂直管束之间的气泡不是球形，而是明显被拉长，并且由于径向移动受到限制，气泡似乎采取了垂直聚结生长方式[190]（图4.26）。此外，也观察到在不同高度都存在快速移动

的小气泡与缓慢移动的大气泡共存的现象，尽管平均值遵循经典假设，即随着高度的增加，气泡增大，上升速度加快。如此一来，在一定压力范围内，测量带垂直内部构件的中试规模装置的流体动力学参数显得尤为必要，通过引入两相模型的相关数据可以推导出具有代表性的关联公式。为了理解甲烷化过程中体积收缩的影响，人们对在反应进行过程中重复进行动力学测定很感兴趣，这样就要求所使用的测量仪器能承受反应操作条件。

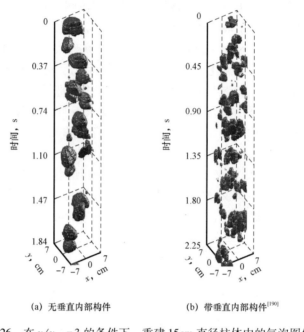

(a) 无垂直内部构件   (b) 带垂直内部构件[190]

图 4.26   在 $u/u_{mf}=3$ 的条件下，重建 15cm 直径柱体中的气泡图像

局部放大：带垂直内部构件的鼓泡流化床具有一个有趣的特征，即如果在中试规模实验阶段确定了流体动力学关联公式，则它们可以由一维模型来表示。原因在于它不同于无内部构件的自由鼓泡流化床，位于几个管排之间的垂直内部构件形成一个局部环境，这一局部环境决定了独立于总反应器直径的流体动力学状态。这样 Glicksmann 的经典放大标准就可以适用了（雷诺数、弗劳德数、气固密度比、床层几何尺寸比、颗粒粒径与床层直径之比、颗粒圆整度和颗粒尺寸分布）[191]，一般可以用水力直径来代表反应器直径：

$$\frac{u_0 \rho_g D}{\eta}, \; \frac{u_0^2}{gD}, \; \frac{\rho_g}{\rho_p}, \; \frac{D}{H}, \; \frac{d_p}{D}, \; \phi, \; psd$$

这可以通过冷流实验结果与位于居辛县的中试规模装置的压力波动数据[192]对比进行说明。另外，针对不同规格和不同垂直内部构件数量（但管子的排列相同）的流化床反应器，其光学探针测量结果表明：应该设计至少两排管围绕测量位置，这样可以忽略外壁效应，获得类似的流体动力学性质[193]。

模型验证：流化床反应器的主要优点是具有极好的传热性能，能够实现近等温条件操作。因此，截面温度分布不能用来验证模型的有效性，但多个轴向位置的温度分布截面的测量还是有必要的。如果垂直冷却管均匀分布，不会形成优先路径，则无径向梯度的假设就是合理的。然而，由于冷却热油沿冷却管的一条支路向下泵入，再沿冷却管的另一条支路向上流动，因此可以预料到会在轴向略微偏离等温状态。这意味着在催化剂颗粒附近，存在无法忽略的轴向温度梯度，在几米的长度上可能达到数十度梯度差。这些情况导致床层温度的准确预测极具挑战性，并且计算流体动力学方法必须考虑到局部湍流。因此，要么将微小的轴向床层温度梯度作为模型输入参数，要么采用平均温度的假设。

浓度和流量是用来验证模型有效性的主要信息，希望获得正确的轴向浓度分布截面。但是由于泡沫次生相的形成，使其结果存在不确定性。当处于催化剂床上方的自由空域时，气流中含有来自气泡相与密相的气体，但却无法确定何时能采集到气泡，以及何时采集的气体来自密相。这种效应的影响可以从两个方面来评估：首先，模型应该对气泡相与密相的浓度可能出现显著差异的轴向位置给出一个标示；其次，利用气泡滞留量来表示样品来自气泡相的概率。但仍然需要注意的是，由于床层中部气泡存在上升趋势，局部气泡滞留量的径向分布降低了第二种方法估算样品气中来自气泡相与密相之比的准确性。

为了进行可靠的模型验证，过滤器上游的自由空域浓度是重要的实验参数，需要模型能够准确预测，应对这一实验值进行仔细的测量，例如使用惯性过滤器。床层内采样气体的浓度应介于气泡相与密相的预测值之间。

使用采样管在不同的轴向位置进行测量能够及早检测到催化剂的缓慢失活现象，具有一定的优势。通常情况下，催化剂的滞留量太大，以至于在反应器出口之前就达到了热力学平衡状态。因此，在床层内的测量位置会监测到进入自由空域之前缓慢移动的反应前沿状态。当靠近催化剂颗粒测量时，尤其是当采用很高的、非等速的吸入速度时，应尽量避免采样管尖端或采样管与分布板之间的催化剂颗粒处于静止状态。这两种情况下都会形成一个局部固定床，进而形成局部热点，使浓度测量值缺乏代表性。比较好的解决办法是每次在进行下一次测量之前，都对采样管线进行反冲洗。

流化床的另一个优点是可以在操作期间进行催化剂样品采集，采样时甚至可以避免催化剂接触空气[77]，这可以用来验证积炭滞留量或硫中毒程度，从而预测模型的有效性。

4.4 结论与待研究问题

20 世纪 30 年代，研究人员首次将一氧化碳甲烷化作为一项技术工艺加以考虑[194]，并将其用于城市煤气的脱毒处理，碳氧化物制合成天然气经历了几个发展阶段。在 20 世纪 60 年代欧洲开始使用天然气之前，城市煤气脱毒处理是一项重要的研究课题，目的是将引发致命事故和用以自杀的高浓度一氧化碳进行转化。但最终解决这一问题采取的手段是大规模进行水煤气变换反应，而不是甲烷化过程。

后来，潜在的天然气短缺问题和煤炭储量的有效利用引起了人们的关注，尤其是 20 世纪 70 年代的石油危机加剧了这一点。美国、英国和德国开始进行重要的研究工作，开发有效的煤制合成大然气工艺。当时就已经获得了大量的与甲烷化有关的知识，是当前研究工作发展的基础。除催化剂、动力学、反应机理和失活现象外，人们研究了几乎所有可能的反应器类型，以此来寻找在成本、热量管理、催化剂稳定性和能量效率之间的最佳优化方案，包括绝热式固定床、等温鼓泡塔和流化床等。大量的概念设计已经发展到中试规模甚至工业示范，验证工艺过程的不确定性因素，寻找最佳解决方案。

一旦开发出高温稳定催化剂，可以通过增加高压蒸汽来形成经济协同效应，有利于将绝热式固定床反应器应用于大型煤制合成天然气装置。它们的产能超过 1GW，甚至在装置中采用昂贵的气体净化技术（如 Rectisol）也仍具有经济性。1984 年，串联绝热式固定床甲烷化反应器在北达科他州大平原应用于第一套大型煤制合成天然气装置，21 世纪的前十年，恰好在页岩气开发出现之前，美国计划实施多项煤制合成天然气项目。因此，这种反应器概念被视为最先进的和完全具备商用价值的技术，最近中国的几个大型合成天然气装置也使用该项技术，中国国内煤炭资源的清洁利用支持通过气化处理将其转化为清洁能源载体和化学品。

由于生物质被认为是碳中性的资源，在过去的 15 年中，欧洲开展生物质有效利用的相关研究越来越多，这也引发了通过气化和接下来的甲烷化处理将木质纤维素生物质转化成合成天然气的研究工作。由于受生物质运输物流的制约，木材制合成天然气装置的处理能力小于煤制合成天然气装置，因此最先进的气体净化技术也不再具有成本效益。此外，由于采用完全不同的能量集成方式，产生最高压力水平蒸汽的重要性也随之下降。因此，将气体净化和甲烷化步骤结合的新技术应运而生（见本书的其他章节）。一些研究团队将其重点放在相对简单的最先进的固定床甲烷化反应器和气体净化专有技术的开发上，但转化不饱和烃的净化技术相对复杂。其他研究团队的目标是简化气体净化步骤，降低成本和提高效率。因此，他们测试了新的甲烷化反应器类型，并希望其具有更大的可靠性和灵活性。

灵活性，目前即动态启动/关闭和非满载运行，对于提高甲烷化在电能转气中的最新应用潜力非常重要。依赖于制氢速率和储存设计的影响，甲烷化反应器所面临的新的重大挑战也在不断变化。

尽管只有很少的开放性研究问题，但是在煤制合成天然气领域的公司却具有丰富的经验，在生物质制合成天然气工艺电能转气的应用方面，重要的问题尚未完全解决，应通过反应器的模拟/建模与中试/示范规模的实验来启动具体的研究项目。

目前为止，针对使用串联固定床甲烷化反应器的生物质制合成天然气工艺，气体净化技术组合性能方面可借鉴的经验有限。能否通过有效（在成本和能量损失方面）转化生物质气化合成气中的不饱和烃来确保敏感的甲烷化催化剂拥有足够长的使用寿命仍是个问题。

同样，在有效去除有机硫物质方面，木材制合成天然气工艺缺少气体净化组合技术的长周期运转经验（通常需要数千小时）。还需要进行技术优选，低温洗涤装置或带催化转换过程的高温煤气净化，或者将两种技术结合使用。开发设计性能更可靠的甲烷化反应器和催化剂来预防硫中毒和积炭，并以此来实现简化气体净化步骤的目的。

虽然基本解决了使用颗粒床的绝热式固定床反应器的放大和模拟问题，但是合适的冷却固定床反应器和带导热催化剂载体的甲烷化反应器的传热模型仍未建立，也缺乏中试规模的实验数据来进行模型验证。

对于鼓泡塔和流化床反应器也是如此，尽管过去对中试甚至示范规模装置的试验结果都进行了验证，但实现这类反应器的放大过程，仍需给出详细的速率模型和使用中试规模数据进行的模型验证结果。能否开发出可靠的能消除放大风险的模拟工具，从而解决准确预测流体动力学所面临的挑战仍是个问题。

对于电能转气应用,难以避免会存在频繁启动停车现象和有效的非满负荷运行情况。此外,讨论了将氢气转化为甲烷用于储存的各种碳氧化物来源:从大气和工业烟道气中提取的纯二氧化碳的转化,发酵的沼气直接甲烷化,向木材气化的合成气中灵活添加氢气。

采用哪一类反应器概念设计可实现稳定条件下的最佳热量管理,并在防止催化剂因积炭或因温度频繁变化产生的烧结而失活方面的性能最佳?电能转气和生物质制合成天然气工艺之间能否实现协同作用?某些反应器概念是否在这方面具有特殊优势?

由于对甲烷化反应器要求广泛多变,可以预见在解决这些问题后,没有一个反应器概念会在所有应用中都能占据绝对优势。相反,将会有许多特殊用途的技术解决方案,至少包括绝热式固定床、冷却固定床以及流化床甲烷化反应器等。

4.5 符号列表

本章所涉及的变量符号的含义及其单位见表4.10。

表4.10 第4章所涉及的变量符号的含义及其单位

变量符号	单位	含义
A	m^2	反应器截面积
a	m^2/m^3	比传质面积
c_i	mol/m^3	组分 i 的浓度
$c_{p,i}$	$kJ/(K \cdot mol)$	比热容
D	m	反应器直径
d_i	m	反应器管内径
d_p	m	粒径
G	$kg/(m^2 \cdot s)$	质量通量($u_0\rho_G$)
g	m/s^2	重力加速度(9.80665)
h, H	m	高度或与气体分配器的距离
$K_{G,i}$	m/s	组分 i 的传质系数
N_{vc}	$mol/(s \cdot m)$	从气泡相进入密相的总体积流量
n_i	mol/s	组分 i 的摩尔流量
p_i	bar 或 Pa	组分 i 的分压
psd	—	粒径分布
R	$J/(mol \cdot K)$	气体常数(8.314)
r_j	$mol/(kg \cdot s)$	反应器1,2的反应速率(甲烷化与水煤气变换)
R_i	$mol/(kg \cdot s)$	组分 i 的生成或消失速度
T	K 或 ℃	温度
u_0	m/s	空反应管的表观气体流速
u_{mf}	m/s	空反应管的最小流化气体流速

续表

变量符号	单位	含义
U	W/(m·K)	总传热系数
x_i	—	组分 i 的摩尔分数
X_i	—	组分 i 的转化率
z	m	反应器管长
希腊符号		
ΔH_R	kJ/mol	反应热
ε	—	孔隙度
η	Pa·s	气体黏度
v_{ij}	—	反应 j 中组分 i 的化学计量因子
ρ	kg/m³	密度
Φ	—	催化剂颗粒的圆度
下标和上标		
B		气泡相
Cat		催化剂
E		乳液或密相
G		气体
i		组分 i
j		反应 j
mf		最小流化条件
p		颗粒物
ref		参比
tot		合计

参 考 文 献

[1] Deutscher Verein des Gas – und Wasserfachs(DVGW). Arbeitsblatt G260Gasbeschaffenheit Bonn, Germany, 2013.

[2] Schweizerischer Verein des Gas – und Wasserfachs(SVGW). Arbeitsblatt G13d, Richtlinien für die Einspeisung von Biogas, Zürich, Switzerland, 2008.

[3] Dufour A, Masson E, Girods P, Rogaume Y, Zoulalian A. Evolution of Aromatic Tar Composition in Relation to Methane and Ethylene from Biomass Pyrolysis – Gasification. Energy Fuels 25：4182 –4189；2011.

[4] Sabatier P, Senderens JB. New methane synthesis. Academy of Sciences 314：514 –516；1902.

[5] Rönkkönen EH. Catalytic clean – up of biomass derived gasification gas with zirconia based catalysts. Dissertation, Aalto University, Finland, 2014.

[6] Rabou LPLM, Bos L. High efficiency production of substitute natural gas from biomass. Applied Catalysis B：Environmental 111/112：456 –460；201.

[7] Specht M, Baumgart F, Feigl B, Frick V, Stürmer B, Zuberbühler U, Sterner M, Waldstein G. Storing

bioenergy and renewable electricity in the natural gas grid. FVEE AEE Topics 2009：12 - 19；2009.

[8] Anon. DIPPR Project 801 database. Design Institute for Physical Properties，2012.

[9] Outotec. HSC 7.0，Outotec OyJ，Espoo，Finland，2010..

[10] Eckle S，Denkwitz Y，Behm RJ. Activity，selectivity，and adsorbed reaction intermediates/reaction side products in the selective methanation of | CO | in reformate gases on supported Ru catalysts. Journal of Catalysis 269(2)：255 - 268；2010.

[11] Ross JRH. Metal catalysed methanation and steam reforming. In：Bond GC，Webb G（eds）Catalysis，vol. 7. Royal Society of Chemistry. pp. 1 - 45；1985.

[12] Kopyscinski J. Production of synthetic natural gas in a fluidized bed reactor - Understanding the hydrodynamic，mass transfer，and kinetic effects. Dissertation，ETH Zürich，Nr18800，2009.

[13] Klose J. Reaktionskinetische Untersuchungen zur Methanisierung von Kohlenmonoxid. Dissertation，Ruhr - Universität Bochum，1982.

[14] van Meerten RZC，Vollenbroek JG，de Croon MHJM，van Nisselrooy PFMT，Coenen JWE. The kinetics and mechanism of the methanation of carbon monoxide on a nickel - silica catalyst. Applied Catalysis 3(1)：29 - 56；1982.

[15] Schoubye P. Methanation of CO on some Ni catalysts. Journal of Catalysis 14(3)：238 - 246；1969.

[16] Schoubye P. Methanation of CO on a Ni catalyst. Journal of Catalysis 18(2)：118 - 119；197.

[17] William W Akers，Robert R White. Kinetics of Methane Synthesis. Chemical Engineering Progress 44(7)：553 - 566；1948.

[18] Van Herwijnen T，Van Doesburg H，De Jong WA. Kinetics of the methanation of CO and CO on a nickel catalyst. Journal of Catalysis 28(3)：391 - 402；1973.

[19] Ho SV，Harriott P. The kinetics of methanation on nickel catalysts. Journal of Catalysis 64(2)：272 - 283；1980.

[20] Inoue H，Funakoshi M. Kinetics of Methanation of Carbon Monoxide and Carbon Dioxide. Journal of Chemical Engineering Japan 17(3)：602 - 610；1984.

[21] Ibraeva ZA，Nekrasov NV，Yakerson VI，Gudkov BS，Golosman EZ，et al. Kinetics of methanation of carbon monoxide on a nickel catalyst. Kinetics of Catalysis 28(2)：386；1987.

[22] Sughrue EL，Bartholomew CH. Kinetics of carbon monoxide methanation on nickel monolithic catalysts. Applied Catalysis 2(4/5)：239 - 256；1982.

[23] Kai T，Furusaki S. Effect of volume change on conversions in fluidized catalyst beds. Chemical Engineering Science 39(7/8)：1317 - 1319；1984.

[24] Hayes RE，Thomas WJ，Hayes KE. A study of the nickel - catalyzed methanation reaction. Journal of Catalysis 92(2)：312 - 326；1985.

[25] Araki M，Ponēc V. Methanation of carbon monoxide on nickel and nickel - copper alloys. Journal of Catalysis 44(3)：439 - 448；1976.

[26] Ponec V. Some Aspects of the Mechanism of Methanation and Fischer - Tropsch Synthesis. Catal Rev - Sci Eng. 18(1)：151 - 171；1978.

[27] Galuszka J，Chang JR，Amenomiya Y. Disproportionation of carbon monoxide on supported nickel catalysts. Journal of Catalysis 68(1)：172 - 181；1981.

[28] Yadav R，Rinker RG. Step - response kinetics of methanation over a nickel/alumina catalyst. Ind Eng Chem Res. 31(2)：502 - 508；1992.

[29] Marquez - Alvarez C，Martin GA，Mirodatos A. Mechanistic insights in the CO hydrogen nation reaction

over Ni/SiO$_2$. In: Parmaliana A, Sanfilippo D, Frusteri F, Vaccari A, Arena F (eds.), Studies in Surface Science and Catalysis, Elsevier, pp. 155 – 160; 1998.

[30] Otarod M, Ozawa S, Yin F, Chew M, Cheh HY, Happel J. Multiple isotope tracing of methanation over nickel catalyst: Ⅲ. Completion of 13C and D tracing. Journal of Catalysis 84(1): 156 – 169; 1983.

[31] Wentrcek PR, Wood BJ, Wise H. The role of surface carbon in catalytic methanation. Journal of Catalysis 43(1/3): 363 – 366; 1976.

[32] Rabo JA, Risch AP, Poutsma ML. Reactions of carbon monoxide and hydrogen on Co, Ni, Ru, and Pd metals. Journal of Catalysis 53(3): 295 – 311; 1978.

[33] Goodman DW, Kelley RD, Madey TE, Yates JJT. Kinetics of the hydrogenation of CO over a single crystal nickel catalyst. Journal of Catalysis 63(1): 226 – 234; 1980.

[34] Alstrup I. On the kinetics of co methanation on nickel surfaces. Journal of Catalysis 151(1): 216 – 225; 1995.

[35] Inoue H, Funakoshi M. Carbon monoxide methanation in a tubewall reactor. Int Chem Eng. 21(2): 276 – 283; 1981.

[36] Underwood RP, Bennett CO. The CO/H$_2$ reaction over nickel – alumina studied by the transient method. Journal of Catalysis 86(2): 245 – 253; 1984.

[37] Kopyscinski J, Schildhauer TJ, Vogel F, Biollaz SMA, Wokaun A. Applying spatially resolved concentration and temperature measurements in a catalytic plate reactor for the kinetic study of CO methanation. Journal of Catalysis 271(2): 262 – 279; 2010.

[38] Andersson MP, Abild Pedersen F, Remediakis IN, Bligaard T, Jones G, Engbaek J, et al. Structure sensitivity of the methanation reaction: H$_2$ – induced CO dissociation on nickel surfaces. Journal of Catalysis 255(1): 6 – 19; 2008.

[39] Coenen JWE, van Nisselrooy PFMT, de Croon MHJM, van Dooren PFHA, van Meerten RZC. The dynamics of methanation of carbon monoxide on nickel catalysts. Applied Catalysis 25: 1 – 8; 1986.

[40] Vannice MA. The catalytic synthesis of hydrocarbons from H$_2$/CO mixtures over the group Ⅷ metals: Ⅱ. The kinetics of the methanation reaction over supported metals. Journal of Catalysis 37(3): 462 – 473; 1975.

[41] Vlasenko VM, Yuzefovich GE. Mechanism of the Catalytic Hydrogenation of Oxides of Carbon to Methane. Russ Chem Rev 38: 728 – 739; 1969.

[42] Huang CP, Richardson JT. Alkali promotion of nickel catalysts for carbon monoxide methanation. Journal of Catalysis 51(1): 1 – 8; 1978.

[43] Golodets GI. Mechanism and kinetics of CO hydrogenation on metals. Theor Exp Chem 21(5): 525 – 529; 1985.

[44] Sanchez Escribano V, Larrubia Vargas MA, Finocchio E, Busca G. On the mechanisms and the selectivity determining steps in syngas conversion over supported metal catalysts: An IR study. Applied Catalysis A 316 (1): 68 – 74; 2007.

[45] Yang CH, Soong Y, Biloen P. A comparison of nickel – and platinum – catalyzed methanation, utilizing transient – kinetic methods. Journal of Catalysis 94(1): 306 – 309; 1985.

[46] Zarfl J, Ferri D, Schildhauer TJ, Wambach J, Wokaun A. DRIFTS study of a commercial Ni/Al$_2$O$_3$ CO methanation catalyst. Applied Catalysis A 324: 8 – 14; 2015.

[47] Czekaj I, Loviat F, Raimondi F, Wambach J, Biollaz S, Wokaun A. Characterization of surface processes at the Ni – based catalyst during the methanation of biomass – derived synthesis gas: X – ray photoelectron spectroscopy(XPS). Appl Catal A 329: 68 – 78; 2007.

［48］Kopyscinski J，Schildhauer TJ，Biollaz SMA. Production of synthetic natural gas（SNG）from coal and dry biomass – A technology review from 1950 to 2009. Fuel 89（8）：1763 – 1783；2010.

［49］Rhyner U. Reactive Hot Gas Filter for Biomass Gasification. Dissertation，ETH Zürich，Nr. 21102，2013.

［50］Kaufman Rechulski MD. Catalysts for High Temperature Gas Cleaning in the Production of Synthetic Natural Gas from Biomass. Dissertation，EPF Lausanne，Nr. 5484，2012.

［51］Seemann MC，Schildhauer TJ，Biollaz SMA. Fluidized bed methanation of wood – derived producer gas for the production of synthetic natural gas. Ind Eng Chem Res 49（15）：7034 – 7038；2010.

［52］Kopyscinski J，Seemann MC，Moergeli R，Biollaz SMA，Schildhauer TJ. Synthetic natural gas from wood：Reactions of ethylene in fluidised bed methanation. Applied Catalysis A：General 462/463：150 – 156；2013.

［53］Sinfelt J H. Catalytic hydrogenolysis on metals. Catalysis Letters 9（3/4）：159 – 171；1991.

［54］Ken – Ichi Tanaka K A，Takahiro M. Intermediates and carbonaceous deposits in the hydrogenolysis of ethane on a Ni – Al_2O_3 catalyst. Journal of Catalysis 81：328 – 334；1983.

［55］Goodman D W. Structure/reactivity relationships for alkane dissociation and Hydrogenolysis using single crystal kinetics. Catalysis Today 12：189 – 199；1992.

［56］Goodman D W. Ethane hydrogenolysis over single crystals of nickel：Direct detection of structure sensitivity. Surface Science Letters 123（1）：L679 – L685；1982.

［57］Leach H F，Mirodatos C，Whan D A. The exchange of methane，ethane，and propane with deuterium on silica – supported nickel catalyst. Journal of Catalysis 63（1）：138 – 151；1980.

［58］Zarfl J，Schildhauer T J，Wambach J，Wokaun A. Conversion of ethane/ethylene/acetylene under methanation conditions. Manuscript in preparation，2016.

［59］Zarfl J. Methanation of Biomass – Derived – Synthesis Gas – In Situ DRIFTS Studies over an Alumina Supported Nickel Catalyst. Dissertation，ETH Zürich Nr. 22183，2015.

［60］Chuang S C，Pien SI. Infrared studies of reaction of ethylene with syngas on Ni/SiO_2. Catalysis Letters 3（4）：323 – 329；1989.

［61］Zaera F，Hall R B. Low temperature decomposition of ethylene over Ni（100）：Evidence for vinyl formation. Surface Science 180（1）：1 – 18；1987.

［62］Zhu X Y，White J M. Interaction of ethylene and acetylene with Ni（111）：A SSIMS study. Surface Science 214：240 – 256；1989.

［63］Zuhr R A，Hudson J B. The adsorption and decomposition of ethylene on Ni（110）. Surface Science 66（2）：405 – 422；1977.

［64］Zhu X Y，Castro M E，Akhter S，White J M，Houston J E. C – H bond cleavage for ethylene and acetylene on Ni（100）. Surface Science 207（1）：1 – 16；1988.

［65］Zaera F，Hall R B. High – resolution electron energy loss spectroscopy and thermal programmed desorption studies of the chemisorption and thermal decomposition of ethylene and acetylene on nickel（100）single – crystal surfaces. Journal of Physical Chemistry 91：4318 – 4323；1987.

［66］Mo Y H，Kibria AKMF，Nahm K S. The growth mechanism of carbon nanotubes from thermal cracking of acetylene over nickel catalyst supported on alumina. Synthetic Metals 122（2）：443 – 447；2001.

［67］Sheppard N，Ward J W. Infrared spectra of hydrocarbons chemisorbed on silica – supported metals：I. Experimental and interpretational methods；acetylene on nickel and platinumJournal of Catalysis 15（1）：50 – 61；1969.

［68］Bridier B，Lopez N，Perez – Ramirez J. Partial hydrogenation of propyne over copper – based catalysts and comparison with nickel – based analogues. Journal of Catalysis 269(1): 80 – 92; 2010.

[69] Horiuti I, Polanyi M. Exchange reactions of hydrogen on metallic catalysts. Transactions of the Faraday Society 30: 1164 – 1172; 1934.

[70] Wasylenko W, Frei H. Direct Observation of Surface Ethyl to Ethane Interconversion upon C_2H_4 Hydrogenation over Pt/Al_2O_3 Catalyst by Time – Resolved FT – IR Spectroscopy. Journal of Physical Chemistry B 109(35): 16873 – 16878; 2005.

[71] Cremer PS, Su X, Shen YR, Somorjai GA. Ethylene Hydrogenation on Pt(111) Monitored in Situ at High Pressures Using Sum Frequency Generation. Journal of the American Chemical Society 118(12): 2942 – 2949; 1996.

[72] Trimm DL, Liu IOY, Cant NW. The oligomerization of acetylene in hydrogen over Ni/SiO_2 catalysts: Product distribution and pathways. Journal of Molecular Catalysis A: Chemical 288: 63 – 74; 2008.

[73] Spanjers CS, Held JT, Jones MJ, Stanley DD, Sim RS, Janik MJ, et al. Zinc inclusion to heterogeneous nickel catalysts reduces oligomerization during the semi – hydrogenation of acetylene. Journal of Catalysis 316: 164 – 173; 2014.

[74] Bartholomew CH. Mechanisms of catalyst deactivation. Applied Catalysis A 212(1/2): 17 – 60; 2001.

[75] Rechulski MDK, Schildhauer TJ, Biollaz SMA, Ludwig C. Sulfur containing organic compounds in the raw producer gas of wood and grass gasification. Fuel 128: 330 – 339; 2014.

[76] Rhyner U, Edinger P, Schildhauer TJ, Biollaz SMA. Applied kinetics for modeling of reactive hot gas filters. Applied Energy 113: 766 – 780; 2014.

[77] Struis RPWJ, Schildhauer TJ, Czekaj I, Janousch M, Ludwig C, Biollaz SMA. Sulphur poisoning of Ni catalysts in the SNG production from biomass: A TPO/XPS/XAS study. Applied Catalysis A 362(1/2): 121 – 128; 2009.

[78] Twigg MV(ed.) Catalyst Handbook. Wolfe, London, 1989.

[79] Bartholomew CH. Carbon deposition in steam reforming and methanation. Catalysis Review – Science and Engineering 24(1): 67 – 117; 1982.

[80] Rostrup Nielsen JR. Industrial relevance of coking. Catalysis Today 37(3): 225 – 232; 1997.

[81] Trimm DL. Catalyst design for reduced coking(review). Applied Catalysis 5(3): 263 – 290; 1983.

[82] McCarty JG, Wise H. Hydrogenation of surface carbon on alumina – supported nickel. Journal of Catalysis 57(3): 406 – 416; 1979.

[83] Figueiredo JL, Bernardo CA. Filamentous Carbon Formation on Metals and Alloys. Carbon Fibers Filaments and Composites, NATO ASI Series 177: 441 – 457; 1990.

[84] McCarty JG, Sheridan DM, Wise H, Wood BJ. Hydrocarbon Reforming for Hydrogen Fuel Cells: A Study of Carbon Formation on Autothermal Reforming Catalysts. Final report prepared for U. S. Department of Energy, 1981.

[85] Wiltner A. Untersuchungen zur Diffusion und Reaktion von Kohlenstoff auf Nickel – und Eisenoberflächen sowie von Beryllium auf Wolfram. Dissertation, Universität Bayreuth, 2004.

[86] Helveg S, Sehested J, Rostrup – Nielsen JR. Whisker carbon in perspective. Catalysis Today 178(1): 42 – 46; 2011.

[87] Otsuka K, Kobayashi S, Takenaka S. Catalytic decomposition of light alkanes, alkenes and acetylene over Ni/SiO_2. Applied Catalysis A: General 210: 371 – 379; 2001.

[88] Baumhakl C. Direct Conversion of Higher Hydrocarbons During Methanation and Impact of Impurities. Presentation at the Second Nuremberg Workshop Methanation and Second Generation Fuels, Nuremberg, 2014.

[89] Gardner DC, Bartholomew CH. Kinetics of Carbon Deposition during Methanation of CO. Ind Eng Chem Prod Res Dev 20(1): 80 – 87; 1981.

[90] Schildhauer TJ, Struis RPWJ, Bachelin D, Seemann MC, Damsohn M, Ludwig C, Biollaz SMA, Abolhassani – Dadras S. Determination of carbon deposition on nickel catalysts by temperature programmed reaction with steam. Manuscript in preparation, 2016.

[91] Schildhauer TJ, Settino J, Teske SL. Modelling study of fixed and fluidized bed reactors for CO_2 methanation in Power – to – Gas applications. Manuscript in preparation, 2016.

[92] Schildhauer TJ, Newson E, Wokaun A. Closed cross flow structures – Improving the heat transfer in fixed bed reactors by enforcing radial convection. Chemical Engineering and Processing: Process Intensification 48 (1): 321 – 328; 2009.

[93] Schildhauer TJ, Pangarkar K, van Ommen JR, Nijenhuis J, Moulijn JA, Kapteijn F. Heat transport in structured packings with two – phase co – current downflow. Chemical Engineering Journal 185/186: 250 – 266; 2012.

[94] Harms H, Höhlein B, Skov A. Methanisierung kohlenmonoxidreicher Gase beim Energie – Transport. Chemie Ingenieur Technik 52(6): 504 – 515; 1980.

[95] Rönsch S, Matthischke S, Müller M, Eichler P. Dynamische Simulation von Reaktoren zur Festbettmethanisie – rung. Chemie Ingenieur Technik 86(8): 1198 – 1204; 2014.

[96] Moeller FW, Ros H, Britz B. Methanation of coal gas for SNG. Hydrocarbon Processing 1974: 69 – 74; 1974.

[97] Eckle S. SNG Technologies at Clariant. Presentation at the 2nd Nuremberg Workshop Methanation and Second Generation Fuels, Nuremberg, 2014.

[98] Eisenlohr KH, Moeller FW, Dry M. Influence of certain reaction parameters on methanation of coal gas to SNG. ACS Fuels Division Preprints 19(3): 1 – 9; 1974.

[99] GPGP. Practical Experience Gained During the First Twenty Years of Operation of the Great Plains Gasification Plant and Implications for Future Projects. US Department of Energy, Office of Fossil Energy, Washington, DC, 2006.

[100] Miller WR, Honea FI. Great Plains Coal Gasification Plant Start – Up and Modification Report. Fluor Technology Inc., Great Plains, 1986.

[101] Perry M, Eliason D. CO_2 Recovery and Sequestration at Dakota Gasification Company. Gasification Technology Conference, p. 35; 2004.

[102] Krier C, Hackel M, Hägele C, Urtel H, Querner C, Haas A. Improving the Methanation Process. Chemie Ingenieur Technik 85(4): 523 – 528; 2013.

[103] Pedersen K, Skov A, Rostrupnielsen J. Catalytic Aspects Of High – Temperature Methanation. Abstracts Of Papers Of The American Chemical Society 179: 60; 1980.

[104] Hoehlein B, Menzer R, Range J. High temperature methanation in the long – distance nuclear energy transport system. Applied Catalysis 1: 125 – 139; 1981.

[105] Rostrup – Nielsen JR, Skov A, Christiansen LJ. Deactivation in pseudo – adiabatic reactors. Applied Catalysis 22(1): 71 – 83; 1986.

[106] Rostrup Nielsen JR, Pedersen K, Sehested J. High temperature methanation: Sintering and structure sensitivity. Applied Catalysis, A 330: 134 – 138; 2007.

[107] Nguyen TTM. Topsoe's Synthesis Technology for SNG with Focus on Methanation in General and Bio – SNG in Particular. Presentation at the First International Conference on Renewable Energy Gas Technology

(REGATEC). Malmö, 2014.

[108] Nguyen TTM, Wissing L, Skjoth - Rasmussen MS. High temperature methanation: Catalyst considerations. Catalysis Today 215: 233 - 238; 2013.

[109] Li C. Current Development Situation of Coal to SNG in China. Presentation at IEA - MOST Workshop: Advances in deployment of fossil fuel technologies. Beijing, 2014.

[110] Göteborg Energi. Press release, 18.12.2014. http://gobigas.goteborgenergi.se/En/News (accessed 15 December 2015).

[111] Lohmüller R. Methansynthese mit kombinierten isothermen und adiabaten Reaktoren. Linde Berichte aus Technik und Wissenschaft 41: 3 - 11; 1977.

[112] etogas, Home page. www.etogas.de, 2012(accessed 15 December 2015).

[113] Dixon AG. An improved equation for the overall heat transfer coefficient in packed beds. Chemical Engineering and Processing: Process Intensification 35(5): 323 - 331; 1996.

[114] VDI. VDI - Wärmeatlas. 6th edn, VDI - Verlag, Dusseldorf; 2006.

[115] Pangarkar K, Schildhauer TJ, van Ommen JR, Nijenhuis J, Moulijn JA, Kapteijn F. Heat transport in structured packings with co - current downflow of gas and liquid. Chemical Engineering Science 65(1): 420 - 426; 2010.

[116] Cybulski A, Eigenberger G, Stankiewicz A. Operational and Structural Nonidealities in Modeling and Design of Multitubular Catalytic Reactors. Industrial and Engineering Chemistry Research 36(8): 3140 - 3148; 1997.

[117] Bey O, Eigenberger G. Gas flow and heat transfer through catalyst filled tubes. International Journal of Thermal Sciences 40(2): 152 - 164; 2001.

[118] Tsotsas E. Transportvorgänge in Festbetten Geschichte, Stand und Perspektiven der Forschung. Chemie Ingenieur Technik 64(4): 313 - 322; 1992.

[119] Tronconi E, Groppi G. A study on the thermal behavior of structured plate - type catalysts with metallic supports for gas/solid exothermic reactions. Chemical Engineering Science 55(24): 6021 - 6036; 2000.

[120] Gunn DJ, Khalid M. Thermal dispersion and wall heat transfer in packed beds. Chemical Engineering Science 30(2): 261 - 267; 1975.

[121] Eigenberger G, Kottke V, Daszkowski T, Gaiser G, Kern HJ. Regelmässige Katalysatorformkörper für technische Synthesen, Fortschritt - Berichte VDI, Reihe 15 Umwelttechnik 112; 1993.

[122] Schlereth D, Hinrichsen O. A fixed - bed reactor modeling study on the methanation of CO Chemical Engineering Research and Design 92(4): 702 - 712; 2014.

[123] Schaaf T, Grünig J, Schuster M, Orth A. Speicherung von elektrischer Energie im Erdgasnetz - Methanisierung von CO_2 - haltigen Gasen. Chemie Ingenieur Technik 86(4): 476 - 485; 2014.

[124] Pangarkar K, Schildhauer TJ, van Ommen JR, Nijenhuis J, Moulijn JA, Kapteijn F. Experimental and numerical comparison of structured packings with a randomly packed bed reactor for Fischer - Tropsch synthesis. Catalysis Today 147(Supplement): S2 - S9; 2009.

[125] Groppi G, Tronconi E. Design of novel monolith catalyst supports for gas/solid reactions with heat exchange. Chemical Engineering Science 55(12): 2161 - 2171; 2000.

[126] Montebelli A, Visconti CG, Groppi G, Tronconi E, Kohler S. Optimization of compact multitubular fixed - bed reactors for the methanol synthesis loaded with highly conductive structured catalysts. Chemical Engineering Journal 255: 257 - 265; 2014.

[127] Tronconi E, Groppi G, Boger T, Heibel A. Monolithic catalysts with 'high conductivity' honeycomb

supports for gas/solid exothermic reactions: characterization of the heat – transfer properties. Chemical Engineering Science 59: 4941 – 4949; 2004.

[128] Sudiro M, Bertucco A, Groppi G, Tronconi E. Simulation of a Structured Catalytic Reactor for Exothermic Methanation Reactions Producing Synthetic Natural Gas. In: Pierucci S, Ferraris GB (eds) Computer Aided Chemical Engineering. pp. 691 – 696, Elsevier, Amsterdam, 2010.

[129] Bajohr S, Schollenberger D, Götz M. Methanation with Honeycomb Catalysts. Presentation at the 2nd Nuremberg Workshop Methanation and Second Generation Fuels. Nuremberg, 2014.

[130] Schildhauer TJ, Geissler K. Reactor concept for improved heat integration in autothermal methanol reforming. International Journal of Hydrogen Energy 32(12): 1806 – 1810; 2007.

[131] Velocys, Home page. www. velocys. com; 2012(accessed 15 December 2015).

[132] Liu Z, Chu B, Zhai X, Jin Y, Cheng Y. Total methanation of syngas to synthetic natural gas over Ni catalyst in a micro – channel reactor. Fuel 95: 599 – 605; 2012.

[133] Greyson M, Demeter JJ, Schlesinger MD, Johnson GE, Jonakin J, Myers JW. Synthesis of Methane. Report of Investigation 5137, Department of the Interior, Bureau of Mines; 1955.

[134] Schlesinger MD, Demeter JJ, Greyson M. Catalyst for Producing Methane from Hydrogen and Carbon Monoxide. Industrial Engineering Chemistry 48(1) : 68 – 70; 1956.

[135] Streeter RC, Anderson DA, Cobb JJT. Status of the Bi – Gas program – part II: evaluation of fluidized bed methanation catalysts. Proceedings of the Eigth Synthetic Pipeline Gas Symposium, p. 57; 1976.

[136] Graboski MS, Diehl EK. Design and operation of the BCR fluidized bed methanation PEDU. Proceedings of the Fifth Synthetic Pipeline Gas Symposium, p. 89; 1973.

[137] Streeter RC. Recent developments in fluidized – bed methanation research. Proceedings of Ninth Synthetic Pipeline Gas Symposium. Proceedings of Ninth Synthetic Pipeline Gas Symposium, pp. 153 – 165; 1977.

[138] Cobb JT Jr, Streeter RC. Evaluation of fluidized – bed methanation catalysts and reactor modeling. Ind Eng Chem Process Des Dev 18(4): 672 – 679; 1979.

[139] Alcorn WR, Cullo LA. Nickel – Copper – Molybdenum Methanation Catalyst. United States Patent 3962140; 1976.

[140] Graboski MS, Donath EE. Combined Shift and Methanation Reaction Process for the Gasification of Carbonaceous Materials. United States Patent 3904386; 1975.

[141] Friedrichs G, Proplesch P, Wismann G, Lommerzheim W. Methanisierung von Kohlenvergasungsgasen im Wirbelbett Pilot Entwicklungsstufe, Technologische Forschung und Entwicklung – Nichtnukleare Energietechnik. Prepared for Bundesministerium fuer Forschung und Technologie, Thyssengas GmbH, 1985.

[142] Hedden K, Anderlohr A, Becker J, Zeeb HP, Cheng YH. Gleichzeitige Konvertierung und Methanisierung von CO – reichen Gasen. Prepared for Bundesministerium für Forschung und Technologie, Forschungsbericht T 86 – 044, DVGW – Forschungsstell Engler – Bunte – Institut, Universität Karlsruhe, 1986.

[143] Lommerzheim W, Flockenhaus C. One stage combined shift – conversion and partial methanation process for upgrading synthesis gas to pipeline quality. Proceedings of the Tenth Synthetic Pipeline Gas Symposium, pp. 439 – 451, 1978.

[144] Zeeb HB. Desaktivierung von Nickelkatalysatoren bei der Methanisierung von Wasserstoff/Kohlenmonoxid – Gemischen unter Druck. Dissertation, Universität Karlsruhe, 1979.

[145] Becker J. Untersuchungen zur Desaktivierung von Nickelkatalysatoren und Kinetik der gleichzeitigen Methanisierung und Konvertierung CO – reicher Gase unter Druck Dissertation, Universität Karlsruhe,

1982.

[146] Anderlohr A. Untersuchungen zur gleichzeitigen Methanisierung und Konvertierung CO – Reicher Gase in einer katalytischen Wirbelschicht. Dissertation, Universität Karlsruhe, 1979.

[147] Cheng YH. Untersuchungen zur gleichzeitigen Methanisierung und Konvertierung CO – reicher Synthesegase in Gegenwart von Schwefelwasserstoff. Dissertation, Universität Karlsruhe, 1983.

[148] Seemann MC, Schildhauer TJ, Biollaz SMA, Stucki S, Wokaun A. The regenerative effect of catalyst fluidization under methanation conditions. Applied Catalysis A: General 313(1): 14 – 21; 2006.

[149] Kopyscinski J, Schildhauer TJ, Biollaz SMA. Methanation in a fluidized bed reactor with high initial CO partial pressure: Part I Experimental investigation of hydrody namics, mass transfer effects, and carbon deposition. Chemical Engineering Science 66(5): 924 – 934; 2011.

[150] Kopyscinski J, Schildhauer TJ, Biollaz SMA. Methanation in a fluidized bed reactor with high initial CO partial pressure: Part 2 Modeling and sensitivity study. Chemical Engineering Science 66(8): 1612 – 1621; 2011.

[151] Biollaz SMA, Schildhauer TJ, Ulrich D, Tremmel H, Rauch R, Koch M. Status report of the demonstration of BioSNG production on a 1 MW SNG scale in Güssing. Proceedings of the 17th European Biomass Conference and Exhibition, p. 125, 2009.

[152] Galnares A. The Gaya Project and GDF SUEZ's activities in the field of BioSNG. Presentation at the Second Nuremberg Workshop Methanation and Second Generation Fuels. Nuremberg, 2014.

[153] Guerrini O, Perrin P, Marchand B, Prieur – Vernat A. Second Generation Gazeous Biofuels: from Biomass to Gas Grid. Oil and Gas Science and Technology – Rev. IFP Energies Nouvelles 68(5): 925 – 934; 2013.

[154] Liu J, Shen W, Cui D, Yu J, Su F, Xu G. Syngas methanation for substitute natural gas over Ni – Mg/ Al$_2$O$_3$ catalyst in fixed and fluidized bed reactors. Catalysis Communications 38: 35 – 39; 2013.

[155] Li J, Zhou L, Li P, Zhu Q, Gao J, Gu F, Su F. Enhanced fluidized bed methanation over a Ni/Al$_2$O$_3$ catalyst for production of synthetic natural gas. Chemical Engineering Journal 219: 183 – 189; 2013.

[156] Götz M, Bajohr S, Graf F, Reimert R, Kolb T. Einsatz eines Blasensäulenreaktors zur Methansynthese. Chemie Ingenieur Technik 85(7): 1146 – 1151; 2013.

[157] Götz M. Recent Developments in Three Phase Methanation. Presentation at the Second Nuremberg Workshop Methanation and Second Generation Fuels, Nuremberg, 2014.

[158] Frank ME, Sherwin MB, Blum DB, Mednick RL. Liquid phase methanation – shift PDU results and pilot plant status. Proceedings of the Eighth Synthetic Pipeline Gas Symposium. pp. 159 – 179, American Gas Association, Chicago, 1976.

[159] Frank ME, Mednick RL. Liquid phase methanation pilot plant results. Proceedings of the Ninth Synthetic Pipeline Gas Symposium. pp. 185 – 191, American Gas Association, Chigago, 1977.

[160] ChemSystem. Liquid Phase Methanation/Shift. Prepared for U. S. Energy Research and Development Administration, NO. E – (49 – 18) – 1505, Chem System Inc. , 1976.

[161] ChemSystem. Liquid Phase Methanation/Shift – Pilot plant operation and laboratory support work. Prepared for DoE(No. E4 – 75 – C – 01 – 2036), Chem System Inc. , 1979.

[162] Teske SL, Couckuyt I, Schildhauer TJ, Biollaz S, Maréchal F. Integrating rate based models into multi – objective optimisation of process designs using surrogate models. Proceedings of the 26th International Conference on Efficiency, Cost, Optimization, Simulation and Environmental Impact of Energy System, p. 143, 2013.

[163] Gassner M. Process Design Methodology for Thermochemical Production of Fuels from Biomass – Application to the Production of Synthetic Natural Gas from Lignocellulosic Resources. Dissertation, EPF Lausanne, 2010.

[164] Heyne S. Bio – SNG from Thermal Gasification – Process Synthesis, Integration and Performance. Dissertation, Chalmers University of Technology, Gothenburg, 2013. .

[165] Teske SL. Integrating Rate Based Models into a Multi – Objective Process Design and Optimisation Framework using Surrogate Models. Dissertation, EPF Lausanne, 2014.

[166] Zhang J, Fatah N, Capela S, Kara Y, Guerrini O, Khodakov AY. Kinetic investigation of carbon monoxide hydrogenation under realistic conditions of methanation of biomass derived syngas. Fuel 111: 845 – 854; 2013.

[167] Hannoun H, Regalbuto JR. Mixing characteristics of a micro – Berty catalytic reactor. Industrial and Engineering Chemistry Research 31(5): 1288 – 1292; 1992.

[168] Horn R, Williams KA, Degenstein NJ, Schmidt LD. Syngas by catalytic partial oxidation of methane on rhodium: Mechanistic conclusions from spatially resolved measurements and numerical simulations. Journal of Catalysis 242(1): 92 – 102; 2006.

[169] Horn R, Degenstein NJ, Williams KA, Schmidt LD. Spatial and temporal profiles in millisecond partial oxidation processes. Catalysis Letters 110(3/4): 169 – 178; 2006.

[170] Horn R, Williams KA, Degenstein NJ, Schmidt LD. Mechanism of H_2 and CO formation in the catalytic partial oxidation of CH_4 on Rh probed by steady – state spatial profiles and spatially resolved transients. Chemical Engineering Science 62(5): 1298 – 1307; 2007.

[171] Dalle Nogare D, Degenstein NJ, Horn R, Canu P, Schmidt LD. Modeling spatially resolved profiles of methane partial oxidation on a Rh foam catalyst with detailed chemistry. Journal of Catalysis 258(1): 131 – 142; 2008.

[172] Michael BC, Donazzi A, Schmidt LD. Effects of H_2O and CO_2 addition in catalytic partial oxidation of methane on Rh. Journal of Catalysis 265(1): 117 – 129; 2009.

[173] Schildhauer T, Newson E, Müller S. The equilibrium constant for the methylcyclohexane – toluene system. Journal of Catalysis 198(2): 355 – 358; 2001.

[174] Bosco M, Vogel F. Optically accessible channel reactor for the kinetic investigation of hydrocarbon reforming reactions. Catalysis Today 116(3): 348 – 353; 2006.

[175] Bosco M. Kinetic Studies of the Autothermal Gasoline Reforming for Hydrogen Production for Fuel Cell Applications. Dissertation, ETH Zürich, 2006.

[176] Farrell RJ, Ziegler EN. Kinetics and mass transfer in a fluidized packed – bed: Catalytic hydrogenation of ethylene. AIChE Journal 25(3): 447 – 455, 1979.

[177] Tschedanoff V, Maurer S, Schildhauer TJ, Biollaz SMA. Advanced two – phase model supporting the scale up of a fluidized bed methanation reactor. Presentation at the Ninth International Symposium on Catalysis in Multiphase Reactors, December 2014, Valpré, Lyon, 2014.

[178] Levenspiel O. Chemical Reaction Engineering, 3rd edn. John Wiley & Sons, Inc. New York, 1999.

[179] Froment GF, Bischoff KB. Chemical Reactor Analysis and Design. John Wiley & Sons, Inc. , New York, 1990.

[180] Baerns M, Hofmann H, Renken A. Chemische Reaktionstechnik – Lehrbuch der Technischen Chemie. Georg Thieme Verlag, Stuttgart, 1987.

[181] Parlikkad NR, Chambrey S, Fongarland P, Fatah N, Khodakov A, Capela S, Guerrini O. Modeling of fixed bed methanation reactor for syngas production: Operating window and performance

characteristics. Fuel 107: 254 – 260; 2013.

[182] Xu J, Froment GF. Methane steam reforming, methanation and water – gas shift: I. Intrinsic kinetics. AIChE Journal 35(1): 88 – 96; 1989.

[183] Schildhauer TJ. Untersuchungen zur Verbesserung des Wärmeübergangs in katalytischen Festbettreaktoren für Energiespeicheranwendungen. Dissertation, ETH Zürich Nr. 14301, 2001.

[184] May WG. Fluidized – bed reactor studies. Chemical Engineering Progress 55(12): 49 – 56; 1959.

[185] van Deemter JJ. Mixing and contacting in gas – solid fluidized beds. Chemical Engineering Science 13(3): 143 – 154; 1961.

[186] Bellagi A. Zur Reaktionstechnik der Methanisierung von Kohlenmonoxid in der Wirbelschicht. Dissertation, RWTH Aachen, 1979.

[187] Kai T, Furusaki S, Yamamoto K. Methanation of Carbon Monoxide by a fluidized catalyst bed. Journal of Chemical Enginering Japan 17(3): 280 – 285; 1984.

[188] Liu Y, Hinrichsen O. CFD simulation of hydrodynamics and methanation reactions in a fluidized – bed reactor for the production of synthetic natural gas. Industrial and Engineering Chemistry Research 53(22): 9348 – 9356; 2014.

[189] Rüdisüli M, Schildhauer TJ, Biollaz SMA, van Ommen JR. Bubble characterization in a fluidized bed with vertical tubes. Industrial and Engineering Chemistry Research 51: 4748 – 4758; 2012.

[190] Maurer S, Wagner STJ E C, Biollaz SMA, van Ommen JR. Bubble size in fluidized beds with and without vertical internals. Proceedings of the 11th International Conference on Fluidized Bed Technology. 2014: 577, 2014.

[191] Glicksman LR. Scaling relationships for fluidized beds. Chemical Engineering Sciences 39(9): 1373 – 1379; 1984.

[192] Rüdisüli M, Schildhauer TJ, Biollaz SMA, van Ommen JR. Evaluation of a sectoral scaling approach for bubbling fluidized beds with vertical internals. Chemical Engineering Journal 197: 435 – 439; 2012.

[193] Maurer S, Schildhauer TJ, van Ommen JR, Biollaz SMA, Wokaun A. Scale – up of fluidized beds with vertical internals: Studying the sectoral approach by means of optical probes. Chemical Engineering Journal 252: 131 – 140; 2014.

[194] Kemmer H. Die Kohlenoxydreinigung (Entgiftung) des Stadtgases. Angewandte Chemie 49(7): 133 – 137; 1936.

5 合成天然气提质

5.1 概述

直接来自催化甲烷化反应器的气流并不满足天然气管网的质量规范要求，因此进入天然气管网前必须进行提质。许多情况下甲烷化反应器的进料是近似化学计量的混合气体，所以提质过程主要是简单的冷凝和干燥，因为反应产物中除了甲烷就只有水。如第4章所述，氢气和碳氧化合物的（H_2/CO 化学计量比略大于3，H_2/CO_2 化学计量比略大于4）化学计量混合物是鲁奇、戴维和 TREMP 工艺煤制合成天然气工艺与部分电能转气装置的典型原料组成。

其他工艺中，上游不进行调节 H_2/CO 化学计量比的水煤气变换反应，而是和甲烷化反应在同一单元中进行，例如 PSI 发明的流化床甲烷化工艺。这导致离开甲烷化单元的粗制合成天然气中含有大量的二氧化碳。其他工艺使用来自气化或上游水煤气变换产生的 CO_2 作为甲烷化单元中的致稳气来抑制温度的上升，这是福斯特惠勒和科莱恩的 VESTAS 装置或是 GoBiGas 20MW 合成天然气示范装置中甲烷预转化器的特点（见第4章和第6章）。所有情况下，粗制合成天然气中含有甲烷、二氧化碳、水蒸气和氢气。因此，可以根据一个例子来讨论提质的问题，但结果需要适用于这些不同的工艺。

本章目的在于分析和比较第二代生物质转化装置上合成的天然气提质所需的分离工艺，这些工艺均在能达成甲烷产率最大化的操作条件下运行。本章考虑两条工艺路线作为参照：已经在格兴中试装置上应用的自热双流化床气化后接加压甲烷化流化床工艺（见第8章），以及在第10章讨论的水热气化/甲烷化工艺[1]。

表5.1分别列出了两种工艺路线获得的粗制合成天然气的典型组分。只要生物质制取的合成天然气达到管道输送规范要求（表5.1），就可以输入天然气管网。显而易见，甲烷和乙烷是合成天然气中最有价值的成分，并且甲烷是有高温室效应的温室气体（温室效应是二氧化碳的21倍），甲烷回收是避免尾气不可控排放的重要措施。在缓解气候变化的行为框架中，高纯度二氧化碳（至少95%）也是一种有价值的产物。不久，二氧化碳封存处理技术发展有望，这样二氧化碳可以通过专用的管道送去封存[2]。

由表5.1可见，除了将 CH_4 中的 CO_2 大量分离，为了达到天然气管道输送标准还需要除去合成天然气中的次要成分。其中，最关键的物质就是水、氢气和氮气。事实上，如经 CO_2 分离过程，合成天然气中氢气和氮气的浓度预计会上升至4%，CH_4 的纯度则最多不超过92%，这将远小于96%这一最低标准纯度。另外，对于水热气化这一路线，CO_2/CH_4 分离之后，预计氢气的浓度会增长至8%，这将远大于天然气管线的最高限额标准。此外，在相应的运行条件下（温度和压力），这两条工艺路线生产的合成天然气基本上都处于被水蒸气饱和的状态，所以其需要脱水以满足管道运输对水露点的要求（表5.1）。实际长距离运输中，如果不进行脱水，可能会发生冷凝，进而降低系统的体积热容并导致操作压力增加。尤其当气体中存在CO_2和H_2S时，更需要脱水来防止其对管道和设备的腐蚀。

表5.1 加压甲烷化产生的合成天然气(格兴)、水热气化产生的合成天然气、
通入管道中的天然气、二氧化碳的储存[1]技术规范 单位:%(体积分数)

组分	技术规范			
	格兴	水热气化	管道	储存
CO_2	36	28～60	<6	>95
CH_4	57	40～70	>96	—
H_2	2.5	1～10	<5	—
CO	0.10	0.1～0	<1	—
烃	0.05	1～3	未标明	—
NH_3	mg/m^3 级	微量	未标明	—
N_2	2.50	0	—	—
H_2O	1.23	1～10	相对湿度小于60%	—

5.2 合成天然气提质分离工艺

如上所述，为达到管道运输标准，合成天然气需要通过去除所含的二氧化碳、水、氢气和氮气进行提质。这意味着至少需要进行三次二元分离处理：CH_4/CO_2，CH_4/H_2，CH_4/H_2O。接下来将简要讨论满足这些要求并在技术和经济上可行的分离工艺。需要注意的是，迄今为止只有少数工业规模的合成天然气装置需要在甲烷化下游进行CO_2脱除，目前关于最适用的提质技术的描述与评估都是基于其他组分与合成天然气类似的气流提质处理产生的有效数据，例如沼气。

5.2.1 大规模CO_2/CH_4分离

以下任意一种工艺都可以实现大规模CO_2和CH_4的分离：物理或化学吸收、膜分离、吸附分离、低温分离。虽然选择最适当的分离手段取决于对整个合成天然气生产工艺集成的详细技术经济优化[4]，这里至少提供一些帮助初选潜在合适的分离工艺通常的考虑因素，以供进一步研究。

5.2.1.1 吸收分离

溶剂分离工艺气流中的二氧化碳已成为商业化的选择，应用于不同工业装置，尤其是在石油化工领域[2]。该工艺主要采用对二氧化碳有高溶解性(物理吸收)或用能与二氧化碳反应的碱性溶剂(化学吸收)。

烷基胺水溶液进行化学吸收是目前天然气脱硫的标准分离工艺(可用于脱二氧化碳):利用胺类与二氧化碳反应生成对应的氨基甲酸盐的特点,填充式吸收塔中单乙醇胺(MEA)、二乙醇胺(DEA)或甲基二乙醇胺(MDEA)与气流中的二氧化碳在常压、相对低温下(40~60℃)接触进行二氧化碳脱除。使用过的胺溶液之后再被蒸汽加热至100~140℃分离出CO_2进行再生,产生的CO_2通常会被排至大气中,也可能像Sleipner、Snohvit和In-Salah的碳捕集装置一样被储存或使用[5]。由于胺类在低分压下具有高的二氧化碳吸收能力,现在作为从烟气中吸收二氧化碳的标准方式,是温室气体减排的可能措施[2]。其他可用的化学溶剂还有热碳酸钾和氨。碳酸钾溶液会在高压(1MPa)和相对高温(大于100℃)下吸收二氧化碳,生成富含碳酸氢盐离子的溶液。对溶液简单降压可进行逆反应,排放出纯二氧化碳,同时溶液中的碳酸盐再生并在二氧化碳吸收步骤中循环使用[6]。基于热碳酸钾的主要专利工艺有UOP Benfield工艺和Catacarb工艺[7],这些工艺已在二氧化碳最低分压为210~345kPa的标准下投入商业应用[7]。UOP推荐使用Benfield工艺时进料总压力为10~12bar,酸性气体浓度为5%~35%[8]。在对比分析了使用不同活化剂的碳酸钾对二氧化碳的气液平衡后,建议此工艺中的二氧化碳分压为700kPa。热碳酸钾主要应用于氨、氢气和环氧乙烷装置中酸性气体的分离[7]。最初认为氨的操作温度应为室温,即20~25℃;最近Alstom开发的冷冻氨工艺中,操作温度则为0~10℃[9]。冷冻氨工艺的低温使其在二氧化碳吸收这一步骤中的氨损失达到最小,而氨损失则是常温工艺的主要缺陷。再生过程发生在高温(50~200℃)、高压(2~136bar)下,高压是为了避免氨在气相中的损耗[10]。若应用于燃烧后的烟气捕集,与液态烷醇胺工艺相比,冷冻氨工艺会降低解吸塔的能耗,另外的优点是溶剂潜在危害性低[10]。

物理吸附也在许多工业应用中进行CO_2的分离,用于商业化煤制合成天然气装置中甲烷化单元上游含杂质气体的二氧化碳脱除(前面的章节有所提及)。由于溶液的二氧化碳负荷能力取决于待处理气流中二氧化碳的分压,对于高压和高二氧化碳含量的进料,物理吸附是理想的处理手段。基于物理吸附也有多个专利工艺,区别主要在于使用的溶剂不同。Selexol工艺使用聚乙二醇二甲醚(DMPEG),Purosol工艺使用N-甲基-2-吡咯酮(NMP),Rectisol工艺使用冷甲醇,Fluor Solvent工艺使用碳酸丙烯酯[11]。相比于化学吸收,物理吸附优点在于能在较低的能耗下再生,因为该过程无须破坏化学键。另外,物理吸附的溶剂需要较高的压力来达到和化学吸收一样高的二氧化碳吸收速度。例如,Selexol工艺的典型操作条件是压力3MPa和温度约313K,Rectisol工艺的操作压力和温度分别是8MPa和213~263K[12]。Selexol的溶剂有极高的CO_2/H_2选择性(大约为45),推荐的酸性气体分压则在300~350kPa以上,这使它适用于在气化装置中从合成气里捕集二氧化碳。Selexol还保证了CO_2/CH_4的选择性(约为9),因此成为合成天然气提质的合适选择[13]。

5.2.1.2 膜分离

膜分离基于膜的渗透选择性进行工作[14],离开膜组件的渗透物富含高渗透组分,渗余物中则富含低渗透组分。

膜材料的分类根据两种标准,传输机理和材料组分性质。根据第一种分类方法,传输机理主要有扩散、溶解—扩散和促进传递。最后一种机理中,所谓的载体(负责目标分子的促进传递)可以是固定的或是移动的。根据第二种分类方法,膜材料可以被分为有机聚合物膜、无机膜和混合基质膜(MMMs)。更多关于材料性质和选择标准的细节可参考其他文献[15]。

好的膜材料必须同时具备高选择性和高渗透性。高选择性是为了获得高纯度产品,高渗透性则是为了使膜的面积最小化,从而降低建造成本。然而如图5.1所示,聚合材料膜只能在选择性和渗透性之间进行权衡,Robenson上限对此有详细的描述[16]。

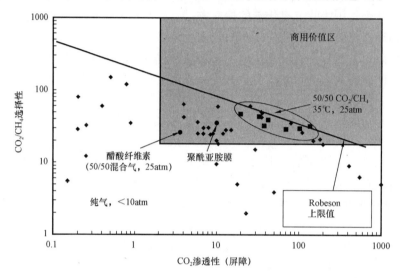

图5.1　在CO_2/CH_4选择性和CO_2渗透性之间的权衡对比[16]

在玻璃聚合膜中,商用醋酸纤维素(CA)是一种二氧化碳选择膜,广泛用于大规模从粗制合成气和提高油收率系统中的碳氢化合物里分离二氧化碳;然而,需要注意到CA的选择性($\alpha = 21$)和渗透性都与Robeson上限相差甚远[17]。商用聚酰亚胺膜(Matrimid)表现出稍微改进的性能,CO_2/CH_4选择性和CO_2渗透性分别高达30barrer和10barrer[1barrer = 10^{-10} $cm^3 \cdot cm/(cm^2 \cdot s \cdot cmHg)$,标准状态下](图5.1)。然而,这两种材料在使用过程中都会出现性能下降的情况。例如,CA膜在与二氧化碳接触后发生结构上的溶胀增塑,使其实际选择性下降到12~15,类似的性能下降也发生在商用聚酰亚胺膜上[16]。交联或添加官能团有利于提高选择性和渗透性之间的平衡[16],从而增加侵蚀条件下膜的稳定性[18]。

无机材料提供了另一种不同的选择:沸石,例如SAPO-34[19]、碳分子筛[20,21]、混合基质膜[22]和促进传递膜[23,34]。虽然由于实际操作条件下的不稳定和高成本[25],它们大多数尚未做好商用的准备,但这或许提供了一种能超过Robeson上限的方法。

就工艺配置而言,单级膜无法达到渗余物中甲烷纯度和回收率的要求,因此普遍的做法是在不同工艺配置中组合使用多级串联膜[26]。目前,合成天然气中分离CO_2/CH_4的最有前景的三种工艺配置分别是:两级逆流循环、三级逆流循环和有通用循环环路的三级结构(所有研究的配置汇总见图5.2)[4]。

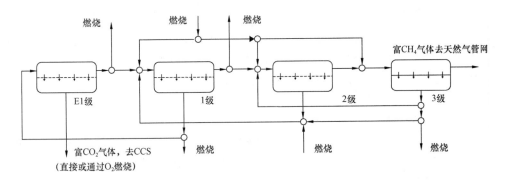

图 5.2 用于合成天然气中分离 CH_4/CO_2 的多级串联膜分离示意图[4]

5.2.1.3 CO_2/CH_4 的大规模吸附分离

吸附分离也可作为一种 CO_2/CH_4 分离的有效方法,同时获得纯甲烷气流和高纯 CO_2 气流。进行 CO_2/CH_4 混合物的分离研究,使用平衡吸附剂,例如活性炭、13X 沸石、5A 沸石、硅胶和金属有机骨架化合物,或使用在动力学控制区域工作的吸附剂,例如,碳分子筛(CMS)、斜发沸石、钛硅酸盐、DDR 沸石和 SAPO - 34[27]。这两种情况下,重质组分(HP)是二氧化碳,轻质组分(LP)是甲烷。

吸附分离通常采用变压吸附(PSA)工艺,这是一个高压吸收、低压释放的循环工艺,其释放操作也可能发生在真空条件下(真空变压吸附,VSA)[14]。PSA 工艺(流程图见图 5.3 中的 Skarstrom 循环)广泛应用于标准汽提配置中,特点是获得富含轻质组分的高纯度气流,而重质组分通常纯度较低。这一循环包含了甲烷逆流加压、给料(高压下获得产物纯化的甲烷),低压下逆流排放实现吸附剂的部分再生、低压下逆流清洗、用甲烷取代最终产物中的二氧化碳[28]。

变压吸附 Skarstrom 循环在 0.04 ~ 0.37MPa 的操作压力下采用 CMS 大量分离 CO_2/CH_4,分离50/50的给料混合物可以获得两种产物纯度都超过 90% 的气流[29]。CMS 和沸石基 PSA 工艺的对比表明,虽然 CMS 相比于沸石工艺处于微低的工作压力(真空)(CMS 为 0.03MPa;PSA 为 0.034MPa),但 CMS 可以较高回收率获得较高纯度的轻产物(甲烷),同时其产量也有小幅度增加[29]。

Skarstrom 循环还被用于 13X 沸石装填床中的 $CO_2/CH_4/N_2$(60/20/20)三元分

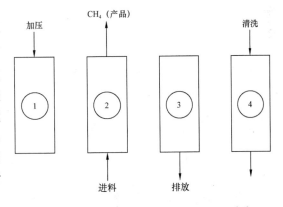

图 5.3 标准 Skarstrom PSA 循环流程图[28]

离[28];这种情况下,高压步骤的操作压力为 0.01 ~ 0.25MPa,低压步骤的压力为 0.01MPa,这两个步骤的温度分别为 300K 和 323K。此工艺表现出了低 CH_4 纯度和回收率,分别为73% ~ 85% 和 27% ~ 88%[28]。

为了超越 Skarstrom 循环的固有限制以获取高纯度和高回收率的甲烷,增加了两个并流压力平衡步骤来分离 50/50 的 CO_2/CH_4 混合气体，从而构成六步的 PSA 循环[30]；运用此方法，采用 CMS 在 0.4MPa 和大气压之间操作，可以获得产率为 $0.14m^3/[h \cdot kg($吸附剂$)]$ 的 CH_4，CH_4 的纯度为 95.8%，回收率为 71.2%。Skarstrom 循环能获得高纯度的轻产物(CH_4)，但通常不能同时获得高纯度的重产物(CO_2)。

Sircar 循环(根据其发明者命名)是包含五个步骤的 PAS 循环(图 5.4)，成功突破了上述限制[31]。此循环是由标准 Skarstrom 汽提循环变化而来。这项改进引入了重产物循环，基本上就是一个汽提 PSA 和一个完全不同的 PSA 结构的结合，也就是富集 PSA。通过这种方式，工艺对轻产物进行了清洗，并且吸附剂床层的孔体积中也充满了重组分(CO_2)。图 5.4 展示的流程采用 13X 沸石使二氧化碳和甲烷的纯度均达到 99% 以上，原料是近等物质的量比的 CO_2/CH_4 混合物[31]。

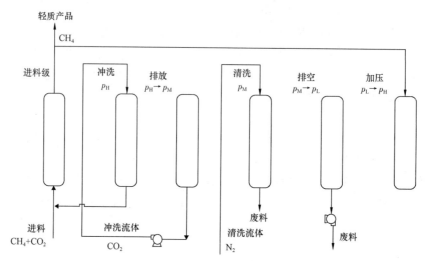

图 5.4　用于 CH_4 和 CO_2 生产的 Sircar 五步循环流程图[31]

5.2.1.4　低温分离

依赖于二氧化碳和甲烷沸点差异分离的方法通常被称为深冷分离。在本节中，考虑到深冷这个词严格来说是指操作温度在 120K 以下的工艺，而 CO_2/CH_4 分离超过此温度，因此称为低温分离[32]。

目前尚未有低温分离用于合成天然气提质的例子。然而，这一分离技术已用于从沼气中提取生物甲烷和燃烧前捕集合成气中的二氧化碳。前者将沼气压缩至 8MPa 并降温至 $-45℃$ 使二氧化碳冷凝，接着输送至下一个分离步骤来回收甲烷；富集了甲烷的沼气需要再被冷却至 $-55℃$，然后通过体积膨胀来分离其中的固态二氧化碳并最终获得高纯度甲烷(97%)。据报道，荷兰有此工艺的中试装置[14]。

低温 H_2/CO_2 分离技术用于从煤气化或天然气重整生产的合成气中制取氢气，也需要相当高的操作压力。现已证明，只有二氧化碳在混合气体中的浓度不低于 40% 时，才能达到高二氧化碳捕集率(大于 80%)[32]。有必要指出，获得这些结果的操作温度仅略高于二氧化碳的凝固温度，接近其三相点温度(216.2K 或 $-56.6℃$)[32]。低温分离可以运用旋转闪蒸分离或蒸馏。前一种方式需要将气体先冷却至 $-80 \sim -50℃$ 或让气体膨胀(2 ～

3MPa），从而得到主要由气态甲烷组成的混合物，气体中含有微米级二氧化碳液滴，再通过专利化的旋转颗粒分离器进行分离[33]。作为替代，合成气被压缩至5MPa，可在蒸馏塔中231~261K操作温度下进行分离[34]。

5.2.2 其他成分和杂质的脱除

如前所述，除了二氧化碳和甲烷的浓度，管道注入的标准规范中对合成天然气的关键约束参数还涉及水和氢气的含量（尤其是水热气化的情况）。此外，为了增加提质气中甲烷的含量，也需要移除氮气。目前，用于天然气脱水的技术也可潜在用于合成天然气脱水，包括液体干燥剂吸收、固体吸湿剂吸附以及膜分离[4]。需要注意的是，CO_2/CH_4分离步骤中工艺种类的选择会影响到脱水工艺在系统中的位置。如果采用吸附分离甲烷，水需要在这一步的上游除去，否则会因为水被大多数吸附剂保留而降低吸附容量[35]。CO_2/CH_4的低温分离也有类似的限制。

第一种工艺中典型的吸附剂包括氯化钙、氯化锂和乙二醇溶液。二元醇溶液被证明是最有效的液态吸水剂，因为它具有高吸水性、低蒸气压、高沸点、在天然气中溶解度低也不溶解天然气的特点[36]。四种已经被成功用于天然气脱水的二元醇分别是乙二醇（EG）、二甘醇（DEG）、三甘醇（TEG）和四甘醇（T4EG）；考虑到成本，一般TEG作为首选[36]。如图5.5所示，潮湿的高压气流与干燥和相对低温的TEG溶液在板式塔或填料塔中进行逆流接触（贫溶液）[3]。为满足输出气体的标准，脱水塔顶部浓溶液中TEG的最低浓度是设计TEG脱水单元必须确定的主要参数之一。操作压力和温度都会影响这一数值：操作压力越高，所需的TEG浓度就越低；操作温度越高，为达到标准所需的TEG浓度就越高[3]。较高的操作压力还能降低脱水塔所需的内径以及TEG的最低循环速率，并使得二元醇溶液均匀分布。二元醇溶液吸收脱水工艺的操作缺陷包括发泡、分解产物的形成、高二元醇浓度下的高黏度以及低温导致的泵送难度增加。除此之外，由于逃逸物质排放、土质污染以及液体处置问题，这一工艺也可能对环境造成负面影响[36]。

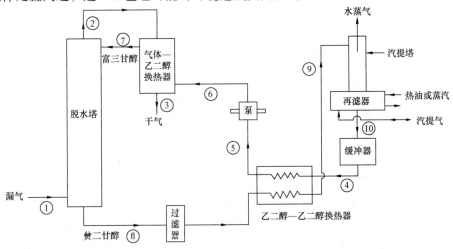

图5.5　TEG脱水工艺流程图[3]
①至⑩表示工艺流程中TEG流体的状态1~10

　　固体干燥剂通过化学反应、吸附或是水合物的形成来降低气体的湿度。最普遍应用的吸附剂包括氧化铝基吸附剂、活性炭、分子筛以及硅基吸附剂[36]。PSA 或变温吸附（TSA）是常见的气体干燥工艺，通常以 NaX 沸石（TSA、PSA）或是活性氧化铝（PSA）作为吸附剂[35]。图5.6 记录了沸石（曲线 a）和氧化铝（曲线 b）在297K 下对水的吸附等温线（吸收量与相对湿度）。沸石吸水能力极强（Ⅰ型等温线），氧化铝吸水能力中等（Ⅳ型等温线），水难以从沸石中脱出，导致沸石中水的解吸需要耗费大量能量。氧化铝则在低偏压下表现出低的水吸附容量。用于 PSA 干燥的理想吸水剂应该具有Ⅰ型等温线，并且其吸附亲和性需要在 NaX 和氧化铝之间（如图5.6 中曲线 f）。改性活性炭可以达到这一要求。实际上，曲线 c 中普通活性炭（CeCa）表现出的疏水性可以通过向其表面引入表面极性氧基团来改变。曲线 f 展示的Ⅰ型水吸附等温线是在醋酸铜催化下，353K 时45% HNO₃溶液氧化 CeCa 产生[35]。与之前分析过的第一种脱水工艺相比，固体干燥剂在操作以条件宽泛，脱水后气体露点更低，并且处理流速受限的气体时可能更有成本优势。除此之外，这些系统还避免了腐蚀与发泡的问题[36]。气体从填充床单元的顶部流到底部，运行一段时间后必须进行再生。通常部分进料湿气（10%）被用于再生步骤，这些气体通过换热器被加热至200～325℃，再被输送至需要再生的单元[37]。考虑到操作条件对设计或工艺参数的影响，气体的操作温度对干燥剂的壳层厚度影响几乎可以忽略，但对脱水所需干燥剂的质量有极大影响[36]。实验证明，气体的操作压力在6MPa 范围内，压力增加则脱水所需干燥剂的质量减少。

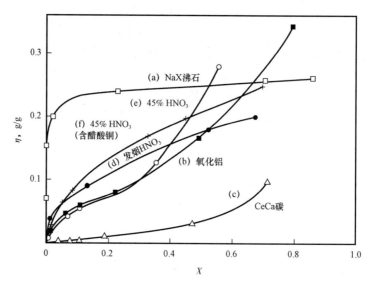

图5.6　各种吸附剂的纯水蒸气吸附等温线（24℃）[35]

　　膜技术是另一项可用于天然气脱水的有吸引力的备选技术。膜系统占用空间小，可被动传递，没有移动组件并且不会像乙二醇吸附系统那样对环境产生不利影响[38]。水相比于甲烷更容易冷凝（因为水有更高的临界温度或 Lennard－Jones 温度），因此水比甲烷在聚合物中有更高的溶解度。并且水分子小于甲烷分子，扩散性更好。因此，溶解选择性和扩散选择性都使得在所有聚合物中水比甲烷（也比氮气和二氧化碳）有更好的渗透性。亲水橡胶聚合物的水渗透性和 H_2O/CH_4 选择性最好[38]，特别是含有聚酯(环氧乙烷)的嵌段共聚物(PEO，如 Pebax 和 PEO – PBT)用于永久性气体(如氮气)脱水，吸引了许多研究兴趣[39]。这些含有 PEO 的共聚物都有着极高的水蒸气渗透率(大于 50000barrer)和 H_2O/CH_4 选择性(大于 5000)。此外，Pebax 共聚物已商业化，因此成为装配到工业膜的极佳候选者[38]。然而，目前膜系统仅应用于小规模特定的脱水过程[40]。应用过程中发现，膜系统的分离表现受到适度的给料压力与渗透压之比的限制，导致高的膜面积需求和甲烷损耗[41]。为了解决这一问题并建造一套有竞争力的膜基脱水流程，Lin 等[41]分析了不同流程的设计结构，发现使用干燥气流进行清扫的逆流设计可能成为最有前景的天然气脱水工艺。基于作者报道的模拟结果，一支标准状态下 $1.5m^3/s$ 的天然气气流可以通过一个 $120m^2$ 的膜将其水含量从 0.1% 脱至 0.01%，潜在的甲烷损耗仅 0.78%，小于目前甘醇脱水的甲烷损耗(大约 1%)[41]。

对于氢气和氮气等其他杂质的移除，目前发表的基于 PSA 进行天然气分离的文章都是基于两个主要组分(甲烷和二氧化碳)组成的模型系统的实验结果。讨论杂质问题的少量文章之一报道了利用垃圾填埋气生产纯甲烷和二氧化碳[31]。用于从甲烷中大量分离二氧化碳的工艺是 Sircar 的 PAS 循环[42](图 5.4)，讨论见 5.2.1.3 节。改进的流程主要用于垃圾填埋气中主要杂质的移除，包括水、氮气以及氯化烃类。这一研究中水和烃类首先在 TSA 单元中移除。TSA 的下游是大量 CH_4/CO_2 分离的 PSA 单元，最后是用于从甲烷中分离氮气的另一个 PSA 单元。图 5.7 展示了这一工艺的流程图。

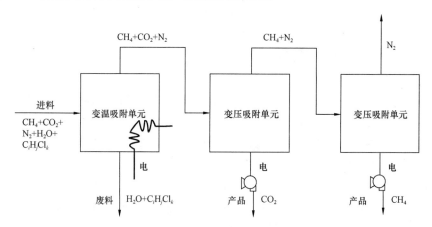

图 5.7　用于垃圾填埋气分离的多级吸附工艺流程图[31]

文献中经常会提及混合气中氢气的纯化，通常氢气是混合气中的主要成分。例如，使用活性炭从 80/20 的 H_2/CH_4 混合气中选择吸附 CH_4 纯化 H_2 的 PSA 工艺[43]。也有文献报道过用活性炭来分离 50/50 H_2/CH_4 混合气[44]。在这一研究中，研究者建模了多种 PSA 工艺配置，并对它们的效率进行了模拟和比较。考虑的基本工艺由以下循环步骤组成：

(1)通过进料或下一级产生的部分氢气对床层进行加压；

(2)高压吸附，这一步骤中生产氢气；

(3)高压甲烷清洗或并流降压；

(4)逆流吹除；

（5）低压氢气清洗。

后面的两个阶段中产生甲烷并对床层进行再生，以便用于下一循环[44]。对两种阶段 1 不同的工艺配置的研究表明，当氢气回收率增加后，氢气的纯度会单调下降，同时甲烷的纯度上升，回收率下降。然而，对于相同的氢气回收率，通过氢气加压的 PSA 工艺获得的氢气纯度会高于通过进料加压的氢气纯度。最后，甲烷纯度则被证明不太受加压步骤中使用气体种类的影响。阶段 3 的两个选择表明，甲烷清洗可以提高氢气和甲烷的纯度，甲烷的回收率为 35% ~ 95%[44]。

目前为止，已经有一些研究采用了膜技术进行 H_2/CH_4 和 N_2/CH_4 分离。Hradil 等[45]测试了实验室特别制备的含有聚合物吸附剂和聚合物黏合剂的异相膜用于 H_2/CH_4 分离的情况。这些膜的氢气渗透率为 $10^{-13} ~ 10^{-12} mol/(Pa \cdot s \cdot m)$，而甲烷的渗透率则要低两个数量级。异相膜的选择性估计在 3 ~ 120 之间。氢气的选择性和渗透性会随着混合气中氢气量的增加而增加，但会随着温度的增加而减少。总之，含聚合物吸附剂的异相膜上观察到扩散通量和渗透性增加，并且选择性高于沸石填充膜[45]。对于 N_2/CH_4 分离，Lokhandwala 等[46]开发并测试了选择性渗透甲烷、保留氮气的膜（复合橡胶聚合物）和选择性渗透氮气、保留烃类的膜（复合玻璃态聚合物）的表现。大多数情况下，甲烷选择膜是第一选项。然而，上述两种膜都只有中等选择性，所以生产低氮析出气体需要用多级或多段膜系统。但是对于含有 4% ~ 8%（摩尔分数）氮气的进料气（如合成天然气）来说，可以使用简单的两级模块组来获得所需的分离效果。在此系统中，加压进料气通过膜表面并进行渗透，然后在耗尽氮气之后重新加压。这套工艺可以达到 85% 以上的甲烷回收率[46]。

5.3　分离方法的技术经济对比

如前文所讨论，合成天然气提质需要不同的分离步骤，包括大规模 CO_2/CH_4 分离以及数个旨在移除其他成分的纯化步骤。本章综述表明，不同的工艺原则上可用于合成天然气提质的不同分离步骤之中。据我们所知，目前缺少对不同提质方法选择的对比研究。只有少量讨论不同可行的合成天然气提质技术的能量需求的文章，而且仅限于大规模 CO_2/CH_4 分离。Guo 等[47]估计通过物理吸收方法从粗制合成天然气中移除 CO_2 所需的能量为 566MJ/t(CO_2)，Gassner 等[4]估计膜分离技术所需的能量为 620MJ/t(CO_2)。据我们所知，现在还没有此类关于吸附分离的数据。但值得一提的是，PSA 方法从沼气中除去 CO_2 所需的能量为 459MJ/t(CO_2)，而胺类化学吸收除 CO_2 所需的能量则为 275MJ/t(CO_2)[47]。

沼气提质和来自水热气化工艺的合成气提质具有更多研究不同分离方式及其相关成本的数据。对于前者，文献综述了各种用于将发酵沼气提质成符合天然气管道输送技术规范的候选技术及其经济性[14,48,49]。然而，由于装置规模和热集成条件存在巨大差异，这一结论还并不能直接移植到合成天然气生产中。

水热气化的应用情况与本章讨论的第二代合成天然气生产更加接近，Chandel 和 Wiliams[50]认为，煤制合成天然气装置中，合成气净化系统需要占据整套装置安置费用的 15.8%。他们还计算了在向大气中排放通过物理吸附分离出二氧化碳情况下的合成天然气特定成本（在此情况下，由于煤气化需要高压，物理吸附更加合适），依据煤的种类，成本为 8.42 ~ 9.53 美元/MBtu[21 ~ 24 欧元/(MW·h)]。相比于其他文献中的数据，这一成本估计相当乐观。同一作者对合成天然气成本对煤价格依赖的论证也很有意思：100% 的煤价增长只增加了 12.5% ~ 18.8% 的合成天然气成本。他们还提出，如果 CO_2 分离与碳捕获与封存技术(CCS)结合，那么合成天然气的生产价格则会变成 23 ~ 26 欧元/(MW·h)。

NETL[51] 也报道过基于不同煤质的合成天然气生产成本计算，假设气化炉的输入能量为 500MW 并通过物理吸附分离二氧化碳，未进行 CCS 的成本为 48 ~ 53 欧元/(MW·h)，进行 CCS 的成本则为 53 ~ 58 欧元/(MW·h)。

Alamia 进行了更详细的测算[52]，他们对三种不同的提质方法进行了对比，分别是基于膜分离、单乙醇胺(MEA)吸收(这两种方法都结合 CCS)，以及未结合 CCS 的 PSA。计算条件均使用相同组分的合成气进料和 100MW 热输入气化炉。如此一来，PSA 工艺具有最低的资本投资，主要由于其不需要进行 CCS，其每年投资仅 500 万欧元，其他两种方式的成本则略微更高，大约为 580 万欧元。Alamia[52] 还计算了三种提质方式的年总成本，基于假设的电费，膜技术每年花费 1070 万 ~ 1220 万欧元；PSA 每年花费 810 万 ~ 890 万欧元；MEA 每年花费 910 万 ~ 980 万欧元。

同样，Heyne 和 Harvey[53] 预测了 100MW 热输入的常压气化炉中林业废弃物制合成天然气的总投资额度和运行成本，分别考虑到了提质部分使用膜、PSA 和 MEA 的情况。天然气提质装置的成本占总投资额度的 13% ~ 22%，其中膜技术的成本最低。预测的合成天然气的成本为：分别对应采用 CCS 和未采用 CCS 的情况，MEA 的成本为 104.4 ~ 105.5 欧元/(MW·h)，膜技术的成本为 108.1 ~ 110.5 欧元/(MW·h)；在未进行 CCS 的情况下，PSA 技术的成本为 112.9 欧元/(MW·h)。

Gassner 和 Marechal[54] 也估算了木质纤维素生物质制造合成天然气的成本，他们利用不同技术和方法集成了部分选择性脱除二氧化碳的工艺，包括物理吸附、PSA 以及膜技术。根据他们的计算，输入热容量为 20MW 时，合成天然气具体生产成本为 76 ~ 107 欧元/(MW·h)；当输入热容量为 150MW 及以上时，合成天然气具体生产成本为 5 ~ 97 欧元/(MW·h)。

Gassner 等[4] 还计算了使用膜技术情况下合成天然气生产的成本：未采用 CCS 时为 103 欧元/(MW·h)，采用 CCS 时为 107 欧元/(MW·h)。作者还在这一研究中表明，捕获和除去二氧化碳的额外成本强烈依赖于电力成本，这一额外成本为 15 ~ 40 欧元/t。

然而，选择二氧化碳脱除技术之前，需要考虑到膜技术和 PSA 的操作成本强烈依赖于电力市场的前景，而吸收技术则与电价基本无关。

概括而言，煤制合成天然气要比生物质制合成天然气便宜，二氧化碳脱除技术的选择仅会影响最终生产成本中的很少比例(4% ~ 8%)。决定是否捕获被脱除的二氧化碳对最终合成天然气生产成本的影响也有限(以生物质为原料，成本增长 1% ~ 4%；以煤为原料，成本增长 9% ~ 10%)。对最终成本影响较大的反而是电价、二氧化碳排放交易机制和配额价格、原料价格以及装置规模等外部条件，而非二氧化碳脱除技术的选择。

参 考 文 献

[1] CCEM. Second Generation biogas. New Pathways to efficient use of Biomass. Final Report. Swiss Competence

Center for Energy and Mobility, Zurich; 2012.

[2] IPCC. IPCC Special Report on Carbon Dioxide Capture and Storage. Intergovernmental Panel on Climate Change/Cambridge University Press, Cambridge, UK; 2005.

[3] Gandhidasan P. Parametric analysis of natural gas dehydration by a triethylene glycol solution. Energy Sources 25(3): 189 – 201; 2003.

[4] Gassner M, Baciocchi R, Maréchal F, Mazzotti M. Integrated design of a gas separation system for the upgrade of crude SNG with membranes. Chemical Engineering and Processing: Process Intensification 48(9): 1391 – 1404; 2009.

[5] Eiken O, Ringrose P, Hermanrud C. Lesson learned from 14 years of CCS operations: Sleipner, In – Salah and Snohvit. Energy Procedia 4: 5541 – 5548; 2011.

[6] Kothandaraman A. Carbon Dioxide Capture by Chemical Absorption: A Solvent Comparison Study. Dissertation, Massachusetts Institute of Technology, Boston, USA; 2010.

[7] Chapel DG, Mariz CL, Ernest J. Recovery of CO_2 from Flue Gases: Commercial Trends. Paper 340 at the Annual Meeting of the Canadian Society of Chemical Engineering, Saskatoon, Canada; 1999.

[8] UOP. UOP Benfield Process. Benfield Process; 2008. www. virtu – media. com/what_ we_ do/multimedia/ gasprocessing/Flash/pdfs/Techsheets/Benfield_ Process. pdf(accessed 15 December 2015).

[9] Kozak F, Petig A, Morris E, Rhudy R, Thimsen D. Chilled ammonia process for CO_2 capture. Energy Procedia 1: 1419 – 1426; 2009.

[10] Darde V, Thomsen K, van Well WJM, Stenby EH. Chilled ammonia process for CO_2 capture. Energy Procedia 1: 1035 – 1042; 2009.

[11] Gupta M, Coyle I, Thambimuthu K. CO_2 Capture Technologies and Opportunities in Canada. Strawman Document for CO_2 Capture and Storage(CC + S) Technology Roadmap. First Canadian CC + S Technology Roadmap Workshop, 18 – 19 September 2003. CANMET Energy Technology Centre Natural Resources, Calgary, Alberta, Canada; 2003.

[12] Chen WH, Chen SM, Hung CI. Carbon dioxide capture by single droplet using Selexol, Rectisol and water as absorbents: A theoretical approach. Applied Energy 111: 731 – 741; 2013.

[13] UOP. UOP Selexol Technology for Acid Gas Removal. UOP, New York; 2009. http: // www. uop. com/? document = uop – selexol – technology – for – acid – gas – removal&download = 1 (accessed 15 December 2015).

[14] Ryckebosch E, Drouillon M, Vervaeren H. Techniques for transformation of biogas to biomethane, Biomass and Bioenergy 35: 1633 – 1645; 2011.

[15] Sridhar S, Smitha B, Aminabhavi TM. Separation of carbon dioxide from natural gas mixtures through polymeric membranes – A review. Separation and Purification Reviews 36: 113 – 174; 2006.

[16] Wind JD, Paul DR, Koros WJ. Natural gas permeation in polyimide membranes. Journal of Membrane Science 228: 227 – 236; 2004.

[17] Bhide B, Voskericyan A, Stern S. Hybrid processes for the removal of acid gases from natural gas. Journal of Membrane Science 140(1): 27 – 49; 1998.

[18] Koros W. Mahajan R. Pushing the limits on possibilities for large scale gas separation: which strategies? Journal of Membrane Science 175(2): 181 – 196; 2000.

[19] Li S, Martinek JG, Falconer JL, Noble RD. High – pressure CO_2/CH_4 separation using SAPO – 34 membranes. Industrial and Engineering Chemistry Research 44(9): 3220 – 3228; 2005.

[20] Ismail A, David L. A review on the latest development of carbon membranes for gas separation. Journal of

Membrane Science 193(1): 1 – 18; 2001.

[21] Hagg M, Lie J, Lindbrathen A. Carbon molecular sieve membranes – A promising alternative for selected industrial applications. Advanced Membrane Technology 984: 329 – 345; 2003.

[22] Chung TS, Jiang, LY, Li Y, Kulprathipanja S. Mixed matrix membranes (MMMs) comprising organic polymers with dispersed inorganic fillers for gas separation. Progress in Polymer Science 32: 483 – 507; 2007.

[23] Zou J, Ho WSW. CO_2 – selective polymeric membranes containing amines in crosslinked poly(vinyl alcohol). Journal of Membrane Science 286: 310 – 321; 2006.

[24] Li Y, Chung T, Kulprathipanja S. Novel Ag + – zeolite/polymer mixed matrix membranes with a high CO_2/CH_4 selectivity. AICHE Journal 53(3): 610 – 616; 2007.

[25] Baker R. Future directions of membrane gas separation technology. Industrial and Engineering Chemistry Research 41(6): 1393 – 1411; 2002.

[26] Qi R, Henson M. Optimization – based design of spiral – wound membrane systems for CO_2/CH_4 separations. Separation And Purification Technology 13(3): 209 – 225; 1998.

[27] Santos MPS, Grande CA, Rodrigues AE. Pressure swing adsorption for biogas upgrading. Effect of recycling streams in pressure swing adsorption design. Industrial Engineering and Chemistry Research 50: 974 – 985; 2011.

[28] Cavenati S, Grande C, Rodrigues A. Removal of carbon dioxide from natural gas by vacuum pressure swing adsorption. Energy and Fuels 20(6): 2648 – 2659; 2006

[29] Kapoor A, Yang R. Kinetic separation of methane carbon dioxide mixture by adsorption on molecular – sieve carbon. Chemical Engineering Science 44(8): 1723 – 1733; 1989.

[30] Kim MB, Bae YS, Choi DK, Lee CH. Kinetic separation of landfill gas by a two – bed pressure swing adsorption process packed with carbon molecular sieve: Nonisothermal operation. Industrial and Engineering Chemistry Research 45(14): 5050 – 5058; 2006

[31] Knaebel K, Reinhold H. Landfill gas: From rubbish to resource. Adsorption – Journal of the International Adsorption Society 9(1): 87 – 94; 2003.

[32] Berstad D, Anantharaman R, Neksa P. Low temperature CO_2 capture technologies – Applications and potential. International Journal of Refrigeration 26: 1403 – 1416; 2013.

[33] Brouwers JJH, Kemenade JJP. Condensed Rotational Separation to Upgrade Sour Gas. Proceedings of the The Sixth Sour Oil and Gas Advanced Technology (SOGAT) Conference, Abu Dhabi, April 28 – May 1. pp. 35 – 39; 2010.

[34] Berstad D, Neksa P, Giovag GA. Low – temperature syngas separation and CO_2 capture for enhanced efficiency of IGCC power plants. Energy Procedia 4: 1260 – 1267; 2011.

[35] Sircar S, Golden T, Rao M. Activated carbon for gas separation and storage. Carbon 34(1): 1 – 12; 1996.

[36] Gandhidasan P, Al – Farayedhi A, Al – Mubarak A. Dehydration of natural gas using solid desiccants. Energy 26(9): 855 – 868; 2001.

[37] Wunder JWJ. How to design a natural – gas drier. Oil and Gas Journal 60(32): 137 – 148; 1962.

[38] Lin H, Thompson SM, Serbanescu – Martin A, Wijmans JG, Amo KD, Lokhandwala KA, Merkel TC. Dehydration of natural gas using membranes. Part Ⅰ: Composite membranes. Journal of Membrane Science 413/414: 70 – 81; 2012.

[39] Potreck J, Nijmeijer K, Kosinski T, Wessling M. Mixed water vapor/gas transport through the rubbery

polymer PEBAX® 1074. Journal of Membrane Science 338：11 – 16；2009.

［40］ Baker RW, Lokhandwala K. Natural gas processing with membranes：an overview. Industrial and Engineering Chemistry Research 47：2109 – 2121；2008.

［41］ Lin H, Thompson SM, Serbanescu – Martin A, Wijmans JG, Amo KD, Lokhandwala KA, Low BT, Merkel TC. Dehydration of natural gas using membranes. PartII：Sweep/countercurrent design and field test. Journal of Membrane Science 432：106 – 114；2013.

［42］ Sircar S, Koch WR, Van Sloun J. Recovery of Methane from Landfill Gas. US Patent 4 770 676；1988.

［43］ Waldron W, Sircar S. Parametric study of a pressure swing adsorption process. Adsorption – Journal of the International Adsorption Society 6(2)：179 – 188；2000.

［44］ Doong S, Yang R. A Comparison of gas separation performance by different pressure swing adsorption cycles. Chemical Engineering Communications 54(1/6)：61 – 71；1987.

［45］ Hradil J, Krystl V, Hrabánek P, Bernauer B, Kočiřík M. Heterogeneous membranes based on polymeric adsorbents for separation of small molecules. Reactive and Functional Polymers 61(3)：303 – 313；2004.

［46］ Lokhandwala KA, Pinnau I, He Z, Amo KD, DaCosta AR, Wijmans JG, Baker RW. Membrane separation of nitrogen from natural gas：A case study from membrane synthesis to commercial deployment. Journal of Membrane Science 346：270 – 279；2010.

［47］ Guo W, Feng F, Song G, Xiao J, Shen L. Simulation and energy performance assessment of CO_2 removal from crude synthetic natural gas via physical absorption process. Journal of Natural Gas Chemistry 21：633 – 638；2012.

［48］ Patterson T, Esteves S, Dinsdale R, Guwy A. An evaluation of the policy and techno – economic factors affecting the potential for biogas upgrading for transport fuel use in the UK. Energy Policy 39：1806 – 1816；2011.

［49］ Browne J, Nizami AS. Thamsiriroj T, Murphy JD. Assessing the cost of biofuel produc tion with increasing penetration of the transport fuel market：a case study of gaseous biomethane in Ireland. Renewable and Sustainable Energy Reviews 15：4537 – 4547；2011.

［50］ Chandel M, Williams E. Synthetic Natural Gas (SNG)：Technology, Environmental Implications, and Economics. Climate Change Policy Partnership, Duke University；2009.

［51］ National Energy Technology Laboratory. Cost and Performance Baseline for Fossil Energy Plants. Volume 2：Coal to Synthetic Natural Gas and Ammonia. DOE/NETL, Washington, D. C. ；2011.

［52］ Alamia A. Thermo – Economic Assessment of CO_2 Separation Technologies in the Framework of Synthetic Natural Gas (SNG) Production. Dissertation, Chalmers University of Technology, Göteborg, Sweden；2010.

［53］ Heyne S, Harvey S. Impact of choice of CO_2 separation technology on thermo – economic performance of Bio – SNG production processes. International Journal of Energy Research 26：45 – 47；2013. DOI：10. 1002/er. 3038.

［54］ Gassner M, Maréchal F, 2009. Thermo – economic process model for thermochemical production of synthetic natural gas(SNG) from lignocellulosic biomass. Biomass and Bioenergy 33：1587 – 1604；2009.

6 木制合成天然气——哥德堡沼气项目

6.1 瑞典的生物甲烷

在瑞典，由于政府大力提倡电力行业脱碳和运输行业替代化石燃料，将生物甲烷作为运输燃料广受人们关注。图 6.1 给出了 2012 年瑞典的电力生产情况[1]，主要是水电和核电。

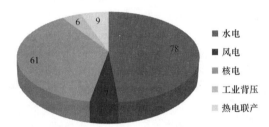

图 6.1　2012 年瑞典的电力生产达到 161TW·h，出口与进口之差为 20TW·h
由于工业回压和热电联产是以生物质为主，因此发电时或多或少会存在脱碳问题

由于瑞典的天然气管网仅出现在西南部，因此开始了两个平行的生物甲烷开发项目。可以接入天然气管网的地区，在管道分输和压缩天然气加气站方面可利用现有的天然气基础设施。在 2012 年全年，瑞典西南部生产的沼气从 8 个不同的地点接入天然气管网[2]。无法接入天然气管网的地区，一种合理的处理方式是：先对当地生产的沼气进行提质处理，再将提质处理后的生物甲烷供给附近的压缩沼气加气站。瑞典共有 55 家沼气提质处理厂[3]。后者在发展过程中所面临的挑战是如何在新兴的、不断扩大的市场上实现供需平衡。大多数未接入天然气管网的加气站必须依赖液化天然气，以备不时之需，并且未来仍要依靠液化沼气。与许多其他国家相反，瑞典的天然气分销商对可再生甲烷持积极态度，积极支持市场建设，并为其发展负责。可以注意到的是，瑞典有超过 70% 的沼气来自污水处理装置和共消化池。

在瑞典，直接依据绿色气体原则，将所有经提质处理后的沼气用作机动车燃料。只要将相同数量的沼气注入天然气管网，绿色气体原则就允许压缩天然气/压缩沼气车辆加注天然气。这是开发生物甲烷市场的一个重要步骤，其原因在于压缩天然气/压缩沼气车辆的拥有者可以从沼气的税收豁免权(无能源税和二氧化碳税)中获益，并且与实际加油站是否连接到沼气厂无关。

其他市场驱动因素是针对天然气汽车(NGV)，公司汽车福利税减少 40%，支持可再生能源气区的新技术示范项目，以及提出新的粪肥沼气生产支持计划。此前曾有一项针对减少气候气体排放的投资支持计划，这既有利于沼气项目，也提供了建设压缩天然气/压缩沼气车辆加气站的投资支持。几个城市为沼气动力车辆提供免费停车场所。如果人们购买一辆沼气燃料汽车，政府将提供10000瑞典克朗(约1100欧元)的资金资助。几十年来，政府通过各种国家举措和计划大力支持众多沼气研究与开发项目。

这些行为都促使运输行业的生物甲烷市场不断扩大，如图6.2和图6.3所示。

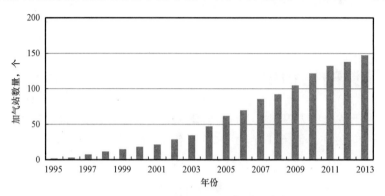

图6.2　瑞典天然气与沼气公用加气站数量

截至2013年底，共有58个用于公共汽车和重型卡车(如垃圾车)的非公用加气站

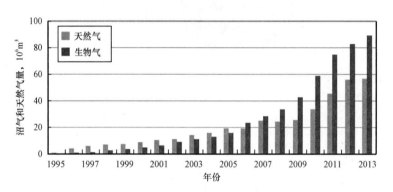

图6.3　作为机动车用燃料销售的沼气和天然气量

2006年，作为机动车燃料的沼气的使用量超过了天然气，并一直保持领先地位

在作为车用燃料的提质沼气产量稳步上升的同时，过去几年的沼气产量一直处于相对稳定的水平，年产沼气$1.4 \sim 1.6$TW·h。经提质处理后的沼气在车用燃料中所占的份额增加。即使在技术上是可行的，瑞典也不会对垃圾填埋气进行净化、提质处理并将其用作车用燃料，主要原因是从2005年1月1日起禁止有机物质填埋，而且有机物质产量正处于下降趋势，见表6.1。此外，垃圾填埋气可能含有高浓度的杂质，且杂质的浓度也是变化的，这些杂质通常不会出现在传统沼气中。

表6.1　沼气作为机动车燃料的分布情况

参数	2008年	2009年	2010年	2011年	2012年
沼气总产量，GW·h	1359	1363	1387	1473	1589
填埋气，GW·h	369	335	296	270	254

参数	2008 年	2009 年	2010 年	2011 年	2012 年
火炬燃烧气，GW·h	195	135	112	115	165
沼气总产量(不含填埋气和火炬燃烧气)，GW·h	795	893	979	1088	1170
作为机动车燃料销售的沼气，GW·h①	327	410	574	729②	808②
作为机动车燃料的沼气份额(不含填埋气和火炬燃烧气)，%	41	46	59	67	69

① 已售沼气数量来自瑞典统计局(www.scb.se)。

② 这些数字中包括少量用作机动车燃料的进口沼气。

事实上，似乎提质沼气的份额已经达到它的上限值，迫切需要增加生物甲烷的生产能力，以此来满足不断增长的市场需求。新的基材和生产技术，例如木质纤维素原料的气化和甲烷化，是很有吸引力的[8]，特别是对于像瑞典这样的国家来说，其国土面积的近70%被森林所覆盖。由于强大的纸浆造纸业，瑞典从事生物质运输的大部分物流行业取得了很好的发展，超过100MW的生物质燃料热电联产装置也并不少见。

6.2 哥德堡沼气项目的条件和背景

哥德堡能源公司(Gothenburg Energy)由哥德堡市政府全资拥有，它将生物甲烷视为未来最重要的可再生燃料之一，并指出通过现有天然气管网分销是它的一大优势。

哥德堡沼气项目的目标有两个：

(1) 展示通过气化和甲烷化处理，利用森林残留物生产生物合成天然气的可能性；

(2) 建设生物甲烷生产厂，以满足对再生二氧化碳中性生物甲烷日益增长的需求。

选定地点的当地条件具有多方面的优势：

(1) 附近的港口和铁路可以提供很好的原料物流条件。港口可以接收从海上和约塔河运来的原料。约塔河与维纳恩湖相连，维纳恩湖是瑞典最大的湖泊，位于森林景区内，几家纸浆造纸厂和锯木厂位于湖岸。

(2) 现场已经通过现有的热水中心处理了大量的生物燃料。

(3) 可接入天然气管网(压力为4bar和35bar)和区域供热系统。

(4) 生产的生物甲烷用于运输行业，哥德堡地区的加气站系统也很发达；区域和国家压缩天然气/压缩沼气市场正处于快速发展阶段。

哥德堡沼气项目始于2005年的生物合成天然气气化技术预研究项目。该项目的目标是建设一座100MW的大型工厂，可为10万辆汽车提供车用燃料。在确定具体方案之前进行了第一次中试试验研究，以便加深对该项技术的了解，并在此基础上，对可能的解决方案进行评估。2007年，哥德堡能源公司出资重建了查尔姆斯循环流化床锅炉，并配备了一台2~4MW的间接气化炉，费用为1300万瑞典克朗(约140万欧元)，以最快的速度完成了美卓电力交付气化炉的安装。仅在开始建设后的6个月内就进行了首次测试活动。为了最大限度地降低风险，将哥德堡沼气项目分为两个阶段：第一阶段是一套小型示范装置(20MW)，第二阶段是一套商用设施。该项目的第一阶段于2009年9月25日获得了瑞典能源署的资助，并于 2010 年 12 月 14 日又获得了欧盟委员会的国家援助。时隔两天后，哥德堡能源委员会于 12 月 16 日决定实施该项目，该套装置如图 6.4 所示，于 2014 年 3 月 12 日由瑞典能源部部长安娜·卡琳·哈特主持竣工典礼。

图 6.4　最近建造的哥德堡沼气项目（绿色建筑）鸟瞰图，毗邻现有的热水中心

6.3　技术说明

经 Repotec 的许可，哥德堡沼气项目的气化部分由美卓电力提供。Haldor Topsøe 是气体净化与甲烷化技术的供应商。Jacobs 作为工程设计、采购和施工管理方负责建造和安装工作。气化技术是以维也纳技术大学 Hermann Hofbauer 教授开发的概念为基础，通过 Repotec 实现了商业化。气化技术在位于奥地利格兴的 8MW 装置中得到了验证。自 2002 年投入运营以来，格兴的 8MW 装置累计运营时间超过 90000h。2009 年，通过欧洲生物合成天然气项目，利用此装置展示了生物合成天然气的生产情况。支流供给由保罗谢尔研究所开发，并通过 CTU 商业化的 1MW 流化床甲烷化反应器。生产的生物合成天然气已成功用作车用燃料。来自哥德堡能源公司的一名工作人员参与了流化床甲烷化装置的操作，这项新示范技术最初被认为是哥德堡沼气项目的首选技术。然而，在评估不同技术的过程中，哥德堡能源公司决定采用经过充分验证并拥有强大供应商的技术。在评估了不同的选项之后，最终选择了 Haldor Topsøe 的 TREMP 甲烷化技术。哥德堡沼气项目第一阶段的技术数据见表 6.2。

表 6.2　哥德堡沼气项目第 1 阶段技术数据

参数	数值
燃料容量，MW	32
生物甲烷容量，MW	>20
区域供热，GW·h/a	50
耗电量，MW	3

续表

参数	数值
菜籽油甲酯用量，MW	0.5
运行时间，h/a	8000

最初使用的是木质颗粒原料，但最终目标是转向使用森林残留物。试运行期间，在燃料供给阶段，使用氮气作为惰性气体，但在正常运行阶段使用分离的二氧化碳。哥德堡沼气项目简化主体布局如图6.5所示。气化反应器（气化炉）的操作温度为850℃，燃烧反应器的操作温度为930℃。热床料从燃烧反应器转移到气化炉，原料在气化炉中转化为气态产物和炭。炭与床料一起被转移到燃烧反应器，炭在燃烧反应器中烧掉。在进入袋式过滤器之前，粗合成气在合成气冷却器中被冷却至约180℃。在菜籽油甲酯洗涤器中分离出焦油，并与废菜籽油甲酯一起转移至燃烧室。由此，焦油和废菜籽油甲酯中的能量作为热量得到回收。剩余的焦油被活性炭床捕获。四张床交替运行，饱和时，通过蒸汽再生。粗合成气通过六级冷压缩机加压至16bar。由于不饱和烃（如乙烯）的出现，可能出现积炭和下游固定床催化剂失活现象。已经观察到合成气中的乙烯体积分数高达2.5%，为了保证装置的正常运行，必须解决这个问题。在哥德堡沼气项目中，采用烯烃氢化器对不饱和烃（主要是乙烯）和有机含硫化合物（如硫醇和噻吩）进行氢化处理。下面分别是乙烯、甲硫醇和乙硫醇的氢化反应：

$$C_2H_4 + H_2 \longrightarrow C_2H_6 \tag{6.1}$$

$$CH_3SH + H_2 \longrightarrow CH_4 + H_2S \tag{6.2}$$

$$C_2H_5SH + H_2 \longrightarrow C_2H_6 + H_2S \tag{6.3}$$

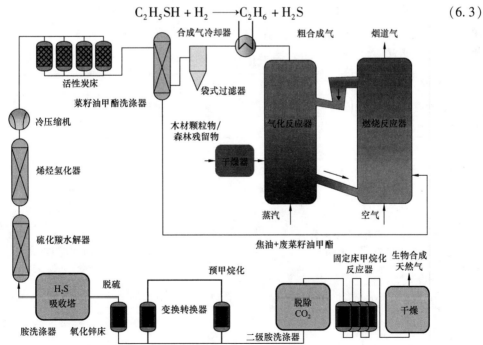

图6.5 哥德堡沼气项目装置简化布局图

硫化羰在硫化羰水解器中水解，水解反应如下：

$$COS + H_2O \longrightarrow H_2S + CO_2 \tag{6.4}$$

硫化羰水解器加入了基于碳酸钾的氯吸收催化剂，碳酸钾位于氧化铝载体上。

在胺洗涤器中除去硫化氢和约50%的二氧化碳。胺洗涤器来自BASF。通过氧化锌床将硫的残留浓度降至 $0.1\,\mu L/L$。部分合成气被转移至变换转换器，以此来调节 H_2/CO 的化学计量值。然后，在利用二级胺洗涤器将二氧化碳的残留浓度降至0.1%之前，合成气先经预甲烷化处理。最后的甲烷化反应在四台串联的固定床甲烷化反应器中进行。随后，经沸石干燥处理的气体，在5bar的压力下输送到瑞典煤气公司的压缩机站，压缩机站再将生物合成天然气加压至35bar后输入输气管网。

6.4　技术问题与经验教训

通常情况下，新技术的大型示范装置往往伴随着技术的不确定性，哥德堡沼气项目也不例外。最初的问题是大量的焦油堵塞了合成气冷却器，反过来又导致示范装置反复关停。起初人们怀疑床料(橄榄石)需要更长的时间才能变得更具催化活性，但采取措施后问题依然存在。现在已经通过在床料中加入添加剂，使该问题得到了解决。

6.5　现状

2014年春季，焦油含量高的问题得到了解决，气化炉成功生产出了高质量的合成气(表6.3)。运行至2014年8月，气化炉的总运行时间约为1000h。甲烷化处理装置预计将在2014年秋季竣工并投入运行，包括将生产的生物合成天然气输入输气管网。

表6.3　气化器输出的干燥气体组分

组分	体积分数,%	组分	体积分数,%
CH_4	8~9	CO	22~23
H_2	38~40	CO_2	23~25

6.6　效率

在哥德堡沼气项目的第1阶段，目的是验证20MW合成天然气技术并核实其性能指标。这些指标包括：生物质制合成天然气效率约为65%，总效率约为90%，年运行时间为8000h。

6.7　经济性

哥德堡沼气项目的成本，包括自2005年以来与项目组织建设有关的所有费用、预研究费用、评估费用等，约为 1.65 亿欧元。预计此种规模的哥德堡沼气项目不会投入商业应用，并且为了获得这方面的经验和更大的操作边界，在冗余或超大型系统上花费了额外的费用。由于该装置被视为示范平台，因此在许多测量点位配备了大量的测量设备，采取了额外的安全预防措施。在建设阶段，至少有 400 人同时参与现场工作，并无重大事故报告。

6.8　前景

为了弥补从中试规模到示范规模，再到商用规模设施之间的缺口，工业规模设施（如哥德堡沼气项目的第 1 阶段）的投资是建立信心、获得经验、提供进一步开发与优化平台的既重要又必要的一个环节。潜在的投资者至少需要知道：该技术是否有效、是否可靠、是否能达到预期效果，以及在达到商业规模之前是否需要进一步的改进。考虑到此类投资超过 1 亿欧元，显而易见的是，整个生物合成天然气行业会从哥德堡能源项目中获益。

在哥德堡沼气项目的第一阶段，其目的是进行技术验证与核实。项目的第 2 阶段（涉及容量为 80~100MW 生物合成天然气的商用装置）已通过欧洲 NER 300 项目获得了资助。

通过 20MW 生物合成天然气规模的技术验证，奠定了完全的商业化基础。所选择的技术将受益于扩容效应，因此，预计第 2 套 80~100MW 生物合成天然气装置的具体投资费用与运营成本将明显下降。

与哥德堡沼气项目同时进行的几个开发项目是与查尔姆斯理工大学的合作项目。在实验室规模设施和查尔姆斯 2~4MW 间接气化炉中进行测试。大量精力用在气体净化装置的改进上，其中一个主要研发路径与化学环路重整有关。哥德堡能源公司与查尔姆斯理工大学、柏林技术大学和可再生能源技术国际公司合作，并通过 ERANET BESTF（维持未来发展的生物能源）计划获得了资助，用于这一气体净化概念的开发。

参　考　文　献

［1］ Swedish Energy agency. Energy in Sweden 2013（in Swedish）. ET 2013：22, Swedish Energy agency, Sweden；2013.

［2］ Swedish Energy agency. Production and Utilization of Biogas, Year 2012（in Swedish）. ES 2013：07, Swedish Energy agency, Sweden；2013.

［3］ IEa Bioenergy. Foz do Iguacu. Country reports, IEa Bioenergy Task 37 – Energy from Biogas. IEa Bioenergy, Brazil；2014

［4］ Swedish Energy agency. Production and Utilization of Biogas, Year 2008（in Swedish）. ES 2010：01, Swedish Energy agency, Sweden；2010.

［5］ Swedish Energy agency. Production and Utilization of Biogas, Year 2009（in Swedish）. ES 2010：05, Swedish Energy agency, Sweden；2010.

［6］ Swedish Energy agency. Production and Utilization of Biogas, Year 2010（in Swedish）. ES 2011：07, Swedish Energy agency, Sweden；2011.

[7] Swedish Energy agency. Production and Utilization of Biogas, Year 2011 (in Swedish) . ES 2012：08, Swedish Energy agency, Sweden；2012.

[8] Held J. Small and Medium Scale bioSNG Production Technology. renewtec report 001：2013, ISSN 2001 – 6255, renewable Energy Technology International aB, Lund, Sweden；2013.

[9] Held J. (ed.) Conference Proceedings of the First International Conference on Renewable Energy Gas Technology. ISBN 978 – 91 – 981149 – 0 – 4. renewable Energy Technology International aB, Lund, Sweden；2014.

7 电转气工艺——通过 CO_2/H_2 固定床甲烷化反应，利用天然气管网实现可再生能源存储

7.1 推动力

7.1.1 太阳能与氢能研究中心的可再生燃料路径历史回顾

20 世纪 80 年代以来，太阳能与氢能研发中心（ZSW）一直致力于可再生燃料生产，尤其是甲醇、甲烷和氢能，采用不同的生产方式搭建了多套中试装置。

(1) 电转甲醇：电解水得到氢气，之后与 CO_2 合成甲醇。

(2) 甲醇制生物沼气：生物甲烷水蒸气重整得到合成气，然后合成甲醇。

(3) 生物沼气制天然气：生物沼气通过膜分离技术得到甲烷。

(4) 生物质制天然气：通过生物质碳酸盐循环气化得到合成气，然后合成甲烷。

(5) 电转气（P2G）：水电解得到氢气，之后与 CO_2 合成甲烷。

不同的生产路径，其目的都是生产和利用可再生碳基燃料，解决能量储存和传递、电力供应和运输问题，本章的讨论重点是电转气工艺。

7.1.2 能源转型发展目标

德国的能源转型不仅指的是可再生电力生产，同时也为供热和运输行业提供持续的能量供应。能源体系转变的目的是能够提供可持续、可再生、充足的能量供应。尽管风能和太阳能存在峰谷问题，但最终的能源形式（电能、热能和燃料）必须能够稳定供应，没有使用限制，同时不造成可再生能源的浪费。这意味着，一方面可再生能源最低供应量需要满足实际需求，另一方面，需求量低时剩余的能量不要被浪费。因此，要确保安全和可持续的可再生能源供应必须有完善的能源存储和提供可再生燃料（氢燃料和碳基燃料）的途径。

7.1.3 氢燃料、碳基燃料发展目标

氢燃料和碳基燃料的发展存在巨大挑战，未来的能源体系离不开碳基燃料，尤其是在长距离运输（如长距离卡车托运、航空、船运）、化学工业（如塑料）以及部分无法替代的发电领域（如天然气用于季节性能量存储）。因此，发展目标是建立可持续、本质无碳排放能源体系，而不是通过脱碳实现的低碳能源体系。有发展前景的途径是以生物质作为碳源，利用电解氢气最大化生产碳基燃料。

7.1.4　电转气发展目标

电转气初始的定义指将可再生电能转化为可再生气体，例如甲烷或氢气，将其储存在现有的天然气基础设施中，在不同时段供给不同部门使用[1,7,17]，可再生能源体系中电转气最重要的应用有：

（1）可再生能源的长期存储。例如，光伏发电和风电的不稳定的盈余电力。

（2）利用能源载体的形式提供电力输入，与电力消耗相结合，稳定电网电能供应。

（3）将部分能源输送形式从电力管网改为燃气管网。

（4）其他地方无法替代的可再生运输燃料的生产（短期内可进入的市场如甲烷燃料，中期市场如氢能燃料，长期市场如航空液态烃类燃料）。

电力管网和燃气管网双向耦合的重点是利用现有的能源分配和存储网络打造可持续的电力、热能和燃料供应集成系统。

7.1.5　甲烷化发展目标

甲烷合成反应过程是指将析出二氧化碳和电解水获得的氢气合成天然气，其反应器概念设计最重要的目标是控制反应器的温度和反应转化率最大化。通常情况下，甲烷化使用的是 CO 基合成气，而不是无 CO 的析出气体。项目的重点是到 2013 年尽快实现 6000kW 装置的工业化，其中包括为汽车制造商奥迪公司建造的电转气装置，该装置由 ETOGAS GmbH 工程建设公司建造，目的是为甲烷动力车辆提供可持续的燃料供应。

7.2　电—燃料转化概念——源于生物的碳和氢的共同利用

从长远角度考虑，生产可再生碳基燃料可利用的碳源包括生物质和来自空气和水体中的二氧化碳。例如，密度为 500kg/m³，碳质量分数为 50% 的干基生物质，1m³ 可得到 250kg 高浓度碳，相比而言，空气中的碳浓度则低得多。假定碳体积分数为 0.004%，1m³ 标准状态下空气中仅含有约 0.02g 碳，存在形式为稀释的 CO_2 气体，由于浓度过低，从空气和水体中提取高浓度二氧化碳需要很高的能量输入。

总的来说，生物质对于能源体系转型具有至关重要的作用，生物质是唯一含碳的可再生能源。然而，考虑到生物质的种植与粮食作物的种植存在直接的竞争关系，生物能源可持续发挥的潜力是有限的。如果能够实现可再生能源的持续、安全、充分的供应，将生物质必须作为一种碳源，而不是作为一种能源来看待，生物质可从根本上解决未来碳基燃料的需求。

由于元素组成的特点，使用传统工艺并不能将生物质的碳 100% 转化为碳基燃料，为了实现燃料产量最大化，有必要发展高效碳转化技术，其中包括新转化工艺的研发以及有限生物质资源的提质处理（提高碳转化速率，扩大能量覆盖范围）。一种非常有前景的方式是生产生物沼气和生物质的热化学转化（如气化工艺），同时与水电解获得的氢气相结合，这种方式可以利用可再生电力直接由水获得氢气，将可再生能源进行化学储存，这种创新的组合工艺可以显著提高有限的生物能潜力。

化学反应方程式如下：

$$CH_{1.431}O_{0.661} + 1.946H_2 \longrightarrow CH_4 + 0.661H_2O \tag{7.1}$$

为了将生物质中的碳完全有效地转化为甲烷，必须提供额外的氢气。假设生物质中碳质量分数为 50%、氢质量分数为 6%、氧质量分数为 44%，C：H：O（元素物质的量比）为 $1:1.431:0.661$。标准条件下，生物质的低位热值为 439.67kJ/mol[3]，氢气和甲烷的低位热值分别为 241.82kJ/mol 和 802.27kJ/mol。通过反应物和产物的对比，由式（7.1）可知：当碳转化率为 100% 时，439.67kJ 的生物质和 470.58kJ 的氢气可得到 802.27kJ 甲烷，这与合成天然气 88% 的能源效率一致。假设可再生盈余电力电解制氢的效率为 70%，则总能源效率为 72%。

利用电解制氢获得的氢气对生物质进行提质处理，可实现碳基能量载体合成天然气产量的最大化。由式（7.1）可以看出，439.67kJ 生物质可以得到 802.27kJ 甲烷，相当于输出天然气与输入生物质的能量比为 182.47%。

通过额外的氢气供给，可以实现生物质碳的高效存储利用，因此，为缓解燃料供应对农业种植区域的特殊需求，利用生物质实现可持续能源供应成为可能。图 7.1 所示为未来生物质和可再生电力转化为碳基能源路线图[4]。

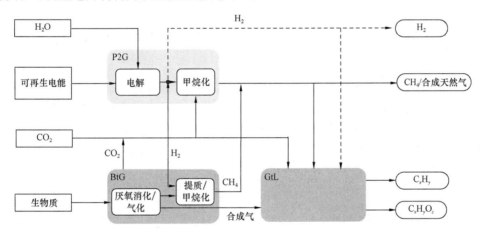

图 7.1　通过生物质获得可再生碳基燃料的高效利用途径
BtG—生物质转化为气体；GtL—气制油

生物质作为碳源，可以利用厌氧发酵工艺获得生物沼气，或通过生物质热化学转化得到合成气，继而与气制油工艺结合可以得到碳基能源载体，如甲烷、高碳烃、醇或醚，还可以利用电解水得到的氢气将二氧化碳转化为甲烷，或直接与各自的生产工艺相结合。

图 7.2 表示利用生物质采用此方式时燃料产量提高的幅度[4]，对比结果表明：第一代生物燃料（生物乙醇和生物柴油）转化效率相对较低，由生物质合成天然气，无可再生电能辅助时即高于生物柴油和牛物乙醇的能量转化率，借助解析物和生物能路径，能量转化率可以达到 60% 以上，引入电解氢气后厌氧发酵生物沼气得到的合成天然气产量可以提高一倍（生物沼气中的 CO_2 也转化为甲烷）。另外，生物沼气生产过程的残留物可以作为土壤改良剂循环利用，或通过热化学转化进一步提高能源效率。利用气化方案生产合成天然气，

整个过程没有残留物，能源效率是传统利用方式的 3 倍，还可以通过费托合成途径生产液体燃料，代替生物柴油和生物乙醇。从能源角度来说，费托燃料（—CH₂—）氢碳比低于甲烷，因此，通过厌氧发酵和热化学转化生产费托燃料的能量转化效率要低于合成天然气。

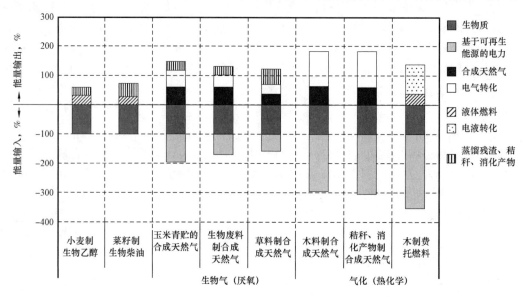

图 7.2　生物质通过不同的生物能利用途径获得碳基燃料的输入产出比
利用生物质和电力，将电转气和电转液环节引入合成天然气和液体燃料生产工艺过程

为了满足未来可持续能源体系对碳基燃料的需求，应该优先考虑充分发掘生物能源的潜力来生产碳基燃料，而对于发电和供热过程，可再生技术可以不以生物质为源头。利用前文所述的技术路径，将生物质资源与可再生电能电解水得到的氢气相结合，可以有效缓解对生物质资源需求的压力。与传统的生物柴油和生物乙醇相比，单位生物质能量输入和单位可利用种植面积上的燃料产出率可以提高 6 倍。

7.3　电转气技术

电转气是一种可再生能源季节性存储方式，在此过程中，将季节性波动的可再生电力收集，尤其是风电和光伏发电，电解水得到的氢气与 CO_2 在合成气反应器中反应生成甲烷，之后以合成天然气形式并入天然气管网。利用现有天然气基础设施，由可再生能源生产的化学能量载体甲烷可以有效存储、分配，并按需供给用户。与其他能量存储方式相比，电转气的特别优势是可以充分利用天然气管网的高存储和传输能力，将电力管网和燃气管网有效集成，形成集用户、分配和能量存储为一体的完备体系。

为了实现可再生能源的长期存储和季节性平衡，将其转化为二次化学能量载体，如氢燃料和碳基燃料（合成天然气）是目前讨论的焦点，这也是可再生能源 $10 \times 10^8 \, kW \cdot h$ 规模季节性存储的唯一选择（以德国为例）。在有电力需求时，利用现代燃气—蒸汽发电和分布式热电联产装置可以回收合成天然气，将其用于工业生产或作为车用燃料，例如电转气在运输行业的应用。

电转气装置的主要组成单元为水电解和甲烷化。水电解系统中，碱性电解池系统已经实现兆瓦规模的商业化应用，质子交换膜电解系统的大规模应用还不够成熟，固体氧化物电解系统仍处于研发阶段。目前，由于缺乏市场推动力，可利用的电解系统还不够标准化，兆瓦规模的装置仍需要特殊设计加工，这意味着需要额外付出部分费用。电解系统的发展一方面需要提高能源效率，另一方面特别需要开发新的电解组件，通过制氢系统模块化生产降低生产成本。

7.3.1 二氧化碳基合成气甲烷化反应的特点

与电转气工艺相结合的甲烷化工艺，具有以下特征：

（1）一氧化碳基合成气的甲烷化在技术上是可行的，并已实现商业化。然而，对于 H_2/CO_2 合成气的甲烷化过程并不完全相同。

（2）CO_2 基合成气按化学计量供给合成天然气工艺，其目的是使碳尽量完全转化。

（3）CO_2 呈惰性，实现其完全转化对反应器系统的要求远高于 CO 甲烷化。

从技术上来说，大幅度调整 CO_2 和 H_2 混合的化学计量来合成甲烷存在特殊的挑战，一方面必须使反应产率最大化来满足区域性的合成天然气需求；另一方面甲烷化反应为放热反应，反应过程中床层温度显著升高，容易引起催化剂失活。

采用生物质吸附促进气化工艺(吸附促进重整)[5,11,12]中析出气体的甲烷化以及电转气工艺，其 CO_2、H_2 组成接近化学计量比[11,13]，不需要下游气体调配(CO 转化、CO_2 分离)，但要满足合成天然气规格要求，还需要大幅度降低 CO_2 和 H_2 浓度。

与非化学计量调节气工艺[例如，双流化床(DFB)气化[6,14]]相比，高碳转化方案由于其高反应转化率导致反应热较高，其反应器设计有一定挑战。表 7.1 为反应过程热力学计算结果，假设反应过程氢转化率为 100%。

表 7.1 不同类型解析气体(有/无蒸汽)甲烷化反应过程热效应(氢气完全转化)

组分	CO_2/H_2	双流床	沼气/H_2	吸收强化重整
H_2,%(体积分数)	80	39	64.3	67.5
CO_2,%(体积分数)	20	22.5	16.1	12
CO,%(体积分数)	0	23	0	8.5
CH_4,%(体积分数)	0	15.5	19.6	12
H_2O,%(体积分数)	0	50	20	20
反应比热容,$kW \cdot h/m^3$(标准状态)	0.41/0.41	0.22/0.33		0.36/0.43

对比不同工艺反应过程的热力学数据结果可以看出，CO_2/H_2 混合气体和吸附促进重整气体甲烷化过程的反应放热量更大，主要原因是原料气体中可供转化比例的增加，尤其是在反应过程中甲烷不再对反应热造成影响。

选择反应条件时进行化学反应平衡计算，在特定反应操作条件下，通过最大平衡转化率可以判断最终产品组成，确保产品气冷凝除水后，可以直接并入管网。图 7.3 曲线为根据当前德国燃气管网接入规范[8,9]确定的合成压力，举例来说，假设产品甲烷含量已经确定，反应温度 200~300℃，对于 H_2/CO_2 混合原料气，根据不同的化学计量比[式(7.2)]，可以计算产品组成中各自的体积分数 y_i（i 可以是 H_2、CO 或 CO_2）[10]。

$$SN = \frac{y_{H_2}}{3y_{CO} + 4y_{CO_2}} \qquad (7.2)$$

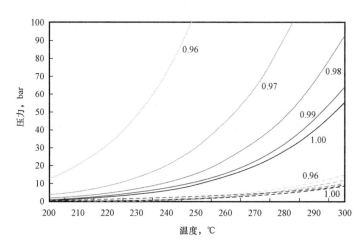

图 7.3　不同的 CO_2/H_2 混合物化学计量数（SN）条件下，平衡转化所需的操作
压力随反应温度的变化
高热值气体为实线，低热值气体为虚线

很明显，随着温度升高，所需最低合成压力呈非线性增加趋势，因此，工艺设计的目标是在能够实现反应器出口高反应转化率的范围内使反应器温度尽可能低，同时还需要综合考虑所使用催化剂的起活温度和转化特性。催化剂的选择会显著影响工艺压力，进而影响解析混合气体压缩所需要的能耗。除温度外，反应气体的化学计量比对压力也有显著影响，在所计算的温度区间内，化学计量比为 1 时所需的工艺压力较低。如果最终的产品气进入低热值燃气管网，则所需的合成压力比进入高热值燃气管网更低。举例来说，如果催化剂最低起活温度为 240℃，反应压力需要达到 6.3bar 才能满足高热值燃气所需要的甲烷含量，而 1.0bar 以上就可以满足低热值燃气所需的甲烷含量。需要注意的是，上述所有计算都是基于化学平衡状态的结果，这些数据指的是最低需要的操作压力，实际操作参数都要比所计算的数值更高[10]。

各种反应系统均可用于二氧化碳的甲烷化反应，反应器设计必须满足主反应区域温度控制的需要和反应转化率的需求。在电转气工艺范围内，太阳能与氢能研究中心正在研发一种列管式反应器和板式反应器，催化剂在内部装填，对外壁进行冷却，该系统设计通过扩散方式将反应热经反应器壁移走，其中的关键参数是冷却面积和催化剂体积比，这直接决定了催化剂床层的最高温度。因此，对于一个列管式反应器来说，反应热效应决定了最大管径。可以使用的冷却介质包括压缩蒸汽、导热油和熔盐。

管壁冷却式反应器应用于放热反应过程，在调整催化剂床层温度分布方面比绝热或等温反应系统具有明显的优势，其明显的特征是保证较高的入口温度，之后通过冷却介质换热，保证在催化剂床层出口维持较低的出口温度，在反应器中形成一定的温度梯度。入口高温可以保证催化剂具有较高的转化速率，同时下段床层的低温可以调整反应平衡，这种组合可以在单级反应器中实现反应物接近完全转化[15]。

这种操作方式的基本前提是能够对反应热进行有效控制，否则会缩短催化剂的使用寿命。梯级阶段进料模式可以将反应热在不同进料区进行分配，进而形成理想的温度梯度，有效控制床层温升。利用稀释 H_2/CO 气体进行反应器设计的研究显示，在总进料量不变的情况下，下段床进料可以显著降低上段床的最高温度[19]。

工业应用中，管式反应器通常设计为列管式，催化剂装填在反应管内，壳层利用冷却介质（如熔盐）换热。通过增加列管数量可以扩大生产规模，假如列管之间的气流分布一致，催化剂床层压力降相同，单管实验的测试结果就可以直接在列管式设计中应用。

另一种反应器设计是板式反应器，加压水冷却板按照一定间距安装在催化剂床层，在反应器的热点区域，加压水在冷却板上部分蒸发，提供良好的传热效果。

下面简要描述太阳能与氢能研究中心使用的反应器的基本特点。250kW 和 6000kW 规模电转气装置采用的列管式反应器（见 7.3.2 节），使用熔融冷却介质（熔盐反应器），在反应器中设计两个独立的冷却回路来形成预定的温度梯度。反应器设计的另外一个特点是在反应器入口处采用梯级阶段进料模式，控制床层热点温度，设计方案如图 7.4(a) 所示。

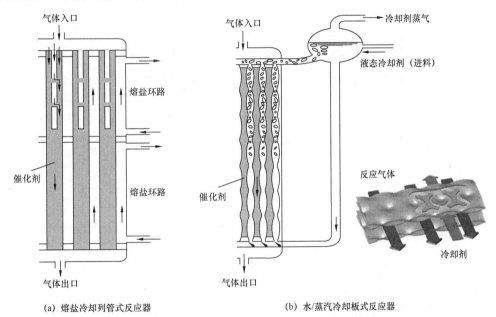

(a) 熔盐冷却列管式反应器　　　　　　　(b) 水/蒸汽冷却板式反应器

图 7.4　熔盐冷却列管式反应器和水/蒸汽冷却板式反应器设计示意图
熔盐冷却列管式反应器设计两个独立冷却回路和给料管阶梯式给料；
水/蒸汽冷却板式反应器设计，组件包括热连接的换热器

板式反应器设计遵从成本效益优化原则，通过高压扩展点焊板方式建造垫状热板。热板连接起来形成内装加压水/蒸汽冷却介质的热交换器，催化剂填装腔位于热板之间，加压水/蒸汽冷却介质的部分蒸发可以将反应热转移。调整冷却回路压力可以控制反应器出口温度，从而达到反应转化率控制要求，设计方案如图 7.4(b) 所示。

如果反应器出口气体组成不能满足指标要求，还需要增加分离环节进行浓缩，膜气体分离是比较合适的方式，例如在氢气超化学计量的甲烷合成过程中，多余的氢气可以通过

与甲烷分离后循环回收，之后与反应气混合重新反应[20]，反应体系中氢气含量升高有利于 CO_2 转化，同时提高甲烷收率。

7.3.2 25kW、250kW 和 6000kW 设备的电转化装置布局

太阳能与氢能研究中心建造了两套电转气装置，功率规模分别为 25kW 和 250kW。该中心还参与了 6000kW 装置的建造工作，内容涉及基础工程、试运行和装置监控。

三套装置具有如下特征：25kW 装置是一套测试系统，两个固定床甲烷化反应器串联，段间换热，产品气循环。250kW 测试装置系统配置灵活可变，具有列管式和板式两种反应器，可独立运行，也可组合运行，后接膜气体分离系统，提高产品气甲烷含量，膜渗透侧的富氢气体作为反应气回收。6000kW 装置是世界上第一套商业化的电转气装置，产品甲烷气体并入天然气管网，采用列管式反应器，原料气一次通过，直接作为低热值燃气。三套装置的设计方案如图 7.5 至图 7.7 所示。

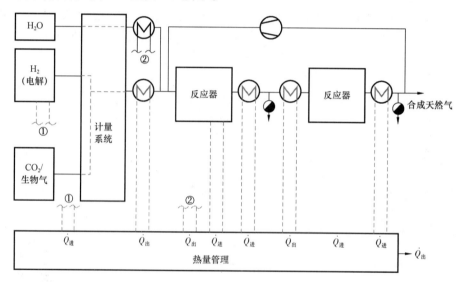

图 7.5　集成式 25kW 电转气试验装置设计示意图
①输入电能；②输出电能

7.3.2.1　25kW 电转气装置布局

ETOGAS 有限公司的前身是太阳能燃料有限公司，委托太阳能与氢能研究中心建造一套 25kW 的装置。该装置采用集成式设计方案，直接以生物沼气真实气体为原料。该装置设计将生物沼气处理装置产生的废气 CO_2 转化为甲烷或用于生物沼气与氢气的直接转化反应。装置于 2009 年建成，利用该装置，首次验证了生物沼气装置获得真实气体进行甲烷化的技术可行性。

采用碱性高压电解槽进行氢气生产，输入功率为 25kW。反应气体经过计量后进入两级反应器系统，级间进行冷却部分除水，合成单元的级间冷却设计可以降低含水量，提高产品气中的甲烷比例。为了降低一段反应器的热点区域温度，产品气中的部分气体通过循环回路进行循环处理。另外，通过向反应气体中混入蒸汽的方式来抑制催化剂表面积炭失活现象。

甲烷合成反应器设计为列管式，配备双层夹套式反应控温腔体，导热油作为控温介质。除加压电解和甲烷化系统外，集成装置还组合了电子控制系统，包括天然气车辆加注模块，其组成有气体干燥、压缩、存储和加注设备等。

7.3.2.2 250kW 电转气装置布局

250kW 装置由公共资金计划支持建设[2]，并于 2012 年投入运行。目的是在间歇运行和动态运行过程中进行技术优化，同时进一步判断成本优化的潜力。设计方案如图 7.6 所示。

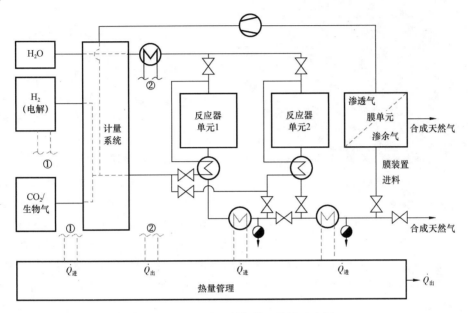

图 7.6 250kW 电转气装置设计示意图
反应器单元 1 为板式反应器；反应器单元 2 为列管式反应器
①输入电能；②输出电能

装置配备一台 250kW 碱性高压电解槽，两套不同的反应器系统可独立运行，也可组合使用。列管式反应器在化学工业已得到实际验证，另外还设计了一套加压水冷却板式反应器，采用不同控制方案来调整热点区域。对于板式反应器来说，主反应区域采用热板水蒸发来冷却，而列管式反应器采用多段进料和熔盐冷却的方式来控制床层热点区域，这种设计方式可以灵活调整甲烷化反应器温度分布。

为了提高甲烷含量，该装置可以采取两段合成工艺组合段间部分冷凝，或者单级甲烷化与下游膜分离提纯相结合的方式。通过膜分离技术，富甲烷产品气经处理后可输入燃气管网替代部分天然气，膜渗透侧的富氢气体可作为原料气回收，通过这种方式可以使甲烷化反应器中的氢气保持过化学计量比例，CO_2 接近完全转化[20]。

7.3.2.3 6000kW 电转气装置布局

位于德国下萨克森州韦尔特市的 6000kW 装置由汽车制造商奥迪集团出资建造，ETOGAS 有限公司设计承建，2013 年冬季投产试运行。装置建设的目的是以电为源头生产天然气，并入天然气管网作为运输用可再生燃料。2013 年底，装置首次生产并入管网的合成天然气中甲烷体积含量在93%以上（图7.7）。

图7.7　位于德国下萨克森州韦尔特市的商业化
6000kW电转气甲烷化装置（熔盐冷却列管式反应器）
照片源自奥迪公司[18]，设计示意图见图7.4(a)

该装置为世界上第一套电转气的商业装置，使用简单的处理工艺为天然气管网提供合成天然气，反应阶段无蒸汽引入，以干基状态形成产品气，无须进一步处理直接注入现有的低热值燃气管网系统。甲烷化反应使用熔盐冷却的列管式反应器，控制床层温度分布，气体一次通过。除导热介质控温外，在每根反应管还设计了分段进料系统来调整床层热点分布。

沼气池得到的生物沼气经胺洗来捕集二氧化碳，为工艺装置提供所需的原料气，满负荷状态下，电转气装置提供的合成气体总体积流量为325m³/h（标准状态）（不包括生物甲烷），接入当地的燃气分配管网（1.8bar）。当分配管网过饱和时（如夏季用气低谷），合成气体则注入运输网络（35～45bar）

系统设计将甲烷化反应器余热回收，为胺洗系统提供热源。装置运行期间产生的热量可以用于CO_2气提，装置处于停车状态时，则通过部分生物沼气燃烧来供热。这种方式不需要大批量燃烧生物沼气，最终大幅度提高生物甲烷产量。

本装置的另一个特点是氢气的中间存储，使用三个碱性电解池堆生产氢气，临时储存在一个10bar的加压氢气储罐中，这种方式允许电解池与甲烷化反应相对独立运行，允许存在短时间的暂停，减少由于电解池操作引起的设备启停次数。

7.4　实验结果

除了建设和运行两套25kW和250kW规模的电转气装置外，太阳能与氢能研究中心还在进行含碳氧化物气体加氢反应实验研究。研究内容包括筛选商业化催化剂，研究其失活特性以及膜分离提质工艺，研究将甲烷化产品气体处理得到可利用的合成天然气。本节主要介绍相关实验结果。

7.4.1　甲烷化催化剂的筛选、循环阻力、硫中毒

7.4.1.1　催化剂筛选

在用于实际反应前，首先对商业催化剂进行了甲烷化反应间歇操作适用性能测试，测试内容包括催化剂起活温度、转化活性和催化剂活化等。另外，利用不同类型反应器以及不同的分析表征设备（如热重）进行催化剂失活机理研究，研究的失活内容包括热烧结、中毒、积炭等。

　　起活温度和转化活性研究在管式反应器中进行，利用导热油管壁冷却进行控温，催化剂装量约为80mL。图7.8为商业化的镍催化剂起活温度 $T_{起活}$ 和反应器床层热点温度 $T_{热点}$ 的典型数据。逐渐提高导热油温度，以10K为一个升温梯度，由于反应放热，当床层热点区域温度高于导热油温度时，将该点温度定义为催化剂的起活温度。

　　基于图7.8的测试数据，1号、3号和5号催化剂起活温度低，同时在热点区域具有较高的温度梯度，可以认为更适合用于 CO_2 甲烷化反应。甲烷化反应为放热反应，温升越高说明催化剂转化活性越好，这可以通过产品气体组成中甲烷含量升高得以验证。试验过程所使用的测试条件并不能反映催化剂的最佳操作参数，只是将催化剂在同一操作条件下进行对比。

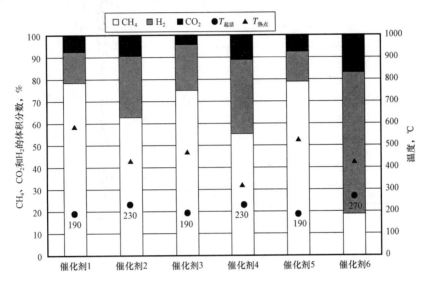

图7.8　商业化 CO_2 甲烷化镍催化剂起活温度($T_{起活}$)、热点温度($T_{热点}$)和转化效果(产品气组成)[18]

反应气体(体积分数)：$80\% H_2/20\% CO_2$。$T_{起活}$ 和 $T_{热点}$ 测试条件：空速为2000L(原料气)/[L(催化剂)·h]，压力为7bar。气体组成测试条件：空速为3000L(原料气)/[L(催化剂)·h]，压力为1.5bar，冷却介质温度300℃

7.4.1.2　催化剂间歇操作的循环阻力

　　电转气装置用的甲烷化催化剂可能会受装置间歇动态操作的影响，需要频繁启停，容易引起催化剂烧结，降低活性表面积，从而使催化剂失活。耐系统波动性能测试在一个导热油控温反应器中进行，反应器催化剂装填体积80mL，空速为4000L(原料气)/[L(催化剂)·h]，测试过程采取自动化形式，以氢气和二氧化碳为反应原料进行甲烷化反应，循环操作以待机状态为起始条件，待机时催化剂在一定温度和压力的氢气气氛下保持。图7.9列举了几个循环过程中热点温度和产品气体组成的典型数据。

　　图7.9所示的一个循环包括由待机状态启动甲烷合成反应和关停反应到待机状态的整个过程，控温介质温度保持稳定。开始加入 CO_2 之前，反应器腔体温度与控温介质温度一致，该温度需要高于催化剂的起活温度。在待机状态下，氢气流经反应器，CO_2 进入反应器后发生甲烷化反应，反应放热导致热点区域出现显著温升，原料气进行转化。甲烷化反应进入稳定状态后，CO_2 停止通入，仅留氢气连续进料，之后反应温度慢慢降至与冷却介质相同(约260℃)，上述过程在经历短暂的稳定时间后自动重复，直至满足预设的循环次数，图7.10所示为900次循环的测试结果。

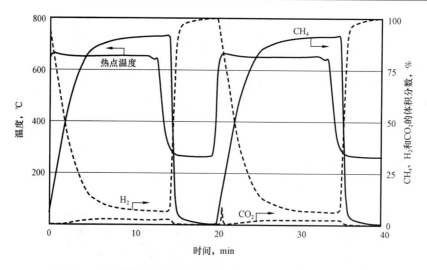

图 7.9 针对催化剂循环耐受性测试的甲烷化反应典型试验结果

反应气体组分(体积分数)为 80% H_2/20% CO_2, 冷却介质温度为 260℃,

空速为 4000L(原料气)/[L(催化剂)·h], 压力为 7bar

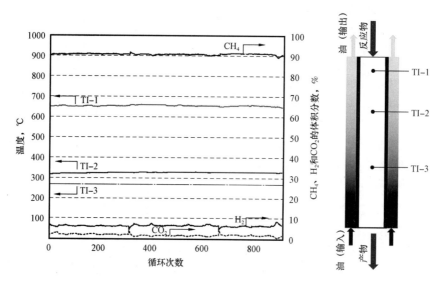

图 7.10 温度曲线和产品气体组成随循环次数的变化

反应气体组分(体积分数)为 80% H_2/20% CO_2, 冷却介质温度为 260℃,

空速为 4000L(原料气)/[L(催化剂)·h], 压力为 7bar

如图 7.10 所示, 在 900 次的循环测试中, 没有发现由于热负荷引起的催化剂失活现象, 反应器温度和产品组成保持稳定。然而, 也不能完全排除热点区域催化剂的热烧结现象, 表明催化剂具有较长的使用寿命。另外, 利用氢气的中间储存, 可以显著减少甲烷化反应的循环次数, 从而延长催化剂的寿命(图 7.11)。由于电力输入的不连续性, 频繁的启停操作是电转气装置的常见现象, 因此对催化剂的寿命并没有特殊要求。基于电力网络的需求和中间氢气储存能力以及甲烷化过程中的启停次数, 从技术上来说, 预计催化剂的使用寿命能达到几年。

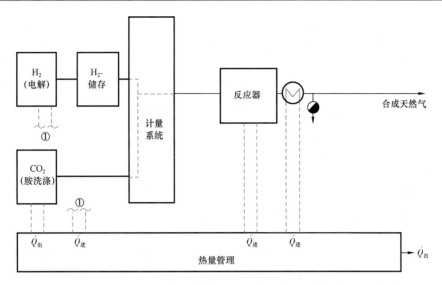

图 7.11 德国下萨克森州韦尔特市商业化的 6000kW 电转气装置设计示意图

7.4.1.3 催化剂的硫污染

获得 CO_2 的原料中会含有少量的杂质组分，尤其是含硫化合物，可能会污染反应器，引起催化剂失活。利用管式反应器，借助热重分析手段考察硫杂质对镍催化剂的影响，反应空速高达 25000L(原料气)/[L(催化剂)·h]，考察产品气组成和催化剂质量随反应时间的变化。

图 7.12 清楚地说明了随着反应转化率降低和催化剂质量变化，对合成操作的产品气体浓缩时的影响。少量的 H_2S 杂质即可引起催化剂失活，在相同反应条件下对 H_2S 杂质掺加进行了对比考察，无 H_2S 杂质存在时，产品气中甲烷体积分数可以达到 59%，而原料气中加入 $46\mu L/L$ 的 H_2S 后，甲烷含量最高只能到 53%，随着反应时间延长，甲烷含量还会大幅度降低，同时 H_2 和 CO_2 含量显著升高。

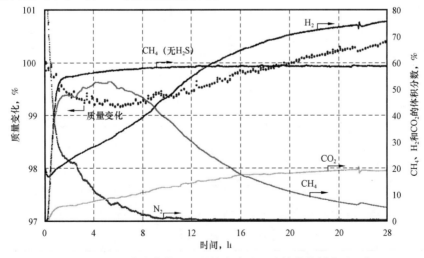

图 7.12 H_2S 存在条件下，甲烷合成过程中镍催化剂失活现象

在 $t=0$ 时，将氮气吹扫气切换为原料气，组成(体积分数)为 80% H_2 和 20% CO_2，其中掺加 $46\mu L/L$ 的 H_2S，反应温度为 260℃，压力为 7bar，空速为 25000L(原料气)/[L(催化剂)·h]，并与不加 H_2S 时产品气 CH_4 含量进行对比

催化剂质量随时间的变化是硫污染的进一步佐证，催化剂初始状态为氧化态，随着反应的进行，原料气中的 H_2 将氧化镍还原为金属镍（器内活化），反应初期表现为催化剂质量减小，之后由于 H_2S 加入形成硫化镍，质量下降现象得到抑制，催化剂质量开始逐渐升高，同时催化剂失活。对比实验表明，硫含量越低，催化剂寿命越长。由此可以得出结论：为了确保催化剂能长时间运行，必须对原料气进行脱硫处理，作者建议原料气中 H_2S 含量不超过 $0.1\mu L/L$。

7.4.2 25kW 电转气装置试验结果

利用 25kW 电转气装置，分别以 H_2/CO_2 和 $H_2/CO_2/CH_4$ 混合气体为原料进行了实验研究，两种类型均使用不同生物沼气装置的真实气体为原料，包括生物沼气和利用生物沼气生产生物甲烷工艺装置的 CO_2 析出气体。原料气体均经过气体净化处理，分别以 CO_2 析出气体/氢气混合气和生物沼气/氢气混合气为原料合成天然气，实验结果如图 7.13 所示。两种方案中，反应器均在同一反应条件下操作，即反应温度为 250～550℃，压力为 7bar，采用镍催化剂，气体空速为 2000～5000L(原料气)/[L(催化剂)·h]。

由图 7.13 可以看出，使用两种真实气体，无论是来自变压吸附的 CO_2 还是净化后的生物沼气，均能得到高质量的产品，并能保证长周期运行，在整个测试过程中，合成操作保持平稳。根据气体组成和热值特点，按照德国 DVGW G 260 和 DVGW G 262 的规定[8,9]，产品气体可以作为低热值燃气替代气，只需要干燥处理，无须进一步调整即可直接输入低热值燃气管网。

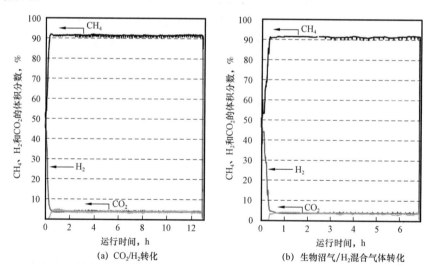

(a) CO_2/H_2 转化　　　　　(b) 生物沼气/H_2 混合气体转化

图 7.13　25kW 电转气装置 CO_2/H_2 转化的产品气体组成（以生物沼气生产生物甲烷工艺中变压吸附的解析气 CO_2 为原料）以及 25kW 电转气装置净化生物沼气/H_2 混合气体转化的产品气体组成（沼气未进行前脱碳处理）

7.4.3 250kW 电转气装置试验结果

250kW 和 6MW 电转气装置使用熔盐冷却管式反应器，设计过程以单管实验得到的系列实验数据为基础。结果表明，由单管反应器的实验数据可以直接放大到多管反应器使用，这种反应器类型为模块化设计，通过改变反应管数量可以满足原料气体处理规模调整的需求。

加压水冷板式反应器最初建设用于 CO_2 甲烷化过程，在接近理想状态下操作，由于板式反应器的设计特点，装置尺寸、空间和冷却盘数量等参数的缩放比例比管式反应器要相对困难。板式反应器设计的目的是确定用于甲烷化反应过程的操作性能，尤其是考察与其他反应器构型相比，板式反应器成本下降的潜力。

图 7.14 显示了在频繁的启停操作和负荷波动过程中两套 250kW 电转气装置反应器的操作性能。每个反应系统使用的原料气均为按照化学计量配比调配的 H_2/CO_2 混合气，从氢气气氛下的待机状态启动，系统达到稳定状态后，产品气质量保持平稳。原料气体流速

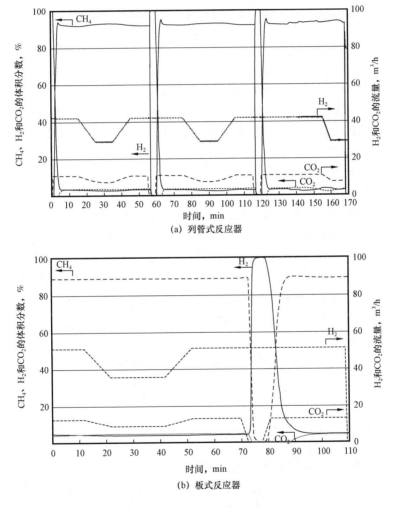

图 7.14 启动/关闭和负荷波动过程中 250kW 电转气装置列管式反应器和板式反应器中
气体组分与原料气体的关系
温度为 200～600℃，压力为 7bar，空速为 1365L(原料气)/[L(催化剂)·h]

在按照化学计量配比条件下，气体负荷由 100% 降至 70%，考察负荷波动对反应性能的影响，之后系统在 H_2 气氛下恢复待机状态，继而重复整个过程。

与由待机状态关机相比，由待机状态启动需要的时间更长，这主要是因为反应器系统热传递滞后，并且甲烷化反应为物质的量减小的过程，系统置换时间会延长，但启动和关停的时间也只是需要几分钟，完成一个启动和关闭操作之后，气体组成又能恢复到初始状态。进一步的结果表明，采用列管式反应器和板式反应器，负荷在 70% ~ 100% 之间波动对产品气体质量不会造成大的影响。

使用最新一代催化剂，采用在直通式反应器上得到的优化操作参数，无须进一步处理，产品气体质量就可以满足德国相关规范要求，可以直接作为低热值燃气替代气体注入天然气管网。

7.4.4　250kW 电转气组合膜气体分离提质装置试验结果

对于电转气装置来说，除了确定具体工艺操作流程和确定成本降低方案外，生产甲烷体积含量在 95% 以上，可直接注入高热值燃气管网的替代燃气是一个主要的挑战。如图 7.3 所示，甲烷化反应在小于 10bar 的中等压力下操作，气体一次通过，反应转化率只能限定在热力学平衡范围内。一种认为比较有前景的选择方式是利用膜分离工艺对下游气体进行处理，渗透侧气体可以作为替代燃气，滞留侧气体作为原料气完全回收进行甲烷化反应(循环回路)。

图 7.6 所示为组合工艺获得的实验结果，图 7.15(a) 和图 7.15(b) 分别为列管式反应器和板式反应器中，反应气体一次通过，不同气体分离膜表面积的反应结果(单位面积用最小膜组件面积的倍数表示)，同时列出了气体体积流量和滞留侧气体组成，另外，标出了渗透侧气体体积流速和甲烷化产品中的甲烷含量。随着膜表面积增大，渗透侧气体增加，而滞留侧气体减少。如果对原料气体 H_2/CO_2 比例按照化学计量比进行补充调整，将渗透侧气体完全回收，滞留侧气体中甲烷含量随膜面积增大呈逐渐升高趋势，甲烷化反应器出口气体甲烷含量则受气体回收的影响不大。

对于这两种反应器类型来说，将渗透侧气体回收后，滞留侧气体质量能够满足天然气管网替代燃气的指标要求，可以注入高热值燃气管网。

如图 7.16 所示，通过是否配置膜分离的两种工艺路线的比较表明，在恒定的气体进料情况下，配置下游膜分离工段，不仅能够提供高热值燃气，还可以降低甲烷合成的操作压力。太阳能与氢能研究中心的甲烷化反应器与膜分离组合工艺可以通过膜分离装置滞留侧压力调整阀实现全系统压力的调整，滞留侧气体产品只需要简单的处理就可以满足作为替代燃气注入燃气管网的最高指标要求。

图 7.17 是以列管式反应器为例，配置下游膜气体分离提质工艺后甲烷化反应器负荷变化对反应性能的影响。甲烷化使用列管式反应器，出口气体进入膜分离装置，反应 5min 后，滞留侧气体甲烷体积含量可以达到 98% 以上，渗透侧气体循环的延后使装置快速启动成为可能。

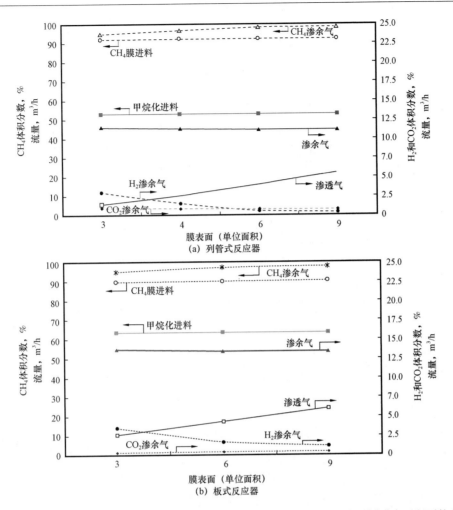

图 7.15　列管式反应器与板式反应器($p=5bar$)组合下游气体分离膜提质技术不同膜表面积下的实验结果

实验结果包括滞留侧气体体积流量及气体组成、渗透侧气体和甲烷化进料气体体积流量、甲烷化产品气

（也就是膜分离进料）中甲烷体积含量（虚线为体积分数，实线为流量）

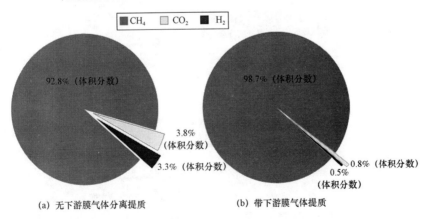

图 7.16　列管反应器的气体组成空速为 1365L(原料气)／[L(催化剂)·h]，甲烷化压力为7bar

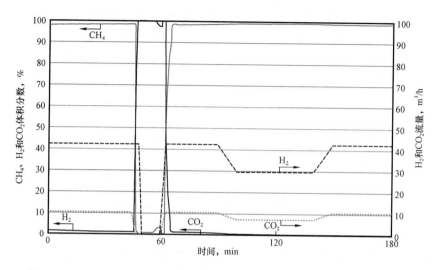

图 7.17　250kW 电转气装置采用列管式反应器，配置下游膜气体分离提质，
在启动/关停和负载变化期间补充气体体积流量对气体组成的影响

温度为 200 ~ 600℃，压力为 7bar，空速为 1365L(原料气)/[L(催化剂)·h]单元，膜面积为 6 个单位面积

7.5　电转气工艺效率

　　太阳能与氢能研究中心利用商用的 IPSEpro 模拟软件建立了电转气工艺模型，进行工艺效率计算，软件的核心是基于 Newton - Raphson 算法方程解算器，可以解决复杂方程组，结合质量、化学方程式和物理关系，可以采用单个模型和复杂工艺链来模拟元素和物质平衡。

　　图 7.18 所示为电转气工艺在两种选择方案中的能量平衡结果，两种方案气体均为一次通过，未配置下游膜气体分离系统，方案 1 是化学计量的 CO_2/H_2 混合气体甲烷化反应过程，方案 2 是化学计量的生物沼气/H_2 混合气体甲烷化反应过程，其中生物沼气体积组成为 60% CH_4 和 40% CO_2。

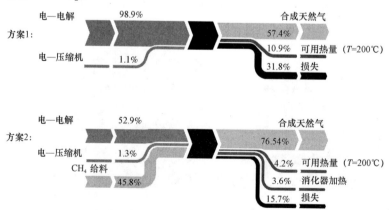

图 7.18　化学计量的 CO_2/H_2 混合气体(方案 1)和化学计量的生物沼气/H_2 混合气体为原料的电转气工艺能量平衡[方案 2，生物沼气组成(体积分数)：60% CH_4，40% CO_2]

　　工艺流程模拟是以表 7.2 的数据为基础，甲烷化反应转化率的计算是假定系统在压力 8bar、温度 260℃ 条件下达到热力学平衡。

　　由表 7.2 可见，对于方案 1 工况条件，甲烷化反应的产品气体能够直接符合低热值燃气管网的准入标准要求，而方案 2 工况条件下，产品气体甲烷体积含量显著提高，可以达到 95.8%，可以直接生产高热值燃气管网的替代气体[8,9]。

表 7.2　电转气工艺能量平衡的基础数据

参数		CH_4,%	H_2,%	CO_2,%	H_2O,%
方案 1	反应气体	0	80.0	20.0	0.0
	合成气	93.9	4.9	1.2	65.2
方案 2	反应气体	23.1	61.5	15.4	10.0
	合成气	95.8	3.4	0.8	50.9
电解					
电解能量需求，$kW \cdot h/m^3$（H_2）		4.3			
压力，bar		8.5			
甲烷化					
反应气体压力，bar		8.5			
合成气压力，bar		8			
温度，℃		260			
后续能量与物质流					
CO_2/沼气压力，bar		1			
温度可用能量，℃		200			
燃气管网输入压力，bar		16			

　　计算化学效率和热效率时，除了考虑所使用的电能（$P_电$）和生物沼气的化学能（$P_{化学,分离}$）外，最重要的还需要考虑用电单元的负荷，例如 CO_2/生物沼气压缩和甲烷化产品气体压缩（$P_压缩$）等。

$$\eta_{化学} = \frac{P_{化学,产气}}{P_电 + P_压缩 + P_{化学,分离}} \tag{7.3}$$

$$\eta_热 = \frac{Q_热}{P_电 + P_压缩 + P_{化学,分离}} \tag{7.4}$$

　　方案 1 中，化学计量的 CO_2/H_2 混合气体转化为低热值燃气，整体化学效率可以达到 57.4%（图 7.18），1/4 废热在 200℃ 左右的温度水平下产生，可以回收利用，例如，可用于为生物沼气胺洗涤脱碳装置提供热能，整体热效率为 10.9%。如方案 2 的工况条件，生物沼气未经脱碳工序直接进行甲烷化反应，整体的化学效率可以达到 76.5%，而 200℃ 废热的利用效率则只有 4.2%。将电转气与生物沼气装置组合还有一个优势，温度在 200℃ 以下的部分废热还可用于沼气池供热。

　　电能转化为化学能，形成天然气的替代产品，在电解和甲烷化单元存在一定的能效损失，电解单元效率 η 为 70%，相当于 $4.3kW \cdot h/m^3$（H_2），甲烷化单元效率 η 为 83.2%。

甲烷化单元的效率主要取决于 CO_2 加氢的反应放热，装置整体效率的优化潜力主要在电解部分。假如电解效率能够从 70% 提高到 80%［相当于 $3.75kW \cdot h/m^3(H_2)$］，装置整体效率可以提高到 65% 以上(方案1)。

7.6 结论和展望

电转气工艺自 2009 年首次提出，用于将可再生电能以合成天然气的形式进行储存，输入天然气管网。生产的二次能源载体甲烷或氢气可以根据需要进一步转化，或者作为最终能源载体供给运输和热能消耗部门。

2009 年，太阳能与氢能研究中心搭建完成 25kW 电转气测试系统，进行概念验证。2012 年建设一套 250kW 装置，用于工艺优化试验，2013 年底为汽车行业供气的 6000kW 技术装置投入运行。

（1）25kW 测试装置为集成式结构，组成模块有电解、甲烷化和电子控制，还包括一个天然气车辆加注模块。25kW 电转气系统已经使用不同的厌氧沼气池原料成功运行，包括生物甲烷装置的脱碳气体以及未经过 CO_2 分离的生物沼气两种原料类型。两种原料类型都可以生产出符合燃气管网入网标准的替代天然气，生产的天然气被称为电基压缩合成天然气，与现有燃气管网中的天然气质量和热值相当。

（2）250kW 电转气项目的主要目的是进行工艺验证，为兆瓦规模放大提供依据，适应电力市场灵活需求，进行动态操作概念验证，探索装置成本降低潜力。

（3）2013 年，由 6MW 工业规模装置生产的合成替代天然气首次注入天然气管网(汽车生产商奥迪公司的电转气装置)，这表明，尽管仍存在优化潜力，但该技术在兆瓦规模放大的可行性已经得到了验证。

通过 25kW 和 250kW 电转气装置获得的实验结果，可得到如下结论：

（1）由 CO 基合成气生产甲烷是目前最成熟的技术，而由于 CO_2 分子的化学反应惰性，H_2/CO_2 混合气体的反应并不容易，但通过催化剂优化，提高选择性和转化速率，可以实现 CO_2 基合成气的甲烷化反应过程。

（2）利用分散式电能可以搭建兆瓦级别的电转气装置，生产可再生燃料甲烷，其工艺流程比费托合成或甲醇合成工艺大大缩短。

（3）对甲烷化催化剂进行了长达 900 个启停循环的稳定性测试，未发现失活及活性下降现象。

（4）采用原料气体一次通过过程，干基气体无须进一步处理即可获得满足低热值燃气标准的替代燃气。

（5）组合膜气体分离工艺，替代气体中甲烷体积分数可达到 99%，可直接进入高热值燃气管网。

（6）甲烷化反应器由待机状态进入满负荷操作状态，或者由满负荷操作进入待机状态均只需要几分钟的时间。

（7）由于反应器启停时间短，电转气工艺原则上可以调整峰值和低谷，稳定电力管网。

（8）以化学计量调整的 CO_2/H_2 混合气为原料的转化过程，目前与电能输入相关的电转气工艺过程化学效率小于60%。在碱性电解池和质子交换膜电解制氢方面存在优化潜力，未来如果采用固体氧化物电解效率可以达到80%以上，整体装置效率有望达到65%以上。

目前几乎完全是原油基燃料市场，开拓原料来源，使原料多元化，提高可再生能源比例，是非常急迫和必要的。电转气概念通过最大化利用生物质中的碳资源，为燃料市场开辟了一条高效的生产路径。

为了满足未来对碳基燃料的需求，利用可稳定获取的生物能源结合可再生电能生产碳基燃料，而不是生产电力和热能，这些利用其他可再生能源也可以替代。与第一代生物燃料(生物柴油或生物甲醇)相比，利用现有技术，单位种植面积作物所获得的碳基燃料产品是原来的6倍。

参 考 文 献

[1] Specht M, Baumgart F, Feigl B, Frick V, Sturmer B, Zuberbuhler U, Sterner M, Waldstein G. Storing bioenergy and renewable electricity in the natural gas grid. AEE Topics 2009. Forschungsverbund Erneuerbare Energien 2010: 69: 2010.

[2] BMU. Public Fund of the Federal Ministry for the Environment, Nature Conservation and Nuclear Safety in Germany. BMU, Funding Code: 0325275 A - C, BMU, Bonn, Germany; 2011.

[3] Boie W. Vom Brennstoff zum Rauchgas - Feuerungstechnisches Rechnen mit Brennstoffkenngrößen und seine Vereinfachung mit Mitteln der Statistik. Teubner, Leipzig; 1957.

[4] Brellochs J, Specht M, Oechsner H, Schüle R, Eltrop L, Härdtlein M, Henßler M. Konzeption für die: (Neu -)Ausrichtung der energetischen Verwertung von Biomasse und der Bioenergie - Forschung in Baden - Württemberg. Bioenergieforschungsplattform Baden - Württemberg; Studie im Auftrag des Ministeriums für Ländlichen Raum und Verbraucherschutz Baden - Württemberg; 2013. http://www.bioenergieforschungsplattform - bw. de/pb/, Lde/1133469(accessed 15 December 2015).

[5] Brellochs J, Marquard - Möllenstedt T, Zuberbühler U, Specht M, Koppatz S, Pfeifer C, Hofbauer H. Stoichiometry Adjustment of Biomass Steam Gasification in DFB Process by In Situ CO_2 Absorption. Proceedings of the International Conference on Poly - Generation Strategies, Vienna; 2009.

[6] Corella J, Toledo J, Molina G. A review on dual fluidized - bed biomass gasifiers. Industrial and Engineering Chemistry Research 46: 6831 - 6839; 2007.

[7] Specht M, Zuberbuhler U, Baumgart F, Feigl B, Frick V, Sturmer B, Sterner M, Waldstein G. Storing Renewable Energy in the Natural Gas Grid Methane via Power - to - Gas(P2G): A Renewable Fuel for Mobility. In: Proceedings of the Sixth Conference "Gas Powered Vehicles - The Real and Economical CO_2 Alternative", Stuttgart, Germany, p.98; 2011.

[8] DVGW. Arbeitsblatt DVGW G 260 - Gasbeschaffenheit. Deutscher Verein des Gas - und Wasserfaches e. V. (DVGW). Wirtschafts - und Verlagsgesellschaft Gas und Wasser mbH, Bonn; 2012.

[9] DVGW. Arbeitsblatt DVGW G 262 - Nutzung von Gasen aus regenerativen Quellen in der öffentlichen Gasversorgung. Deutscher Verein des Gas - und Wasserfaches e. V. (DVGW). Wirtschafts - und Verlagsgesellschaft Gas und Wasser mbH, Bonn; 2011.

[10] Frick V. Erzeugung von Erdgassubstitut unter Einsatz kohlenoxid - haltiger Eduktgase - Experimentelle Untersuchung und simulationsgestützte Einbindung in Gesamtprozessketten. Dissertation, University of

Stuttgart, Logos Verlag GmbH, Berlin; 2013.

[11] Marquard - Möllenstedt T, Stürmer B, Zuberbühler U, Specht M. Fuels - Hydrogen Production - Absorption Enhanced Reforming. In: Anon(ed.) Encyclopedia of Electrochemical Power Sources. Elsevier, Amsterdam, p. 249; 2009.

[12] Koppatz S, Pfeifer C, Rauch R, Hofbauer H, Marquard - Möllenstedt T, Specht M. H_2 rich gas by steam gasification of biomass with in situ CO_2 absorption in a dual fluidized bed system of 8MW fuel input. Fuel Processing Technology 90: 914; 2009.

[13] Pearce B, Twigg M and Woodward C. Methanation. In: M. V. Twigg (ed.) Catalyst Handbook. Wolfe Publishing, Frome, England, p. 340; 1989.

[14] Pfeifer C, Koppatz S, Hofbauer H. Steam gasification of various feedstocks at a dual fluidised bed gasifier: Impacts of operation conditions and bed materials. Biomass Conversion and Biorefinery 1: 39; 2011.

[15] Seglin L, Geosits R, Franko B, Gruber G. Survey of Methanation Chemistry and Processes. Methanation of Synthesis Gas. In: L. Seglin (ed.) Advances in Chemistry, No. 146, p. 1. American Chemical Society, Washington, D. C.; 1974.

[16] DEG. Home page. DEG - Engineering GmbH, Gelsenkirchen, Germany; 2012. http://www.deg.de/ (accessed 15 December 2015).

[17] Specht M, Brellochs J, Frick V, Stürmer B, Zuberbühler U, Sterner M, Waldstein G. Speicherung von Bioenergie und erneuerbarem Strom im Erdgasnetz. Erdöl Erdgas Kohle 126(10): 342; 2010.

[18] Audi. Home page. Audi AG, Ingolstadt, Germany; 2012. http://www.audi.de/(accessed 15 December 2015).

[19] Wollmann A, Benker B, Keich O, Bank R. Potenzialermittlung eines modifizierten Festbett - Rohrreaktors. Chemie Ingenieur Technik 81(7): 941.

[20] ZSW. European Patent Application PCT/EP2013/071095; 2013

8 合成天然气生产工艺中的流化床甲烷化
——保罗谢尔研究所的工艺开发

8.1 工艺开发简介

从提出想法到实现大规模的商业应用需要经历几个连续的发展阶段。就技术开发而言，这些阶段通常按技术就绪指数（TRL）进行划分，这个概念最初由 NASA 提出并被广泛采用[1]，例如欧盟委员会（表8.1）。

表8.1 欧盟委员会使用的技术就绪指数（TRL）定义[1]（欧盟，1995—2015年）

技术就绪指数	说明
TRL 1	观察到基本原理
TRL 2	形成技术概念
TRL 3	概念的实验证明
TRL 4	实验室技术验证
TRL 5	相关环境下技术验证（就关键能动技术来说，则是指相关工业环境）
TRL 6	相关环境技术示范（就关键能动技术来说，则是指相关工业环境）
TRL 7	系统原型在运行环境中示范
TRL 8	系统完成且合格
TRL 9	实际系统在运行环境中得到验证（关键能动技术方面的竞争性制造；或在空间）

技术就绪指数也可用于化学或能源转化工艺的开发，例如合成天然气生产。技术就绪指数的前3级包括文献研究、热力学分析和基础实验，例如用来确定潜在的催化剂与有前途的操作条件。TRL 4级要求对整个工艺链有一个清晰的概念。就 TRL 4级来说，气化炉、气体净化技术和甲烷化反应器类型的选择应局限于少数几个有前途的组合。针对关键步骤，应该进行实验室测试，例如使用瓶装气体模拟预计会出现在各个工艺步骤中的气体组分。基于前期预测情况的验证结果，生成第一工艺链模型，将所选工艺步骤组合的性能与竞争性工艺变体或技术进行比较。

TRL 5级标志着一个重要且费用昂贵的步骤，花费的时间长和投入的资金大。就 TRL 5级来说，最重要的工艺步骤应该在相关环境中进行整合与测试。对于合成天然气工艺来说，这意味着应该用实际获得的合成气来进行气体净化、调节和甲烷化测试。如果气体提质包含关键或创新步骤，也应该在 TRL 5级进行测试。TRL 5级的工作目标是在相对较小的单元中展示工艺的可靠性和所用材料（如催化剂）的长期稳定性。典型的测试持续时间为几百到几千小时，在此期间很容易检测出前期未发现的问题。成功完成 TRL 5级的测试是进一步实验规模放大的先决条件。

TRL 6 级涵盖了实验规模放大至中试规模的关键步骤。虽然化学性能与规模无关，但是在规模放大单元装置中，流体动力学状态和由此带来的停留时间分布、热量和（或）传质情况也许会发生变化。在最坏的情况下，工艺步骤的性能（如化学反应器的选择性或催化剂稳定性）也可能发生改变。因此，需通过建模/模拟来有力地支持工艺单元向中试规模的扩容过程。为了正确预测单元规模扩大过程中的哪个子过程（化学反应动力学、传质/传热）属于限制环节，有必要建立一个速率控制模型，模型包括对单元中相关子过程进行合适的物理化学描述。为了在中试规模中验证速率控制模型，为中试规模装置配备生成所需质量数据的诊断工具是有利的。例如，对于甲烷化反应器，这些诊断工具至少应包括对进、出口气体组分和温度剖面数据的测量；在某些情况下，增加浓度剖面测量数据也许是有用的（另请参阅本书第 4 章中的相关章节）。一个成功通过中试数据验证的模型可以用来优化实际操作条件，并且是一种可以降低放大至商业化规模时的风险、同时增加潜在投资者信任度的有用方法。由于 TRL 6 级涉及装置的复杂性、重大的操作风险（鉴于合成天然气工艺中试规模装置的可燃气体数量）、资金情况以及为了便于技术转让，工厂必须参与 TRL 6 级所涉装置的开发和建设。

TRL 7 级是在实际环境中用中试装置来演示完整的工艺链。针对合成天然气工艺，从气化到气体提质的所有工艺单元都应至少在中试规模下实现，使用的设备（反应器、泵等）应进一步扩容至商用规模。TRL 7 级的目标是验证中试规模中整个工艺的技术可行性，并生成有利于工艺链分析改进的数据，这涉及效率和经济性两方面。因此，TRL 7 单元还应该包括许多相关的诊断工具，以便尽可能地生成这些数据。

TRL 8 级所涉装置是接近商用规模的示范装置，此外还允许在最后一步商用（TRL 9 级）之前验证经济预测与成本计算。可以用澳大利亚可再生能源机构引入的所谓商用就绪指数（CRI）来描述进一步的市场实施情况[2]，其中商用就绪指数 CRI 1（假设商业主张）涵盖了从 TRL 2 级到 TRL 7 级的技术开发，商用就绪指数 CRI 2（商用试验）对应于技术开发的后期，即 TRL 8 级和 TRL 9 级。接下来进入市场的步骤是商业扩容（CRI 3）、多重商业应用（CRI 4）、市场竞争驱动广泛部署（CRI 5），最终进入"可获利"的资产类别（CRI 6）。

8.2 木制甲烷——保罗谢尔研究所的工艺开发

瑞士保罗谢尔研究所（PSI）干燥生物质制合成天然气的研究始于 2000 年。自 20 世纪 90 年代初以来，Gazobois SA 公司（瑞士）一直在推广干燥生物质制合成天然气理念。1999 年，保罗谢尔研究所与 Gazobois SA 公司和洛桑联邦理工学院（EPFL）合作，在 2002 年前一直进行初步研究，并建议采用特定的气化和甲烷化技术[3]。基于热力学分析、文献研究和基础实验，即 TRL 1～TRL 3 级的研究工作，由维也纳技术大学（TU）（奥地利）的 Hofbauer 教授团队开发[4]，并由 Repotec（奥地利）建设的快速内循环流化床（FICFB）气化工艺被视为最有前途的适用于合成天然气生产的生物质气化技术。其原因不仅在于快速内循环流化床气化技术自 2002 年以来已在格兴（奥地利）投入商业运行[5]，还有一小股流动的原料流可用于在工业相关条件下进行长周期试验。

这种外热式气化技术的主要优点是合成气中几乎不含氮气，而且烃含量非常高，尤其是甲烷的含量。其原因一方面是分开了气化区与燃烧区，另一方面是气化温度相对较低（850℃左右）。

如图 8.1 所示，在鼓泡流化床中，利用蒸汽作为气化剂进行木屑气化处理，这使得干气中氢含量很高（干气中含量约为40%）而且不含氮气。床料与未反应的焦炭通过具有提升管功能的虹吸管运送至燃烧区。床料和木炭通过空气向上输送，借助木炭燃烧后产生的热量来加热床料。通过旋风分离器从烟道气中分离并回落至气化区，其携带的热量用于支撑吸热的气化反应。同时，格兴气化炉的运行时间超过60000h，其被认为是非常可靠的技术（年运行时间超过7000h），并被几个后期的项目选中[6]，例如，在哥德堡沼气项目中，其被扩容至32MW（参见本书第6章）。

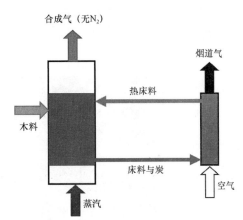

图 8.1 外热双流化床气化——由 TU Vienna 开发并由 Repotec GmbH 建造的快速内循环流化床气化炉

来自快速内循环流化床气化炉的合成气除含 35% ~40% 的氢气外，还含有一氧化碳、二氧化碳（各为20% ~24%）和甲烷（约10%）。这对工艺链的总效率来说是一个重大优势，其原因在于气化步骤中产生的甲烷在850℃的操作温度下，不会通过吸热蒸汽重整来进行进一步的转化，而且无须在300 ~400℃的操作温度下通过放热甲烷化来生成。最终，木料中的很大一部分化学能被转移至合成天然气中。

气化温度相对较低的第二个结果是存在大量的不饱和烃（体积分数高达3%的乙烯和乙炔），这可能导致绝热式固定床甲烷化反应器因内部高温而形成大量的碳[7]。通过物理洗涤除去烯烃或化学方法转化烯烃在经济上是行不通的。因此，Comflux 流化床甲烷化技术（见本书第4章）被认为是一种有潜力的技术，因为它具有很好的温度控制能力以及经过证明的将甲烷化和水煤气变换反应结合起来的能力（必须调整 H_2 与 CO 的比值）。

根据20世纪70年代文献报道的工作和保罗谢尔研究所的实验室实验（TRL 4 级）研究情况，选择了合适的流化床甲烷化操作条件。此外，选择活性炭、氨洗涤器和锌基吸附剂床作为气体净化步骤，来除去导致催化剂失活的杂质。2003年，在含气体净化单元的小型流化床反应器内接入了来自快速内循环流化床气化炉的支流，首次进行了120h的生物合成天然气生产[8]。基于这一鼓舞人心的结果，在保罗谢尔研究所内设计和建造了一套全自动10kW规模的合成天然气反应器系统（COSYMA），随后在2004年，转接至位于奥地利格兴的气化炉[9]。

几次 TRL 5 级的长期测试表明气体净化单元不足以完全去除含硫物质，在运行约200h后出现催化剂失活现象。合成气的全面分析表明：合成气中的噻吩含量达数十毫克/米³。同时，随着气体采样和分析方法的改进，检测到了大量的有机含硫物质（噻吩、苯并噻吩、二苯并噻吩及其衍生物）[10,11]。2005年，在实验室和建造于格兴的 COSYMA 的装置上，使用商业级硫化钼基加氢脱硫催化剂进行试验，结果表明：噻吩转化率是延长催化剂寿命的关键因素。正如荷兰能源中心（ECN）报道的那样，在这些活动中也获得了类似的结果：为了获得足够高的噻吩转化率，加氢脱硫反应器需要具有相当高的温度和低的空速[12]。因此，在集成了基于噻吩脱除步骤的洗涤器后，2007 年夏季示范催化剂的稳定性超过了1000h，如图 8.2 所示。约 40% 的高甲烷含量和极低的一氧化碳含量说明化学反应接近热力学平衡条件[13]。

(a) 系统装置图

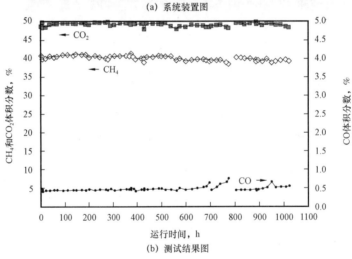

(b) 测试结果图

图 8.2　TRL 5 级全自动 10kW 合成天然气反应器系统装置和使用格兴快速内循环流化床气化炉支流的长时间测试结果

　　在 TRL 5 级中获得的这些成功结果表明，该技术的关键部分既稳定又可靠。因此，可以扩大试验规模。在 Comflux 项目中，在反应器类型方面所获得的大量经验可以越过TRL 6 级并直接建造 1MW 合成天然气工艺开发装置（PDU；TRL 7 级）。这是由 CTU AG（瑞士，温特图尔）和 Repotec Umwelttechnik GmbH（奥地利，维也纳）在欧盟项目 BioSNG 的框架内[14]设计和建造的，得到了瑞士电力生产商和奥地利公共基金的大力支持。2008 年完成了试运行前的各项检查与测试工作。该工厂在维也纳技术大学（TU Vienna）和 PSI 的支持下建造，使用来自快速内循环流化床气化炉合成气（Biomassekraftwerk，格兴）。工艺开发装置包括木制合成天然气的完整工艺链，即示范规模（TRL 7 级）的气化、气体净化步骤、调节、甲烷化和气体提质（图 8.3）[15]。2008 年 12 月，首次利用工艺开发装置（PDU）将来自快速内循环流化床（FICFB）气化炉合成气转化为富甲烷气体；粗合成天然气的组分与全自动 10kW 合成天然气反应器系统（COSYMA）（图 8.2）产生的气体非常相似，表明 10kW 规模扩容至 1MW 规模的成功。2009 年 4 月，整个工艺链首次投入运行，生产氢气质量为 $100m^3/h$ 的合成天然气［沃泊指数为 14.0，高热值为 $10.67kW \cdot h/m^3$（标准状态）］[16]，并将其输送到压缩天然气加气站。化学效率或冷气效率约为 61%，即合成天然气的低热值乘以它的质量流量除以木料的低热值乘以它的质量流量。

为了提供试运行支撑和获得工艺概念验证数据，保罗谢尔研究所在所有主要工艺单元之间的几个采样点连续采集气体样品。为此，数百米的采样管线被接入工艺开发单元。基于这样的气体采样方式，获得了与气体净化和气体提质性能相关的有价值信息。此外，将具有多个采样点的气体采样装置和保护管内的移动式热电偶引入主反应器内，可测量轴向气相浓度剖面数据和温度剖面数据。安装在反应器不同高度位置且分布于轴向位置的径向孔上的非侵入式压力传感器，用来测量气泡上升引起的高频压力波动，并且可以推导出反应器内与流体动力学模型有关的结论。这些信息可用来进一步开发甲烷化反应器速率控制模型；而轴向浓度剖面则可用来进行模型验证。就像全自动 10kW 合成天然气反应器系统（COSYMA）一样，这是一种能够在操作过程中进行催化剂样品采集，同时能确保催化剂样品不会与空气发生接触的特殊取样装置。通过适当的表征方法[10]，有可能控制反应器内与积炭和硫中毒有关的催化剂状态。

保罗谢尔研究所一方面着重于技术的深化研究，另一方面扩大流化床甲烷化的适用性。目的是优化源自不同气化炉与气体净化步骤组合的洁净合成气转化操作条件，调查流化床甲烷化在电转气应用方面的应用情况，支持和消除扩容风险。为此，近年来开展了一些活动，本书第 4 章对部分内容进行了更为详细的描述。针对微流化床反应器进行的原位红外光谱实验和系统实验有助于了解主、副反应和积炭引起的催化剂失活的反应机理。开发了具有轴向温度和浓度测量的合适装置，以此来确定主、副反应动力学。开发了流速控制计算机模型，该模型描述了动力学、流体动力学与传质之间的相互关系。目的是在电转气应用过程中，模拟扩容期间的流化床甲烷化反应器和预测放大时的反应器性能，并在模拟过程中改变输入气体的组分，包括富二氧化碳气体和富氢气体。人们还设计并建造了新的中试规模装置（GanyMeth，TRL 6 级），以便在高达 12bar 的压力下进行模型验证的流体动力学研究和反应性试验。针对这类反应器，一系列诊断工具和相应的方法被开发出来以便使用高质量的温度和浓度剖面数据来进行模型验证。

进一步的研究活动是正在进行的热气体净化步骤研究，目的是通过避免各种洗涤器以及由此产生的甲烷化上游的水冷凝和再蒸发来进一步提高工艺链的效率。本书第 3 章和第 12 章对该研究活动进行了部分介绍。最后，将基于流速的流化床甲烷化与气体净化步骤模型整合到一个用于热经济分析和多目标优化的工具中，以此来确定每个工艺单元的帕累托最优工艺配置与操作条件。这样，进一步的研究工作将会集中在最有前途的选项上。

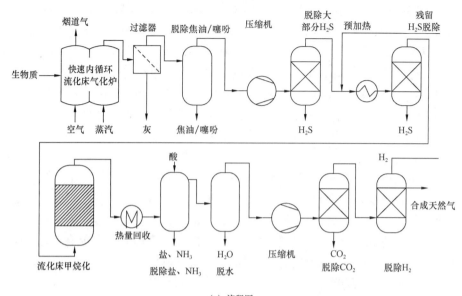

(a) 流程图

(b) 装置图

图 8.3 奥地利格兴的 1MW 合成天然气工艺开发装置(PDU,TRL 7 级)——
将木材衍生气体转化为合成天然气[13,15]

参 考 文 献

［1］ European Commission. Technology Readiness Levels(TRL), Horizon 2020. Work Programme 2014 – 2015 General Annexes, Extract from Part 19 – Commission decision C(2014)4995; 2014.

［2］ ARENA. Home page. 2008. Available at: http: //arena. gov. au/resources/readiness – tools/(accessed on 12 december 2015).

［3］ Biollaz SMA, Thees O. Ecogas – Teilprojet: Methan aus Holz, Energieholzpotential Schweiz. Technical Report prepared for Novatlantis ETh. Paul Scherrer institut villigen, Switzerland; 2003.

［4］ Hofbauer H, Veronik G, Fleck T, Rauch R. The FICFB Gasification Process. in: Bridgwater Av, Boocock dGB (eds.) developments in Thermochemical Biomass Conversion. Blackie Academic and Professional, London, pp. 1016 – 1025; 1997.

［5］ Hofbauer H, Rauch R, Bosch K, Koch R, Aichernig C. Biomass CHP Plant Güssing – A Success Story. Expert Meeting on Pyrolysis and Gasification of Biomass and Waste. Strasbourg, France; 2002.

［6］ FiCFB. Home page. 2006. Available at: http: //www. ficfb. at/(accessed 12 december 2015).

［7］ Czekaj I, Loviat F, Raimondi F, Wambach J, Biollaz S, Wokaun A. Characterization of surface processes at the Ni – based catalyst during the methanation of biomass – derived synthesis gas: X – ray photoelectron spectroscopy(XPS). Applied Catalysis A 329: 68 – 78; 2007.

［8］ Seemann MC, Biollaz SMA, Aichernig C, Rauch R, Hofbauer H, Koch R. Methanation of Biosyngas in a Bench Scale Reactor Using a Slip Stream of the FICFB Gasifier in Güssing. Proceedings of the Second World Conference and Technology Exhibition – Biomass for Energy, industry and Climate Protection. Rome, italy; 2004.

［9］ Seemann MC, Schildhauer TJ, Biollaz SMA. Fluidized bed methanation of wood – derived producer gas for the production of synthetic natural gas. Industrial Engineering and Chemical Research 49(15): 7034 – 7038; 2010.

［10］ Struis RPWJ, Schildhauer TJ, Czekaj I, Janousch M, Ludwig C, Biollaz SMA. Sulphur poisoning of Ni catalysts in the SNG production from biomass: A TPO/XPS/XAS study. Applied Catalysis A 362(1/2): 121 – 128; 2009.

［11］ Rechulski MDK, Schildhauer TJ, Biollaz SMA, Ludwig C. Sulphur containing organic compounds in the raw producer gas of wood and grass gasification. Fuel 128: 330 – 339; 2014.

［12］ Rabou LPLM, Bos L. high efficiency production of substitute natural gas from biomass. Applied Catalysis B: Environmental 111/112: 456 – 460; 2012.

［13］ Kopyscinski J, Schildhauer TJ, Biollaz SMA. Production of synthetic natural gas(SNG) from coal and dry biomass – A technology review from 1950 to 2009. Fuel 89(8): 1763 – 1783; 2010.

［14］ Bio – SNG. European Union Project – Demonstration of the Production and Utilization of Synthetic Natural Gas (SNG) from Solid Biofuels (Bio – SNG), Project No. TREN/05/ FP6EN/S07. 56632/019895; 2006. Available at: http: //www. bio – sng. com(accessed 12 december 2015).

［15］ Möller S. The Güssing Methanation Plant. Presentation at the BioSNG 09 – international Conference on Advanced Biomass – to – SNG technologies and Their Marketimplementation. zürich, Switzerland; 2009.

［16］ Biollaz SMA, Schildhauer TJ, Ulrich D, Tremmel h, Rauch R, Koch M. Status Report of the Demonstration of BioSNG Production on a 1MW SNG Scale in Güssing. Proceedings of the 17th European Biomass Conference and Exhibition. hamburg, Germany; 2009.

9 MILENA 间接气化、OLGA 焦油脱除和荷兰能源研究中心甲烷化工艺

9.1 简介

在荷兰的一次能源结构中，天然气占比近50%。为了降低二氧化碳排放和提高可再生能源比例，需要寻求一种可再生能源作为天然气替代品[1]。在荷兰，沼气技术得到了较好的发展，但沼气在一次能源消费中占比不高。将固体生物质经气化、甲烷化步骤生产天然气(生物合成天然气)潜力巨大，但技术仍不成熟。此外，该技术所需的生物质原料依赖进口，吉瓦级别的生产装置建设需要考虑靠近港口。

在保证生物质原料来源稳定的情况下，在生物合成天然气过程中，生物质原料成本占50%。因此，该过程中原料能否高效转化至关重要。2000年，荷兰能源研究中心评估了多项气化技术，确定了间接气化为最佳选项，并开始了 MILENA 气化技术的开发。MILENA气化技术在生物质合成天然气生产中具有更高的原料转化效率[2,3]，易于实现规模化以及可带压操作。现有的 MILENA 气化炉为常压气化炉。系统分析结果表明：装置规模小于50MW 时，MILENA 技术是目前最优技术。

荷兰能源研究中心开发的工艺流程从富烃合成气开始，合成气来自间接气化，间接气化过程使用少量蒸汽，操作温度适中(约800℃)。合成气净化和甲烷化催化剂采用商品化催化剂。转化过程包含可提高氢气含量的水煤气变换、高碳数不饱和烃加氢、芳烃重整以及一氧化碳和氢气转化生成甲烷反应。该过程中包含了放热较少的烃类加氢反应和吸热的重整反应，因此与单纯以 CO 和 H_2 为原料相比，该过程放热量较少。

温和的气化温度优势在于，气化过程可采用产生低熔点灰分的燃料。这类燃料比较便宜，主要是由于这类燃料不易燃烧，也不适用于高温气化过程(大于900℃)。其不足之处是会产生大量的焦油(重质芳香族化合物)。对于生物合成天然气生产过程，为了防止催化剂积炭，需要经常进行深度除焦。荷兰能源研究中心开发的 OLGA 除焦技术能够完全去除挥发性最强的焦油化合物外的所有焦油。从 MILENA 合成气中分离出来的焦油可用作气化过程所需的燃料，从而降低对额外燃料的需求。

荷兰能源研究中心的生物合成天然气研究侧重于 MILENA 间接气化和 OLGA 焦油脱除两项技术。其他重要的研究题目包括有机硫化合物[特别是噻吩(C_4H_4S)]和烃[如苯、甲苯和二甲苯(BTX)或乙烯(C_2H_4)]的催化转化。如果分离技术成熟，市场效益可观，合成气中的苯、甲苯、二甲苯和乙烯将被单独分离出来作为产品，而不再进行转化处理[4]。荷兰能源研究中心开发的两项技术，目的是获取适用于所有商业化固定床甲烷化技术的生物合成气原料。按天然气管网质量要求的提质处理关注度不高。除需要脱除 CO_2 外，这类原

料无须进一步净化处理，为此荷兰能源研究中心专门开发了一项采用固体吸附剂的 CO_2 脱除技术。

荷兰能源研究中心开发的合成天然气生产工艺按照操作压力可划分为几个不同的阶段。图 9.1 为主要工艺流程。该工艺可能还包括蒸汽添加或气体循环，但图中未给出。工艺流程图第一行涉及的各环节操作压力通常为常压或低压（小于 10bar）；第二行属于低压；第三行中，包括甲烷化反应在内的各环节通常在较高压力下进行（大于 20bar）。

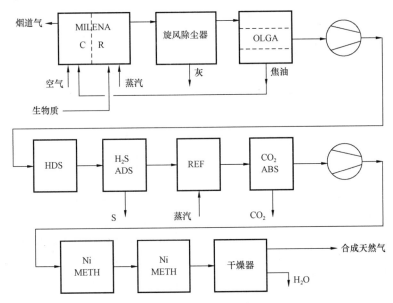

图 9.1 荷兰能源研究中心生物合成天然气工艺的主要步骤

C—燃烧器；R—重整器；HDS—加氢脱硫；ADS—吸附脱硫；REF—水蒸气重整；

ABS—吸收脱除；Ni METH—甲烷化反应器

目前的小规模装置，气化炉在常压下操作。未来装置规模扩大，气化炉可带压操作，将不再需要图 9.1 所示的第一台压缩机。对于小型系统来说，采用的是常压气化炉。在未来的大型系统中，气化炉采用低压气化炉，无须使用。第二台压缩机的出口压力取决于合成天然气产品压力需求。压缩负荷受前序工艺中 CO_2 和水脱除情况的影响（未给出）。

9.2 节将介绍荷兰能源研究中心生物合成天然气的主要工艺步骤。9.3 节介绍该工艺预期效率与经济性。9.4 节介绍目前取得的结果、技术现状和计划。9.5 节介绍下一步研究方向与未来的发展前景。

9.2 主要工艺步骤

9.2.1 MILENA 间接气化

MILENA 间接气化工艺的特点是引入少量蒸汽，生产的合成气产品富含烃类。表 9.1 给出了 MILENA 工艺大型气化炉的脱焦干基合成气组分。合成气中的 H_2/CO 的化学计量比取决于工艺条件，通常情况下其值接近于 1。含水量约为 35%，取决于气化炉条件和燃料湿度。表9.1还给出了各组分对合成气热值的贡献值，与氢气反应生成甲烷的热值损失，以及甲烷化和净化处理后生物合成天然气产品组成。表9.1中未给出污染物，如焦油、氨气、硫化氢、氯化氢以及其他含氧、氮、硫和氯的化合物。

表9.1 无焦油 MILENA 合成气(干基)组分对合成气热值的贡献率，
与氢气反应生成甲烷的转化损失和最终的生物合成天然气组分

组分	MILENA,% (体积分数，干燥)	MILENA,% (LHV)	转化损失 %	生物合成天然气,% (体积分数，干燥)
H_2	27	18		<0.5
CO	32	25	20	<0.1
CO_2	20			2
CH_4	14	30		95
C_2H_4	4	14	12	
C_6H_6	1	8	10	
C_xH_y	1	5	12	
N_2	1			3

注：主要是 C_2H_2、C_2H_6、C_7H_8 和少量具有 3~5 个碳原子的烃。

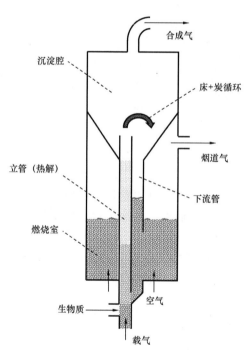

图9.2 带有立管、燃烧室和沉降室的
MILENA 间接式气化炉

MILENA 气化炉(图9.2)由气化区、燃烧区和沉降室三部分组成。这取决于所使用的床料(如沙子或橄榄石)。气化区采用快速流化模式，气体流速约为 6m/s。燃烧区采用鼓泡床模式，气体流速为 0.5~1.0m/s。沉降室是气化区的组成部分，沉降室气体流速显著降低。后文中气化区和燃烧区将分别称为立管和燃烧器。

生物质通过螺杆输送至立管底部，在立管的底部利用少量蒸汽或空气流化床料。生物质接触热床料后快速升温。这一过程会产生热解气体和炭，同时床料温度下降。热解气体将床料夹带至立管顶部，腾出空间，以便热床料从燃烧室回流至立管底部。

在立管的顶部，气体与夹带的固体一起进入沉降室，在沉降室内，由于气体流速下降，床料和炭从气流中分离出来。部分粉尘被夹带至气体冷却和净化系统。床料和炭被漏斗状结构收集，再通过下流管输送至燃烧室。根据需求可以安装多个下流管。

在燃烧室内，炭与空气燃烧产生的热量加热床料。经过条件优化，可获取足够的热量加热床料。在燃烧室顶部可以再次引入空气以确保炭充分燃烧，降低 NO_x 排放。燃烧室内较低的气体流速延长了停留时间，高温和较长的停留时间使得生物废弃衍生物变成了燃料。

床料和炭在立管和燃烧室之间输送提供了该过程主要的热量。其他热量主要来自预热送入燃烧室内的空气、向燃烧室内额外加入燃料、循环回收部分合成气或焦油送入燃烧室、向立管内输送过热蒸汽或过热空气/氧气。

气化炉的操作压力受传热与传质限制。操作压力升高，气体流速下降，立管内的气体密度增大。最终的结果是床料输送推动力下降，进而导致输送至燃烧器的床料量下降。在输送床料减少的情况下，为了维持燃烧器与立管之间的热量输送，床料必须在燃烧室内被加热到更高的温度，同时在立管中被冷却到更低温度，这将使操作压力限制在 7bar 以内。

上述原理在 Battelle[5] 和 FICFB[6] 工艺中也有所体现。MILENA 工艺实际使用该原理时又有自身的特点，具体如下（图 9.2）：

（1）气化区是快速流化床（立管），流化主要依靠合成气，初始流化过程只需少量蒸汽、惰性气体或空气。

（2）燃烧区是鼓泡式流化床，通过燃烧空气流化。

（3）气化区和燃烧区被集成在同一容器内，实现了带压操作（操作压力可达 7bar 左右）。

（4）炭和床料在沉降室内与合成气分离，并通过下流管（较大规模的设备可采用多根下流管）循环回燃烧室。

（5）沉降室内未分离出的细颗粒，通过旋风分离器或粉尘过滤器收集并循环输送至燃烧室。

（6）通过预热空气，燃烧从合成气中分离出来的炭和焦油可提供该过程所需热量。如果需要更多的热量，可以控制气化区和燃烧区之间的压差，使部分合成气进入燃烧区来提供。

（7）较低的蒸汽用量导致合成气中的焦油含量高（$20 \sim 60g/m^3$，标准状态），但就 OLGA 焦油去除技术来说，这并不是问题。

（8）较低的蒸汽用量会导致合成气的含水量较低（约 35%），这降低了合成气压缩前蒸汽冷凝负荷，同时也减少了凝液的产量。

9.2.2　OLGA 焦油脱除

OLGA 焦油脱除是一项专门的深度脱焦技术。该工艺的开发旨在实现燃气发动机和催化反应器排放气的应用。图 9.3 为该技术工艺流程图。

该技术开发的目的是防止整个过程中液态或固态的焦油、粉尘或水出现。实施的方法就是在焦油和水的露点以上脱除粉尘。对于常压 MILENA 合成气来说，焦油露点约为 450℃，水露点约为 75℃。在这种情况下，旋风分离器可用来去除粗合成气中的大部分粉尘。部分氯化物会形成氯化钾，凝结在粉尘颗粒上，通过旋风分离器一起除去。

OLGA 技术包括几个工艺步骤。

第一步：合成气与洗涤液逆流冷却至略高于水露点的温度。大部分重质焦油化合物冷凝液化回收，同时大部分粉尘仍然存在。为了避免堵塞，使用能够溶解冷凝焦油化合物的洗涤液洗涤合成气。由于气体降温较快，过饱和焦油蒸气与细粉尘颗粒物会形成气溶胶。这些气溶胶通过湿式静电除尘器收集。

第二步：使用对轻质焦油溶解性较好的溶剂洗脱残留焦油。即使操作温度高于水露点，也可以清除露点低于5℃的焦油。诸如苯和甲苯这样的挥发性化合物几乎不会被吸收，仍然留在合成气中。水也留在了合成气中，在OLGA工艺下游通过水洗涤器或水冷凝器除去。

第三步：富含焦油吸收液体的再生。焦油通过加热解吸，并使用空气、氮气或蒸汽进行汽提分离，气体介质的选择取决于气化炉的位置。

三个工艺步骤中使用的塔分别命名为收集器、吸收器和汽提器。

吸收和解吸步骤中脱除的关键组分是苯酚和萘。该工艺采用的吸收器和汽提器能够脱除99.9%的苯酚和萘，避免冷凝水受苯酚污染。汽提器废气可以循环回MILENA燃烧室，为气化过程提供额外的热量。

针对第一个分离步骤，开发了油回收系统(ORS)。油回收系统可以分离轻质焦油中的重质焦油和粉尘。分离后的轻质焦油确保了收集器内流体黏度，分离出的重质焦油和粉尘送回MILENA燃烧室，为气化过程提供额外的热量。OLGA工艺能有效地去除比甲苯重的各种焦油化合物，并将焦油携带的能量用于气化过程，同时避免了在水露点以上分离焦油带来的污水问题。

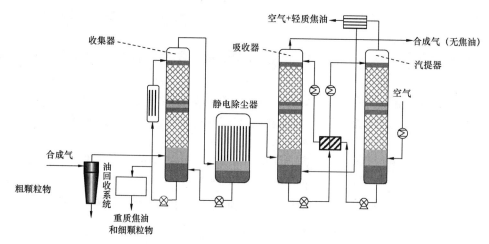

图9.3　常规OLGA布局，带收集器、吸收器、汽提器、静电除尘器和油回收系统

9.2.3　加氢脱硫与深度脱硫

新鲜的干木柴硫含量为$100\mu L/L$，废弃的生物燃料硫含量为$1000\mu L/L$，因此生物质气化生产的合成气硫含量介于二者之间。合成气中的主要含硫化合物是硫化氢和硫化羰，其他含量较高$(1\sim100\mu L/L)$的化合物是噻吩(C_4H_4S)、硫醇(如CH_3SH、C_2H_5SH)、二硫化碳以及含有一个或多个(甲)乙基和(或)苄基的噻吩衍生物，例如二甲基噻吩、二苯并噻吩等。

硫黏结在镍甲烷化催化剂上会导致其失去活性。硫浓度降低到$0.1\mu L/L$以下时，催化剂可以使用几年。除非采用高硫生物质原料，否则对于规模小于100MW的生物合成天然气装置来说，直接采用化学或煤制气使用的深度脱硫技术经济性较差。对于高硫生物质原料气化，可以通过降低燃料消耗来弥补较高的脱硫成本。

对于不带有芳环结构的有机硫来说比较容易脱除，可以通过加氢生成 H_2S 后，再通过商业化的固体或液体吸附剂脱除。氧化铁、氨液或过渡金属溶液吸附可将硫含量脱除至毫克/米³ 级。更深度的脱硫可采用锌或贵金属氧化物。重质含硫芳烃在 OLGA 焦油脱除工艺中脱除。轻质含硫芳烃可使用浸渍金属的活性炭吸附脱除，但该吸附过程同样会吸附苯、甲苯和二甲苯，这会降低整个工艺过程中的甲烷产率，同时苯、甲苯和二甲苯在合成气中的含量远高于噻吩，因此活性炭很快就吸附饱和。

荷兰能源研究中心采用系列商业化加氢脱硫技术，将有机含硫化合物转化成 H_2S，该机构重点研究加氢脱硫催化剂及其工艺条件。如果采用硫化的 CoMoO 催化剂，为了保证催化剂足够的活性，操作温度需要高于 350℃。OLGA 焦油脱除工艺出口温度在 100℃ 左右，因此在脱硫前需要补充额外的热量。

如果气化工艺采用常压，则合成气产物加压过程需要消耗额外的热量。然而，在合成气进行压缩之前需要进行冷却干燥，防止凝液损坏压缩机，同时减少压缩功耗。MILENA 合成气蒸汽含量低，这降低了冷却干燥过程负荷。冷却干燥过程同时可以移除部分杂质，尤其是氨气。

加氢脱硫催化剂同样可催化不饱和脂肪族化合物（如乙炔、乙烯和丙烯）加氢反应。此外，在合适的条件下，加氢脱硫催化剂还可促进水煤气变换反应和甲烷化反应。以上反应都是放热反应。在 MILENA 合成气生产工艺过程中，以上反应可将合成气温度提升200℃。在加氢脱硫工艺出口，需要降温以满足 H_2S 捕集条件。降温过程回收的热量可用于 OLGA 和 HDS 两段工艺之间物料加热。

在加氢脱硫反应器出口，含硫化合物仅有 H_2S 和 COS 两种，采用 ZnO 固体吸附剂可将合成气硫含量脱除至所需的亚毫克/米³ 级别。在 ZnO 吸附脱硫工艺或加氢脱硫工艺前，使用洗涤脱硫或铁基吸附脱硫技术脱除大部分硫化物可降低操作成本。在 ZnO 吸附脱硫工艺后端配置混合金属脱硫床可以脱除剩余的痕量硫化物。

9.2.4 重整器

MILENA 工艺生产的合成气中含有约5%的不饱和脂肪族化合物以及1%的苯、甲苯和二甲苯，此类化合物在镍甲烷化催化剂表面发生积炭或聚合反应导致催化剂失活。使用加氢脱硫催化剂处理这些不饱和烃可降低甲烷化催化剂失活的风险。重整器内采用专用的蒸汽重整催化剂可处理苯、甲苯和二甲苯。为了避免或降低催化剂积炭风险，重整过程需要消耗大量蒸汽，同时操作温度需要在 400℃ 以上。

蒸汽重整催化剂还具有催化水煤气变换反应、加氢反应和甲烷化反应的活性。实际上，重整器即为第一级甲烷化反应器。虽然重整反应是吸热反应，但综合其他类型反应后重整器出口温度会上升。重整器出口温度取决于甲烷化反应平衡。低压操作可限制重整器出口温度上升，气体无须进行循环。重整器出口产物需要进行冷却，以满足下步二氧化碳脱除工艺。根据工艺条件的要求，可考虑是否在重整器和二氧化碳脱除工艺之间增加甲烷化反应器。重整器出口物料仅含有甲烷、水、二氧化碳、氢气、一氧化碳和氮气，有时会混有少量氨气和其他副产物。

9.2.5 二氧化碳脱除

传统的二氧化碳脱除技术是采用物理吸附剂或化学吸附剂。物理吸附剂的使用需要在高压或低温条件下进行，这会导致大量烃类同时被脱除，因此物理吸附剂不适用于生物天然气净化。

化学吸附法通常在低压条件下采用氨类作为吸附剂。吸附前，混合气需冷却至40℃，同时需要预先脱除冷凝水，从而避免氨吸附剂被稀释。该过程可再次吸收脱除混合气中的氨气。为了控制合成气组成满足$(H_2 - CO_2)/(CO - CO_2) = 3$的要求，部分合成气可不进行氨吸附。通过加热可将氨吸附剂再生，再生过程产生的二氧化碳可直接放空、储存或加以利用。为了防止合成气夹带少量二氧化碳吸附剂导致下游催化剂失活，可在吸附工艺后续增加保护床。

第三种方法是使用可再生的固体吸附剂。这类工艺的操作温度通常为350～450℃。荷兰能源研究中心开发的新型固体材料二氧化碳吸附工艺，操作压力通常为10～30bar。吸附饱和后降低体系压力，使用蒸汽对固体吸附剂进行再生。这一技术相当于加热条件下脱除二氧化碳的变压吸附[7]。与胺洗涤脱除二氧化碳技术相比，固体吸附技术能耗降低了25%[8,9]。由于固体吸附剂具有水煤气变换活性，该工艺会导致大量碳流失。为了满足合成气组成为$(H_2 - CO_2)/(CO - CO_2) = 3$的要求，需要控制部分合成气不经过吸附处理，或者通过调整变压吸附的周期来降低碳损失。

9.2.6 甲烷化与净化

最后一步甲烷化反应采用商品化镍催化剂，在30～50bar的高压条件下进行。采用多级固定床串联形式，反应器间设置冷却，直至氢气浓度降至所需浓度以下。如果前序条件选择合理，无须进行气体循环，同时也不用通入蒸汽调节温度和预防积炭。

甲烷化反应后产品气体需要进行干燥处理，防止在苛刻的操作条件下形成凝液。即将满足要求的甲烷化反应气体中含有95%的甲烷、少量二氧化碳以及极少量的氢气和一氧化碳，而此时的氮气浓度为MILENA工艺产出合成气中氮气浓度的2.5倍。气体产品需进一步处理以满足需求。进一步处理包括添加氮气和液化气来降低或提高沃泊指数，添加臭味剂方便快速检测泄漏以及进一步降低氢气浓度。无论如何，设置独立的氢气回收可减少甲烷化反应步骤。回收的氢气可以循环至加氢脱硫反应器或重整器。

9.3 工艺效率与经济性

到目前为止，生物合成天然气过程经济性已多次被报道，经济性计算使用的方法多种多样。目前尚无具有参考价值的规模化生物合成天然气装置，所报道的结果均为预测或期望值。但无论如何，生物合成天然气成本均严重取决于过程的能量效率和原料成本。

参照现有的煤炭和天然气装置的成本，荷兰能源研究中心对未来的大型生物合成天然气装置的投资成本进行了估算[10]。通过对技术和规模的差异进行量化，得出最终的平均估算值：对于 1GW（输入容量）木制合成天然气装置，如果投资为持续至 2030 年的长期投资，总投资成本为 11 亿美元。如图 9.4 所示，使用 0.7 的放大效应系数可以得到不同规模装置投资预算。图中数据参考了两套生物合成天然气装置：位于瑞典哥德堡的沼气项目（2014 年初启动）和 E. On Initiative 项目的大型生物合成天然气装置（2014 年处于投料阶段）。投资成本决定最终生物合成天然气价格，图中数据表明装置规模和效率是影响生物合成天然气过程经济性的主要因素。

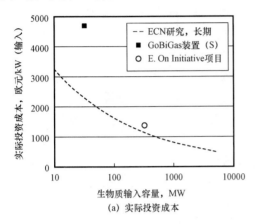

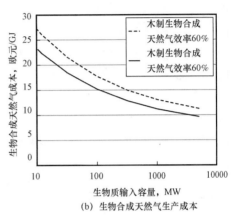

(a) 实际投资成本　　　　　　　　　　(b) 生物合成天然气生产成本

图 9.4　假设生物质成本为 5 欧元/GJ，资金成本为 10%/a 和 8000h/a，
实际投资成本和生物合成天然气生产成本是生产规模的函数

　　关键问题是如何将生物合成天然气成本与其所要替代的产品成本进行对比。这并不像传说的那么容易，因为生物合成天然气可以用于不同的消费市场，如发电、运输、供热和化学原料。有争议认为，生物合成天然气要取代天然气，应该与天然气进行比较，但这种说法并不完全正确。显然，生物合成天然气过程的二氧化碳排放量很低，甚至有可能出现二氧化碳的负排放（见 9.5 节），这有别于普通天然气。原因还有很多，生物合成天然气有别于压缩天然气或液化天然气，作为生物燃料所取代的也是其他生物燃料（如乙醇），而非常规天然气。欧盟生物燃料法案旨在利用可再生原料生产部分燃料，从而催生了生物燃料市场。生物合成天然气用于发电是否具有经济性也难以评判。在间歇性可再生电能所占比较高的地区（太阳能和风能占比高），则需要灵活可再生原料发电作为辅助。生物合成天然气恰好满足了这一需求，在此类地区该技术具有经济性。

　　总而言之，多个机构均已估算了生产生物合成天然气成本。显然生物合成天然气的成本很大程度上取决于规模、效率和生物质原料成本。目前的问题是该技术是否具有吸引力尚不确定，主要是由于作为一种新兴产品需要面对各种需求不同的市场。纵观世界各地生物合成天然气法案（但主要在欧洲），可以说生物合成天然气市场前景广阔[11]。

9.4　成果与现状

9.4.1　MILENA

开发 MILENA 技术旨在建设生物质处理能力在 5MW 到数百兆瓦之间的商用装置。首先完成 10MW 规模装置的设计，可以为较小规模装置设计提供参考。MILENA 试验装置规模为 30kW（约 6kg/h 生物质），中试装置规模为 800kW（约 160kg/h 生物质）。

试验装置于 2004 年投入运行，运行时间超过 6000h。反应器设置伴热来补偿过程大量的热损失。考虑到进料螺杆和立管反应器尺寸，燃料需控制在 1~3mm 之间。

MILENA 中试装置取代了使用 10 年的 500kW 的循环流化床气化炉。目的是建成近似商用规模的试验装置，该装置不再设置器外伴热，使用的燃料颗粒也更大。在 500kW 循环流化床气化炉试验的基础上，燃料粒径应当控制在 $\phi15mm \times 15mm$ 以内。该中试装置于 2008 年投入运行，配合中试规模的 OLGA 气体净化处理装置，目前已运行 1500h。

该中试装置目前已开展多种原料试验，多数试验使用的是新鲜木料或回收木料。但也测试了其他多种原料，例如垃圾衍生燃料、大豆残渣、葵花籽壳、褐煤、污泥和高灰煤。

MILENA 中试装置首次试验结束后，HVC 集团（一家荷兰废料处理公司）加入了荷兰能源研究中心的生物合成天然气技术开发。第一个计划是建造一套配有 OLGA 气体净化技术和燃气发动机的 10MW MILENA 气化装置，意在验证气化技术，并为甲烷化试验提供持续洁净的合成气原料。可再生原料发电可一定程度降低示范装置的成本。该装置将坐落于阿尔克马尔，毗邻 HVC 集团和 Petten 的荷兰能源研究中心。荷兰皇家达尔曼公司承担了 MILENA 气化和 OLGA 焦油去除示范装置的工程建设。

2010—2012 年，荷兰能源研究中心中试装置使用回收木料开展多次长周期试验，根据试验结果对商业规模气化炉设计进行了多次调整和升级。当可再生能源补贴政策发生变化时，示范装置计划也做了相应调整。2013 年，Gasunie（一家大型的荷兰天然气公司）注资推动 MILENA 合成天然气生产技术，并决定建造一套规模相对较小（4MW）的示范装置。2014 年，该项目获得了生物合成天然气补贴，并允许并入燃气管网。这为示范装置的建设和运营提供了坚实的经济基础。

2013 年，Royal Dahlman 获得了 MILENA 气化技术的许可，并在英国 ETI 公司资助下开展了一个大型实验项目。实验数据用于商业规模回收垃圾作为原料示范装置工程设计。2014 年将可以得出该项目能否继续开展的结论。其他一些使用不同原料的合成天然气项目也已处于筹备阶段。

印度一家名为 Thermax 的公司正在利用 MILENA 和 OLGA 技术建设一套示范装置。原料是大豆作物残渣。原料测试已在荷兰能源研究中心较大规模试验装置上完成。该示范装置产品未来将用于燃气发动机。示范装置将在 2014 年进行调试。

9.4.2 OLGA

目前，OLGA 焦油脱除装置已建成四套，分别用于处理不同规模、不同类型气化炉的下游产品。从 2001 年开始，Dahlman 一直参与 OLGA 技术的开发和建设。2006 年，Dahlman 和荷兰能源研究中心签署了许可协议。表 9.2 给出了已投入使用的装置概况。

实验室规模的 OLGA 装置累计运行时间最长，测试合成气的种类也最多，包括从含每立方米数百克焦油的裂解气到焦油含量为 $10g/m^3$ 的高温合成气。对于所有类型气体，实验室 OLGA 装置焦油脱除率为 95%~99%。实验室装置已经过多次改进，目前仍在用于测试较难处理的原料，或用于成本优化。

表 9.2 OLGA 系统一览表

位置	实验室 ECN (NL)	中试 ECN (NL)	Moissannes (Fr)	Tondela (Pt)
容量, m³/h	2	200	2000	2000
建设时间	2001	2004	2006	2010
前端	鼓泡流化床/MILENA	循环流化床/MILENA	PRMe 气化炉	循环流化床
应用情况	燃料电池 合成天然气测试装置	锅炉 燃气发动机 微型燃气轮机	燃气发动机	燃气发动机
油回收系统	无	无	无	有
静电除尘器	无	有	有	有

2004 年，OLGA 中试装置被用于处理鼓风循环流化气化炉合成气，气速是实验室气速的 100 倍。该装置与实验室最大的不同是设置了湿式静电除尘器。测试试验开展 700h，焦油脱除率高达 99%[12]。MILENA 气化炉与该中试中使用的循环流化气化炉合成气产量相同，但焦油含量是循环流化气化炉的两倍以上，针对该情况，后续又对 OLGA 焦油脱除装置进行了改造。2010 年和 2012 年又分别开展了 250h 和 500h 的长周期试验，尽管测试原料焦油含量高达 $60 \sim 70 g/m^3$，但经 OLGA 装置后焦油脱除率可达 97% ~ 99%。

2006 年，第一套商业化 OLGA 示范装置在法国 Moissannes 的 ENERIA 公司投入试运行[13]。以木料和酒糟作为燃料时，装置性能良好。在 OLGA 入口，测量到的粉尘浓度高达 $1500 mg/m^3$，焦油浓度高达 $11000 mg/m^3$。在 OLGA 出口，70℃ 采用过滤的方法测试悬浮物浓度（油、细粉尘），测试结果表明悬浮物总浓度远低于 $25 mg/m^3$ 的检出限。关键组分苯酚经脱除后含量低于检出限，萘脱除率也达到 99%。净化气体可直接用于开特皮勒 1.1MW 燃气发动机。

2010 年，葡萄牙 Iberfer 公司在 Tondela 安装了第二套商用 OLGA 装置。鸡粪和木屑经循环流化床气化炉生产合成气，再经 OLGA 净化处理后用于 1MW 的开特皮勒燃气发动机。OLGA 性能得到大幅度提升，气体产品中焦油含量（不包括苯、甲苯和二甲苯）从 $16 g/m^3$（干气）降低至 $63 mg/m^3$，即 OLGA 焦油脱除效率达到 99.6%。关键性焦油组分苯酚和萘脱除率达到 99.9% 以上。

2014 年，另一套 OLGA 装置将在印度投入使用。9.4.1 节提到的其他项目，特别是垃圾衍生燃料气化炉和 Alkmaar 合成天然气示范装置，也配置了 OLGA 脱焦油装置。

9.4.3　加氢脱硫、重整器和甲烷化

2006 年，荷兰能源研究中心建成了实验室规模的由 MILENA、OLGA、吸附脱硫脱氯、加氢、重整器和甲烷化反应器组成的试验装置[14]。装置常压操作，设计合成气产量 1m³/h，即功率输出约为 5kW。第一次长周期试验进行了 200h，但催化剂失活较快，而且出现了烟尘堵塞装置的问题。后续通过调整操作条件后，问题明显减少。

另一个问题是有机含硫化合物，主要是噻吩脱除难度较大。后期研究发现活性炭吸附

可以有效脱除有机硫，但活性炭吸附仍不够理想，因为合成气中含有的大量苯和甲苯同样会在活性炭上吸附。但如果活性炭能够再生，回收过程产生的苯、甲苯、二甲苯和噻吩能够利用或出售，该方法仍可以考虑[4]。在目前的市场情况下，荷兰能源研究中心更倾向于将苯、甲苯和二甲苯留在合成气中最终转化为合成天然气。

另一方案是将噻吩转化为硫化氢，然后再将硫化氢脱除。为此，在2007年，在成套试验装置中引入了含 CoMoO(S) 催化剂的加氢脱硫反应器。反应器外设置加热来获得近似绝热条件。测试气体流量为 $0.3 \sim 1.0 m^3/h$，含有 $100 \sim 200 \mu L/L$ 的硫化氢、$5 \sim 10 \mu L/L$ 的硫化羰、约 $10 \mu L/L$ 的 C_4H_4S，约 $1 \mu L/L$ 或 $2 \mu L/L$ 的 CH_3SH 和 C_2H_5SH。

常压条件下，加氢脱硫催化剂在350℃左右表现出活性，同时由于反应放热，反应器内温度快速上升。图9.5显示了温度对反应的影响趋势。450 ~ 500℃，水煤气变换反应达到热力学平衡，硫醇类和硫化羰也在该温度下发生反应。乙烯加氢和噻吩转化需要在更高温度下进行，且明显受气体小时空速（GHSV）的影响。

试验表明，加氢脱硫后合成气中的噻吩含量可以降到 $0.5 \mu L/L$ 以下，但操作空速条件太低无法满足现实条件。2011年，建立了带压操作的加氢脱硫试验装置。为了与带压气化炉的操作条件匹配，首先将气体冷却至5℃进行干燥处理，然后加压至所需压力，最后加入蒸汽恢复其含水量。与图9.5所示噻吩转化率仅受空速影响趋势不同的是，本次试验表明噻吩转化率还随着压力的增加而线性提高。

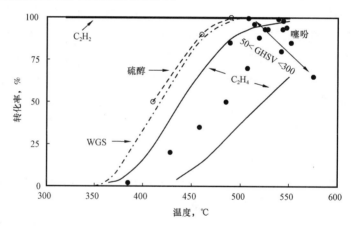

图9.5　在压力为1bar和气体流速为 $50 \sim 300h^{-1}$ 的条件下，
MILENA 合成气加氢脱硫反应器的温度影响

2013年，为了匹配带压的重整和甲烷化试验，加氢脱硫装置扩大了规模。试验装置用于获取和验证阿尔克马尔合成天然气示范装置的设计参数，同时还可用于气体循环过程和可再生能源发电过程模拟。

9.5　展望

虽然生物质间接气化生产合成天然气技术已经成功迈出第一步，但仍需要长久持续的研发来实现该过程更高的能量效率、经济性和更好的二氧化碳减排效果。

9.5.1　加压

实验室和中试规模 MILENA 气化炉基本在常压下操作，示范和商用气化炉的操作压力略高于常压。通常加压气化可以提高能量效率，因为与压缩气体产品相比，压缩固体原料消耗的能量更少。增加压力还可以减小反应器尺寸，从而降低投资成本。

就生物合成天然气装置来说，加压气化可以提高甲烷收率，提高装置总体效率，但测试结果表明，在操作压力小于 5bar 的情况下甲烷收率并未明显增加。加压的主要好处是后续重整反应器抑制积炭需要的蒸汽量较少，因为气化炉中形成的水仍存在于气相中（图 9.1）。相比之下，常压气化工艺中，重整前合成气中的水蒸气在冷凝/加压的过程中会析出，重整前需要补充额外的水蒸气。

带压操作有利也有弊。带压间接气化炉要求进入燃烧反应器的空气也需要加压。但如果有合适的涡轮机安装在烟道气出口可以解决这一问题。另一个问题是生物质原料加压的问题，这势必会增加投资，并导致应用性下降。

如 9.2.1 节所述，间接气化存在操作压力上限，图 9.1 中荷兰能源研究中心生物合成天然气的工艺设计已经考虑了这一点。下游 OLGA 工艺需要高压操作，但如果仍然设置水蒸气冷凝，就丧失了带压间接气化工艺的优势。目前，由于经验不足，尚无法判断大规模加压气化装置带来的投资和效率优势，能否抵消技术复杂性带来的弊端。

9.5.2　联产

在生物合成天然气技术方面，间接气化具有很大的优势，因为间接气化产品很大比例上已经是甲烷。此外，产品中还含有大量烃类，如苯、甲苯、二甲苯和乙烯，这些烃类产品通过图 9.1 所示装置也可以转化为甲烷。苯、甲苯、二甲苯和乙烯的热值占原料气热值的 25%，但需要特别注意的是，这类烃很容易在催化剂上形成积炭。然而，苯、甲苯、二甲苯和乙烯也是高附加值的化学品[4]，因此荷兰能源研究中心正在开发苯、甲苯、二甲苯和乙烯的分离技术，而不是将它们转化为甲烷，以实现生物合成天然气和化学品多联产，提高气化产品附加值。

9.5.3　生物合成天然气过程碳的捕获与封存

生物合成天然气生产会产生大量纯净的二氧化碳，其体积产量甚至与天然气产量相当。二氧化碳可以排入大气，被生长在附近的植物所吸收，但也可以将其储存起来。化石能源利用过程中二氧化碳减排，采用捕集和储存方法通常费用和能耗都比较高。由于二氧化碳分离是生物合成天然气工艺不可或缺的组成部分，因此该过程中碳捕集和储存几乎不涉及能量损失。利用生物能源并配置碳捕集储存是降低大气中二氧化碳浓度有效且廉价的手段，这远胜于采用中和方法捕集储存的减排手段[15]。

9.5.4　电转气

随着诸如风力发电和太阳能光伏发电这样的间歇性可再生能源在电力行业中所占份额的不断增大，实现电力供需平衡将会变得越来越困难。大规模储存临时过剩电能的一种方式就是电解水制氢，这一概念被称为可再生能源发电技术。氢气可以直接使用，或与二氧化碳反应获得燃料，这类燃料很容易满足当前燃料要求。

生物合成天然气装置副产大量纯净的二氧化碳，这为氢储存提供了一个有效手段。在生物合成天然气装置中如果将二氧化碳分离会造成碳损失，更优方案是引入氢气转化二氧化碳，这样可以提高甲烷产量。将可再生能源发电技术与生物合成天然气过程相结合，需要增加的投资有限，只需要增加生物合成天然气最后一步的容量和灵活性，这同时可节省二氧化碳的分离费用[16]。

参 考 文 献

[1] Rabou LPLM, Deurwaarder EP, Elbersen HW, Scott EL. 2006. Biomass in the Dutch Energy Infrastructure 2030. Report WUR, Wageningen, The Netherlands; 2006. Available at http: //library. wur. nl/way/ bestanden/clc/1871436. pdf(accessed 15 December 2015).

[2] Van der Meijden CM, Veringa HJ, Rabou LPLM. The production of synthetic natural gas (SNG): A comparison of three wood gasification systems for energy balance and overall efficiency. Biomass and Bioenergy 34: 302 – 311; 2010.

[3] Van der Drift A, Zwart RWR, Vreugdenhil BJ, Bleijendaal LPJ. Comparing the Options to Produce SNG from Biomass. Proceedings of the 18th European Biomass Conference and Exhibition, Lyon, pp. 1677 – 1681; 2010.

[4] Rabou LPLM, Van der Drift A. Benzene and Ethylene: Nuisance or Valuable Products. Proceedings of the International Conference on Polygeneration Strategies, Vienna, pp. 157 – 162; 2011.

[5] Paisley MA, Slack W, Farris G, Irving J. Commercial Development of the Battelle/FERCO Biomass Gasification Process – Initial Operation of the McNeil Gasifier. Proceedings of the Third Biomass Conference of the Americas, Montreal, pp. 579 – 588; 1997.

[6] Hofbauer H, Stoiber H, Veronik G. Gasification of Organic Material in a Novel Fluidization Bed System. Proceedings of the First SCEJ Symposium on Fluidization, Tokyo, pp. 291 – 299; 1995.

[7] Van Selow ER, Cobden PD, Verbraeken PA, Hufton JR, Van den Brink RW. Carbon capture by sorption – enhanced water – gas shift reaction process using hydrotalcite – based material. Industrial and Engineering Chemistry Research 48: 4184 – 4193; 2009.

[8] Gazzani M, Macchi E, Manzolini G. CO_2 capture in natural gas combined cycle with SEWGS. Part A: Thermodynamic performances. International Journal of Greenhouse Gas Control 12: 493 – 501; 2013.

[9] Manzolini G, Macchi E, Gazzani M. CO_2 capture in natural gas combined cycle with SEWGS. Part B: Economic assessment. International Journal of Greenhouse Gas Control 12: 502 – 509; 2013.

[10] Aranda Almansa G, Van der Drift B, Smit R. The Economy of Large Scale Biomass to Substitute Natural Gas(bioSNG) Plants. Report ECN – E – 14 – 008. ECN, Petten, The Netherlands; 2014. Available from https: //www. ecn. nl/publications/(accessed 15 December 2015).

[11] Van der Drift A, Biollaz S, Waldheim L, Rauch R, Manson – Whitton C. STATUS and FUTURE of bioSNG in EUROPE. Report ECN – L – 12 – 075. ECN, Petten, The Netherlands; 2012. Available from https: //www. ecn. nl/publications/(accessed 15 December 2015).

[12] Verhoeff F, Rabou LPLM, Van Paasen SVB, Emmen R, Buwalda RA, Klein Teeselink H. 700 Hours Duration Test with Integral 500 kW Biomass Gasification System. Proceedings of the 15th European Biomass Conference and Exhibition, Berlin. pp. 895 – 900; 2007.

［13］Könemann HWJ, Van Paasen SVB. OLGA Tar Removal Technology, 4MW Commercial Demonstration. Proceedings of the 15th European Biomass Conference and Exhibition, Berlin. pp. 873 – 878; 2007.

［14］Zwart RWR, Boerrigter H, Deurwaarder EP, Van der Meijden CM, Van Paasen SVB. Production of Synthetic Natural Gas(SNG) from Biomass. Report ECN – E – 06 – 018. ECN, Petten, The Netherlands; 2006. Available from https: //www. ecn. nl/publications/(accessed 15 December 2015).

［15］Carbo MC, Smit R, Van der Drift A, Jansen D. Bio energy with CCS(BECCS): Large potential for BioSNG at low CO_2 avoidance cost. Energy Procedia 4: 2950 – 2954; 2011.

［16］Saric M, Dijkstra JW, Rabou LPLM, Walspurger S. Power – to – Gas Coupling to Biomethane Production. Report ECN – L – 13 – 061. ECN, Petten, The Netherlands; 2013. Available from https: //www. ecn. nl/publications/(accessed 15 December 2015).

10 湿生物质水热法合成天然气

10.1 简介

生物质是一种可再生资源，但可持续利用的潜力有限。陆生作物大致可分为栽培生物质（如木材、稻草、能源作物）和生物残渣（如污泥、粪肥、农作物和食品生产残渣等）。世界范围内陆生作物的总技术开发潜力大约为 104EJ/a[1]，另据预测，2050 年将增加到 300EJ/a[2]。全球一次能源需求量约为 550EJ/a，假设截至 2050 年保持目前 19% 的增速不变，到时陆生作物将在一次能源需求中占比高达 55%。

藻类可以作为陆生作物的补充。微藻和大型藻类对环境适应性较强，甚至可以在污水中生长。从更广的角度来说，藻类将二氧化碳、水、营养物质和阳光转化为生物质的效率远高于陆生作物（图 10.1）。热带甘蔗与藻类相当，每公顷年产干基生物质 75t。但是，如果仅使用糖分来生产生物乙醇，每公顷产率将大幅度降低。在未来的生物能源体系中，生物质要全面利用，而不能局限于某一部分。因此，未来的生物能源体系应该是将生物质炼化技术高效集成，将其他地方无法利用的生物质转化为高附加值化学品、燃料，同时可以副产热能、电能。

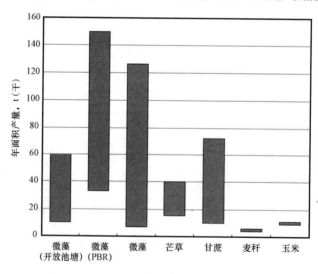

图 10.1 用于生物燃料生产的微观藻类和宏观藻类种植与陆生作物的生产力范围[3]

保罗谢尔研究所开发了名为 SunCHem 的高度集成的生物质能源生产理念[4,5]。在光生物反应器（封闭反应器或开放池塘）中，藻类捕获二氧化碳，并吸收水和营养物质供自身生长。收获的藻类经机械脱水后，再利用水热法甲烷化转化为富含甲烷的气体，同时将大部分营养物质回收并循环至光生物反应器（图 10.2）。

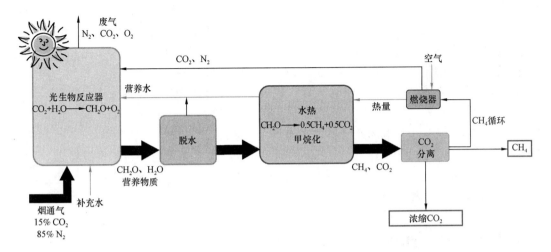

图 10.2　借助藻类生物，在光照条件下二氧化碳与水制合成天然气

Brandenberger 等[6]对 SunCHem 工艺技术经济进行了详细的研究。结果表明，通过藻类生产能源的成本是化石能源成本的 10 倍。高附加值化学品联产可以降低藻类种植的经济压力。更重要的是，结果还表明只有优化设计的工艺过程才具有正的能量平衡和温室气体减排效应。

绝大部分加工前或经过初步加工的生物质都含有大量水。要保证热化学处理过程高效，生物质含水量要控制在 20%（质量分数）以下。然而，干燥过程需要大量的热能，即使采取热量回收处理方式，其效率也不是很高。因此，更有效的工艺是湿生物质无须脱水可直接加工处理。生物化学工艺属于这一类，工艺温度比较低，但相应的时空产率也不高。更合理的水热处理过程是将湿生物质在高温高压下进行加工处理。通过保持压力来维持水处于液态或超临界状态，而非蒸汽状态。水不会蒸发，因此在给系统供热升温时无须考虑水的蒸发热[7]。

近临界和超临界水的溶剂性质与常态下的水有较大的差异，与常态下有机溶剂的性质相近[8]。这些性质对于生物质液化和盐的分离至关重要，将在 10.3.1 节至 10.3.3 节详细介绍。

本章主要介绍并讨论保罗谢尔研究所 2008 年综述文章发表以来研究工作中所获得的新成果[9]，以及其他研究人员在水热合成天然气生产领域的主要研究进展。

10.2　发展历史

麻省理工学院（MIT）的 Modell 最早提出并研究了木质生物质在近临界与超临界水中的气化[10,11]。研究结果表明，即使加入催化剂，该方法中气体产率，尤其是甲烷产率均不高。更重要的发现是生物质在临界条件下没有焦油和积炭形成。数年后，西北太平洋国家实验室（PNNL）的 Elliott 开发了一种湿生物质和液体废料转化生产富甲烷气体的工艺[12]，并称为热化学环境能源系统（TEES）。TEES 操作温度为 350℃，操作压力为 20MPa，采用还原金属作为催化剂以获取较高转化率。Elliott 和同事筛选了大量催化剂，这类催化剂对有机原料既要有气化活性，也要有甲烷化活性。他们最初将研究重点放在巴斯夫的雷尼镍和负载镍催化剂上，在持续测试几周后发现催化剂会因为烧结而失活，但这一现象可以通过加入其他金属助剂进行控制。随后，他们又研究了活性炭负载钌催化剂，即 Ru/C，并发现其活性、选择性和稳定性均非常高。大量研究结果表明，TEES 工艺中钌基催化剂可催化多种原料甲烷化反应，如酒糟、牛粪、玉米乙醇蒸馏残渣、麦麸、多种藻类，同时指出该技术面临的挑战，即矿物质和盐沉淀，以及含硫化合物导致催化剂失活的问题[13,14]。

关于催化水热气化的相关工作可参考文后的文献[9,13,15]。还有一类主产氢气的催化水热气化工艺，可以在相当低的亚临界温度和压力下进行，与较难转化的原料可在水相重整（APR[16]）中，或在温度相当高（大于 500℃）的超临界水中实现完全转化情况类似。本章主要介绍合成天然气生产。甲烷在约 400℃ 的高温条件下热力学、动力学稳定，但这一温度条件很难避免氢气和一氧化碳的循环。

10.3 理化基础

典型的生物质合成天然气工艺开发思路应当顺序进行，也就是说，整个工艺被细分为人们熟知的多个单元，对每个单元分别进行优化研究。然后将各个单元有效集成，但是某些单元集成过程自由度有限。在催化水热气化过程中，化学集成使得气化和甲烷化无须配置分离工艺。这显著提高了工艺效率，这是因为甲烷化反应放出的热量可原位用于气化和蒸汽重整过程中化学键断裂和大分子有机物分解。在理想状态下，生物质合成天然气过程可用以下化学式表示，整个过程几乎呈热中性：

$$CH_{1.49}O_{0.68}(s) + 0.29H_2O(g) \longrightarrow 0.52CH_4(g) + 0.48CO_2(g) \quad \Delta_rH^o = -26kJ/mol \quad (10.1)$$

因此，催化反应器可以在等温条件下运行，不存在热损失，无须考虑移除热量和热量的综合利用。根据以上化学式计算理论最大效率可达 95%。这仅涉及化学效率，在整个工艺过程需要考虑两个主要的能量损失过程：原料换热预热器效率约为 80%；通过燃烧部分合成天然气产生的高温烟道气来加热盐分离器。

原料预热换热器理论上能量效率可达 100%，但换热面积巨大，制造成本高昂。盐分离器总是会产生一定的热量损失，是因为经换热后烟道气无法降温到分离器的最低温度，约 380℃。然而，通过进一步的热集成和（或）多联产可以提高整套工艺总效率[18]。因此，采用固体占比 20%（质量分数）左右的湿生物质原料，生物质合成天然气工艺效率为 60%~70%。

在高效的工业工艺过程中，为了实现理想的反应，即化学反应式（10.1）❶，必须考虑化学工程与工艺开发的几个关键问题，其中最重要的问题是催化问题，接下来将详细讨论。

10.3.1 催化

在不加入反应促进剂的条件下，即使在超临界水中生物质气化温度也远高于 500℃。一条较为有效的解决方案是采用浓度较高的 NaOH 溶液体系提高气化效率。采用碱液可以吸收二氧化碳形成碳酸盐，从而提高气相中可燃气体（包括氢气、甲烷）浓度。在 450℃、

---

❶公式采用物质的标准生成焓进行计算，即生物质为固态，水、甲烷和二氧化碳为气态。水热反应条件下，反应焓的计算应该考虑温度和压力的影响[17]。式（10.1）的简化公式仅用于示意。

34MPa、氢氧化钠浓度 1.67mol/L 条件下，1.0g 稻草可生成 0.12g 的可燃气体[19]。

要实现生物质完全气化成可燃气体，操作温度需要控制在 700℃ 以上[20]，或在相对较低温度下使用催化剂[8,21]。使用催化剂的一大优势是可以影响产品组成。要多产甲烷，即合成天然气过程需要使用甲烷化催化剂。当操作温度低于 700℃ 时，催化剂还必须具有催化生物质分解成一氧化碳、二氧化碳和氢气的活性。研究发现，在超临界水体系中，钌催化剂上发生的并不是先生成一氧化碳、二氧化碳和氢气，然后在甲烷化生成甲烷和水的先后顺序反应。Peterson 等[22]指出，钌催化剂表面上分子发生解离形成吸附原子，吸附原子重新组合形成其他新的分子，如甲烷、二氧化碳，因此在整个过程中甲烷和二氧化碳是同时生成的。图 10.3 为计算的钌催化剂阶梯状表面甲烷脱氢自由能路径。一个碳原子和四个氢原子共同吸附状态最为稳定。水的吸附和脱附过程相似，可为气化过程提供更多的氢和氧原子。催化剂表面吸附物经反应生成稳定的甲烷、二氧化碳、氢气分子，然后脱附离开催化剂表面。这一假设通过甲烷和重水共吸附得以证实，吸附后产物中含有大量氘代甲烷，但这一现象仅发生在 Ru/C 催化剂上。

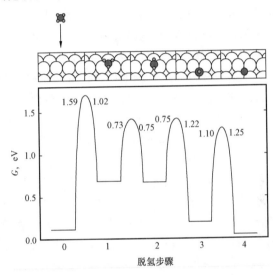

图 10.3 计算钌台阶表面上的甲烷离解自由能

要形成甲烷，需要具备 B5 特定几何构型的 Ru 作为活性位点。Czekaj 等[23]通过计算获得了活性炭表面不同簇大小和构型的钌簇稳定性(图 10.4)。纳米级小簇群具有最高密度的 B5 位点，因此具有最高的甲烷化反应活性。文章中的结果还表明，商业化 Ru/C 催化剂上获得的 EXAFS 数据与采用 $Ru_{11}C_{54}$ 模型理论计算结果一致。

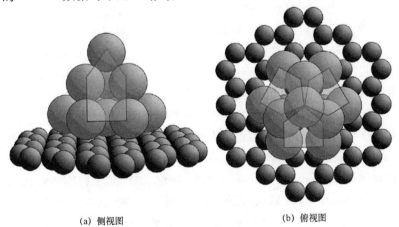

(a) 侧视图   (b) 俯视图

图 10.4 通过密度泛函理论计算碳表面上 11 个钌原子的稳定结构 $Ru_{11}C_{54}$

五边形表示甲烷化要求的 B5 位点

Rabe 等[24]首次报道，在水热气化条件下，商用 Ru/C 催化剂中钌形态为还原金属态。交货时催化剂中出现的 RuO_2 可以在 125℃条件下被乙醇和水混合蒸汽还原。催化剂中是否有纳米钌簇群可以通过 HAADFSTEM 或 EXAFS 表征[25,26]。最初较小的钌颗粒（<1nm）在超临界水条件下会烧结成约 2nm 大小。Waldner 等[25]工作表明，在 220h 考察周期内，催化剂具有稳定的活性和选择性。Elliott 等[27]在亚临界条件下使用类似的 Ru/C 催化剂开展了更长周期的测试，催化剂没有表现出明显的失活现象。因此，Ru/C 是各种生物质原料水热条件下合成天然气的最理想催化剂。Peng 等[28]研究了制备方法对 Ru/C 催化剂活性的影响，发现较低的钌负载量可以提高金属分散度，从而可提高催化剂活性。浸渍液选择也是影响催化剂制备的重要因素。

水热条件下催化处理生物质，催化剂稳定性面临诸多挑战。高温压缩水蒸气具有较强的腐蚀性，可溶解各类材料，甚至可以溶解石英材料[29]。生物质中含有的盐和酸性物质增强了蒸汽对装置和催化剂的腐蚀。水热条件下几乎各种催化剂失活形式均会出现：镍催化剂烧结[25]；活性金属流失[30]；载体溶解[31]；载体相变[31]；结焦[32,33]；矿物质（盐）结垢[33,34]；硫中毒[25,26,35]。

当使用 Ru/C 催化剂时，只涉及后三种失活形式。保罗谢尔研究所的水热合成天然气工艺中，专门设置了前脱盐工艺，用于脱除蒸汽原料中含有的和在加热过程中析出的盐及其他矿物质（见 10.3.2 节）。因此，矿物质结垢并不是该工艺的主要难点。催化剂采用炭载体，积炭量难以检测，因此目前大量的工作主要集中在催化剂硫中毒方面。Osada 等[36]指出，各种形式的硫均会导致催化剂或多或少出现类似的失活现象，这证实了不管什么形式的硫，最终都会快速转变成同一种导致催化剂失活物质的假设。Dreher 等[26]采用 EXAFS 技术研究了二甲基亚砜毒化的 Ru/C 催化剂，确定导致催化剂失活的物质为 S(-Ⅱ)。这类硫原子优先吸附在 B5 位点，导致催化剂甲烷化反应活性大幅度下降。Waldner[25]和 Dreher 等[26]研究发现，在催化剂失活过程中，活性金属钌表面过量的炭和氧反应会生成一氧化碳并进入气体产品，过量氢原子最终形成氢气。随后还发现催化剂中毒前后，气体产物组成会发生明显变化。在 24.5MPa、400℃条件下以质量分数为 7.5% 的乙醇水溶液为原料，在新鲜催化剂上反应产物组成为二氧化碳 22%，氢气 18%，甲烷 60%，一氧化碳 0.2%。使用 200μL/L 的二甲基亚砜毒化该催化剂，毒化后气体产物组成变为二氧化碳 4%，氢气 60%，甲烷 20%，一氧化碳 16%。乙醇转化率从 99.9%（新鲜）降至 30%（中毒）。假设一氧化碳生成的原料来自乙醇中的 C—O 键，结合生成的甲烷含量，根据理论计算得出产物组成：二氧化碳 6%，氢气 49%，甲烷 20%，一氧化碳 26%。一氧化碳浓度偏高和氢气浓度偏低均表明失活催化剂上发生了水煤气变换反应。然而，这种评价结果的直接比较并不能反映出真实情况，因为实验过程中原料转化率仅有 30%。

Dreher 等使用原位 XAS 技术研究了硫毒化的钌催化剂，结果表明，完全失活的催化剂仅 40% 的表面被硫覆盖，毒化后钌和硫比例为 $RuS_{0.33}$，排除了钌本体硫化可能性。这种硫覆盖表面结构与 Czekaj 等提出的簇几何形状一致[23]。图 10.4 中，$Ru_{11}C_{54}$ 簇中 3 个 B5 位被 3 个硫原子毒化，这共涉及 10 个表面原子，表面原子组成为 $Ru_{10}S_3$ 或 $RuSO_{.3}$。对于最大团簇 $Ru_{50}C_{96}$ 来说，其表面上有 37 个钌原子，表面原子组成为 $Ru_{36}S_{12}$ 或 $RuS_{0.33}$。表面上 12 个 B5 位点被硫毒化后会影响整个团簇中 36 个 B5 位。Ru/C 催化剂中团簇形状和尺寸已知时，通过表面硫饱和吸附和 EXAFS 分析确定表面覆盖度，反过来可确定具有活性的 B5 位点数量。

使用密度泛函理论研究中毒前后钌催化剂阶梯状表面[26]，结果表明，即使在较低硫覆盖率的情况下，甲烷分子第一个氢原子脱除的能量势垒也有所增加，这解释了中毒后催化剂活性下降的原因。要研究清楚乙醇为原料时甲烷选择性大幅度下降的原因，必须先假定硫毒化催化剂的机理是阻碍 C—C 键的断裂，支持这一假设的依据是，硫中毒后催化剂上 C_{2+} 浓度有所增加[37,38]。Dreher[39] 研究了超临界条件下乙醇甲烷化反应机理，并提出位点隔离是硫中毒的主要原因，这与前期实验结果一致。

事实上，硫中毒后钌催化剂催化 C—C 键、C—H 键和 C—O 键断裂的能力下降，但催化水解离的能力增强[39]。反应前期较高的烃类、C_{2+} 选择性和反应后期产物中出现了一氧化碳，表明 S 中毒后催化剂失活主要是影响 C—C 键断裂，而不是 C—O 键断裂。当硫吸附达到饱和时，C—O 键的裂解和甲烷的形成受到抑制，产物中一氧化碳含量大幅度上升，甲烷选择性急剧下降。理论上，一氧化碳的生成量与原料中 C—O 键的量相同。由于硫中毒失活催化剂无法将液体原料完全转化成气体，因此在讨论 C—O 键去向时，还应当考虑液相中间产物的组成。

在大多数情况下，催化剂失活不可避免，通常反应器设计需考虑到原料充分的停留时间，确保催化剂失活前能够充分转化。在工业生产过程中，催化剂寿命有的可以达到几年，但有些催化剂寿命在秒的数量级，例如 FCC 催化剂，需要在提升管反应器和再生器之间循环快速脱碳再生。在水热甲烷化反应过程中，催化剂也经常会出现失活现象，因为无法保证原料中杂质完全脱除。为了达到商业化过程对催化剂寿命的要求，需要配套催化剂（部分或全部）短周期再生工艺。

目前，研究重点在硫中毒钌催化剂再生方面，还未涉及催化剂积炭失活方面。Waldner[40] 研究了温和条件下使用过氧化氢部分再生和全再生催化剂的活性和稳定性，在此基础上，Dreher 等[41] 更加详细地研究了使用过氧化氢氧化再生硫中毒的 Ru/C 催化剂。该过程除了要完全恢复催化剂活性外，为了保证稳定性，还要避免炭载体在氧化过程中不被破坏。图 10.5 中催化剂再生条件为 75℃ 下采用浓度为 3% 过氧化氢处理 2 次，每次 20min，结果表明，催化剂活性得以恢复，而且具有更高的甲烷选择性。然而，数小时反应后催化剂的活性就开始下降，造成这一现象的具体原因目前尚无报道。

为了实现深度毒化或污染催化剂的再生，研究了惰性氧化物载体负载的钌催化剂。这类载体可以耐受更加苛刻的再生条件，例如高温、高过氧化氢浓度或更长的处理时间。这类苛刻处理条件或许还可用于积炭失活催化剂的再生。

430℃、30～35MPa 的条件下静态处理 20h，单斜氧化锆（四方氧化锆的稳定变种）和金红石形式的二氧化钛依然表现出较高的物理和结晶稳定性，即使相同条件下二次处理这两类样品，样品 BET 表面积仍未受到影响[31]。将这类载体负载质量分数为 2% 的钌制备成催化剂，以甘油溶液气化反应为模型，连续测试催化剂活性、选择性和稳定性。结果表明，二氧化钛和氧化镧改性的单斜氧化锆为载体时，催化剂表现出最佳性能。当提高原料浓度时，催化剂性能下降，然而将原料浓度恢复后，催化剂依然能够恢复其最初较好的性能。这类催化剂应用前景较好，但依然需要经过进一步优化工作，将来再生条件如果过于苛刻，或许可以替代炭载体。

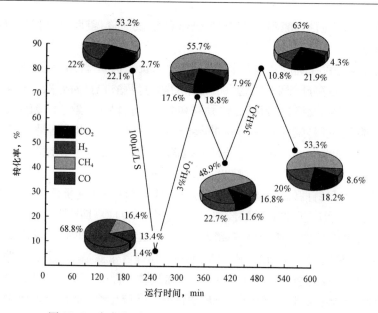

图 10.5　中毒和再生过程对 Ru/C 催化剂转化率的影响
饼图表示在每个步骤中测量的气体组分

10.3.2　相态与盐分离

生物质中的矿物质是湿生物质加工处理的障碍。这类无机物主要以氧化物(如二氧化硅、三氧化二铝、二氧化钛、三氧化二铁)、可溶或沉积盐(碳酸盐，氯化物，磷酸盐，硝酸盐，硫酸盐、钾、钠、钙、镁、铵的氢氧化物等)形式存在。这些无机物的出现可能导致堵塞、结垢、腐蚀、甚至是催化剂失活。最好的选择是在生物质加工前先将这些无机盐脱除。但是，在许多情况下脱盐要么不可行，要么不切实际。此外，水热处理过程中，一些杂原子会从有机物中析出，例如蛋白质中的硫和氮，有机物是否会出现这类矿化现象，是决定生物质原料能否完全脱除杂原子(除氧外)的先决条件。后续将在 10.3.3 节中进行详细介绍。

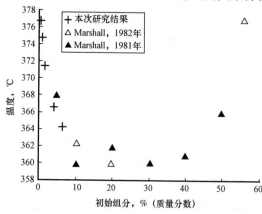

图 10.6　在系统 K_2HPO_4/H_2O 处于三相平衡
（G – L1 – L2）条件下，由 HP – DSC 确定的
液体温度与初始组分关系

由于极性(或带电)化合物在超临界水中溶解度低，在接近超临界点的亚临界条件下氧离子和阴离子以水合形式存在，并形成离子对。若进一步降低流体密度，溶液中的盐类将从超临界流体中沉淀出来。这类盐以固态形式，或一种或多种盐饱和溶液形式存在。使用高压差分扫描量热法(HP – DSC)研究了 K_2HPO_4 溶液盐析出的过程。图 10.6 为平均流体密度为 $300kg/m^3$ 的三相平衡线（G – L1 – L2）[42]。相图中盐类析出信息可用于指导调整操作条件，例如在盐析出前设置盐回收，从而可避免设备堵塞。

通常情况下，将混合盐溶液分为 1 型或 2 型，这是对此类混合物复杂相态特征的简化描述[43]。图 10.7 为实验结束后，2 型硫酸钾在盐分离器中的固态沉积物。

尽管硫酸钠和硫酸钾单独与水混合形成 2 型相态，但 Schubert 等[44]指出，在 30MPa、温度不高于 470℃的条件下，一定比例组成的 $Na_2SO_4 - K_2SO_4 - H_2O$ 的三元混合物呈现出 1 型相态。与 2 型相态容易形成黏性固体沉积物不同的是（图 10.7），1 型相态的混合物可使用分离装置连续分离。这种混合物可以连续地从分离装置中取出，与由 2 型盐形成的黏性固态沉积物相反。高压差分扫描量热结果证实了 $Na_2SO_4 - K_2SO_4 - H_2O$ 体系中存在两种不混溶的相态[42]。

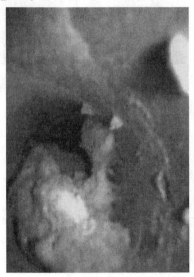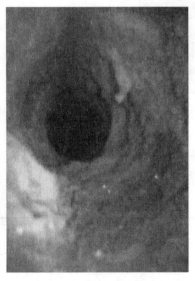

图 10.7 在超临界条件下不同位置盐分离器中的 K_2SO_4 沉积情况

用从分离器底部插入的内窥镜照相机拍摄，分离器内径为 12mm

盐连续分离设备采用一种逆流容器，类似于 MODAR 超临界水氧处理工艺设计[45]。预热后的经汲取管从顶部进入分离器，与分离器中超临界介质混合。盐析出后沉降至温度较低的容器底部，流动相则逆向向上移动，从顶部侧端开口流出，盐水从分离器底部连续流出。Schubert 等[46]指出，通过调整盐水流速，经分离器后盐水浓度可提高至原溶液的 10 倍。

为了深入研究分离器内亚超临界盐与超临界介质混合过程，专门构建了配置流体可视化中子摄像机的分离器[47]。由图 10.8 可见，低温示踪流体（水）从分离器顶部进入，流出汲取管并与容器内的高温流体（D_2O）混合。在分离器内的超临界条件下，进入分离器的流体快速径向扩散，同时射流到达位于分离器底部低温盐水区域。在亚临界温度（和超临界压力）下，逆向流动的流体射流仅在分离器顶部与进料混合。

使用相同的技术，Peterson 等[48]在分离器中研究了 2 型相态的盐沉积过程以及导致的堵塞现象。图 10.9 结果表明，盐类沉积主要发生在分离器顶端汲取管出口和周围，该结果可以指导优化逆流分离器操作条件[38]。虽然汲取管长度影响不大，但其可以避免出现短路回流现象。压力影响较大，是因为低压下流体密度较小，盐溶解度下降，从而可以提高盐分离效率。

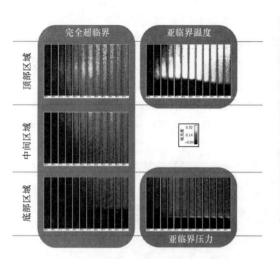

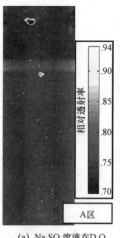

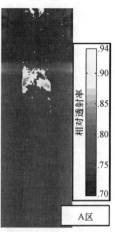

图 10.8　用 D_2O 连续冲洗逆流盐分离器时，
观察示踪剂(水)的中子射线照片
在底部区域可观察到高温顶部区域和
低温底部区域之间的分界面

(a)　Na_2SO_4溶液在D_2O
中的中子射线照片　　(b)　$Na_2B_4O_7$溶液在D_2O
中的中子射线照片

图 10.9　超临界水盐分离器内沉淀的盐沉积物(光点)
温度为450℃，压力为30MPa。显示的
是顶部入口部分，汲取管略微可见，
其为一较暗的垂直带

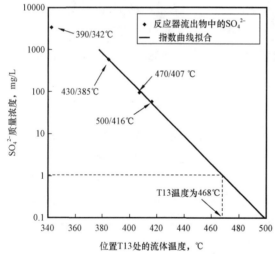

图 10.10　在压力为30MPa的条件下，离开盐分离器
到达催化反应器的流出物中的残余硫酸盐浓度
位置 T13 是在盐分离器出口处测量的温度

盐分离器的一个非常重要的功能是降低流入催化反应器硫的量。最理想的情况是所有含硫物质均转化成无机硫，即硫化物、亚硫酸盐、硫酸盐，这类硫可以在分离器中以盐的形式沉淀分离。Schubert 等[49]通过外推法确定所需盐分离效率，以此来确定分离器操作温度，从而确保进入反应器物料硫含量小于1μg/g(图 10.10)。对于硫酸钠来说，30MPa 压力条件下所需的温度至少为468℃，不过这仍在盐分离器的设计范围内。

将铵盐沉淀是回收氮作为肥料较为理想的方法。然而，Schubert 等[46]指出，在水热条件下铵盐会分解。氯化铵、硫酸铵和碳酸铵分解分别生成氨气和氯化氢、硫酸和二氧化碳。由于氨气极易溶于超临界水，因此会随着流动相流出分离器并进入反应器。当温度降低时，氨气会与合成气中的二氧化碳反应生成碳酸氢铵和碳酸铵，可能导致下游管线堵塞。然而，经特殊设计的冷却器可将氮以铵盐的形式全部回收。Zöhrer 等[50]开发了可部分回收固体铵盐的盐分离器，回收的铵盐形式为磷酸铵镁(MAP 或鸟粪石)。

10. 3. 3　固态生物质、焦油和焦炭的液化

在将固态生物质颗粒和大分子催化转化成甲烷前，需要先将它们转化成能够与催化剂活性中心接触的更小碎片。因此，在催化转化固体生物质前，需要先通过热解或水解方法将生物质液化。Mosteiro – Romero 等[51,52]用实验和理论两种方法研究了高温高压条件下木质颗粒在水中的溶解情况，采用收缩球形粒子法模拟了液化和传质过程的物理和化学变化，主要思路是模拟水扩散穿透附着在颗粒周围的液化产物油膜过程。研究结果表明，其主要反应为水解反应，当温度和滞留时间相同时，产生的水合甲醇可溶性物质(或油性)多于热裂解反应。尽管反应速率较慢，但伴随着液化反应，部分固体生物质会发生脱水形成固体积炭。近临界或超临界水对固体生物质颗粒上黏附的油性液体产物溶解性能，是决定生物质能否快速完全液化的重要因素。在350℃、25MPa 条件下加热 10min，间歇反应器内云杉颗粒物液化的水溶性产物(WSP)、甲醇溶解产物(MSP)、气体(G)和固体残留物(SR)产率如图 10.11 所示。生物质一开始快速转化成液态和气态产品，随后液化过程停止，产品收率保持恒定(在实验重现性范围内)，只有固态残留物的炭化过程会进一步进行。这可能主要是因为采用的间歇式反应器，在静态条件下随反应的进行和液体产物的累积增加，阻碍了固体颗粒表面的传质，新生成的产物无法进入液相。在 340℃、23MPa 条件下，Bobleter 和 Binder[53]在流动反应系统中采用热水冲洗固定床装填的云杉颗粒，由于固体表面被持续冲洗，超过83%的固体被液化。采用静态间歇反应器，在350℃、25MPa条件下，以碳计产率达到 70% ~75%[图 10.11(a)]。

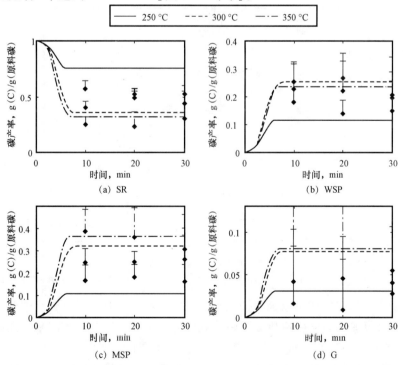

图 10.11　水解条件下，水溶性产物、甲醇溶性产物、气体和云杉固态残留物转化的实验数据和模型结果
测试压力为 25MPa，测试温度为 250℃、300℃和 350℃。加热时间为 10min

未反应固体颗粒烧焦越严重，水热液化和气化反应活性越低。因此，水热反应炭化的固体原料和焦炭无法作为低温水热气化反应原料。

在理想的水热液化工艺过程中，液化的生物质产品性能稳定，且可以作为"生物油"。实际上，一些产物稳定性较差，或分解成小分子组分，或和其他产品反应生成更大分子组分，例如结焦，最终形成积炭。从云杉的间歇液化实验中收集到的水溶性产物，再次作为原料在相同条件下进行间歇液化反应，发现基本没有反应活性，产物中气相产物和甲醇可溶产物含量非常低。因此，当反应温度在250℃或更高的条件下，在液化反应初期就由活性中间体生成了缩合产物，反应中间体半衰期也仅有数分钟。研究这类反应中间体需要在原位条件下使用快速光谱技术，例如拉曼光谱[54]。

Müller和Vogel[55]采用质量分数为10%~30%的甘油和葡萄糖为原料，研究了潜在前驱体分子的结焦和二次积炭反应。研究发现，当操作压力在30MPa左右、操作温度为350~370℃时积炭最为严重。然而在超临界条件下，该反应体系无积炭形成（图10.12），这验证了Modell前期报道的实验结果[11]。由此他们推测，反应物分子脱水形成醛类是进一步缩合反应的关键步骤。但在他们的实验中，无法研究快速的反应过程和半衰期较短的中间物质。在所有以甘油和葡萄糖为原料的实验中，反应后体系pH值均会降到3左右，但是反应前使用少量氢氧化钠将体系pH值调整至10~12时，即便反应后体系呈酸性，体系中无结焦和积炭生成。这与之前的假设一致：速度较快的结焦和积炭发生在反应初期，并且需要酸性环境。以苯酚和对苯二酚替代木质素作为原料并不发生结焦和积炭反应。

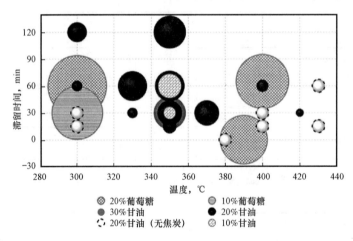

图10.12　在压力约为30MPa的条件下，间歇式反应器加热至指定温度时
甘油和葡萄糖溶液的焦炭产量
"气泡"面积与形成的固体炭量成比例。虚线构成的圆圈表示实验过程中未形成焦炭

液化过程除了用以形成可以到达催化剂活性位的小分子外，还有一个重要的作用是可以将蛋白质、叶绿素或磷脂等有机分子中的氮、硫、磷等杂原子分离出来。无论是在反应过程还是在反应产物（生物油或合成天然气）中都不希望出现此类杂原子，因为它们可能会导致设备腐蚀，形成沉淀和管道堵塞，在催化剂上结垢或毒化造成催化剂失活。理想情况下是将这些杂原子回收转化成无机盐肥料。Brandenberger[56]指出，在没有任何添加剂或催

化剂的情况下，牛血清白蛋白在亚临界水中脱氨基分两步进行：初始过程反应速率较快，后期反应速率较慢。在360℃情况下经10min后，牛血清白蛋白中约60%的氮被脱除，然而继续反应至360min，转化率也仅为70%～75%。分析结果表明，液相中形成了吡啶、烷基胺、乙酰胺、芳香胺和烷基吡咯烷酮等物质，在条件不变的情况下这类物质脱氨基会继续进行。

在催化天然气合成过程中，液体生物质中残留的氨并不是主要问题。残留的有机氮在Ru/C催化剂上气化生成氨气，氨气是否会毒化催化剂目前尚无法确定。在气化条件下，铵盐并不稳定，会分解产生氨气进入催化反应器。

生物油品和合成天然气中对硫含量有严格的限制，因此水热反应过程最大的挑战就是将有机硫矿化，使其转化成无机硫，例如硫化物、亚硫酸盐或硫酸盐。生物质水热处理脱硫的研究工作并不多，Zerre和Vogel[35]指出，在406℃、31MPa条件下，将发酵残渣在间歇反应器中液化，反应70min后，发酵残渣固体组分中约75%的硫生成液态含硫产品。然而，这部分硫溶于甲醇和己烷，表明硫仍以有机形态存在。生物质中约40%的硫无法回收，因为在处理过程中形成了挥发性物质，例如硫化氢。

与脱氨基不同的是，对于合成天然气过程来说，进入催化反应器前原料脱硫至关重要。任何形式存在的有机硫在Ru/C催化剂上均会分解并迅速毒化催化剂活性位。因此，应当着重开发液体生物质原料脱硫技术。

10.4　保罗谢尔研究所的催化合成天然气工艺

10.4.1　工艺流程

如果需要的话，可通过浸软与湿研磨处理将生物质原料制备成可泵送浆料。考虑到工艺的经济性，有机干物质质量分数至少要达到10%。通过高压浆泵将浆液从原料罐泵入预热器(图10.13)。泵出口压力通常为25～35MPa。通过管式换热器将浆料温度加热至接近临界温度(350～360℃)。加热过程中，固态生物质液化，同时原料中的盐仍保持溶解状态。预热器升温速率要合理选择，尽量降低二次焦炭的生成。预热和液化的原料送入分离器，沉淀去除其中的固态矿物和盐。这种分离器的设计与10.3.2节中介绍的逆流容器类似。使用燃气炉热气流间接将分离器加热至处理温度。在分离器底部，盐和部分液化的生物质被连续移除。经分离器脱除固体物质的原料进入催化反应器，反应器多采用绝热式固定床，装填Ru/C催化剂。反应热几乎为零(参见10.3节)，因此反应器既不需要加热，也不需要降温。反应在400～450℃下进行，生成甲烷、二氧化碳、氢气和较高碳数的烃类如乙烷、丙烷等。假定气体混合产物与反应器内的超临界水形成均相体系。

经预热换热器冷却，生成的产物变成水气两相，经二级冷却器，产物温度冷却至100℃以下。这里需要注意的是反应温度不能够冷却至20℃左右，因为较高分压条件下，甲烷和水会形成笼状水合物，堵塞冷却器。

在带压分离器中分离气相和水相，然后再分别减压。分离出的物料是产物中的水，其中含有原料中的氮，多数以氨或碳酸铵的形式存在。水中还可能含有少量残留的盐。与催化反应器中原料转化率设计有关，产物水中还会含有少量的有机物质，这类有机物质通常不会引起产物或水颜色的显著变化，也不会有明显的气味。

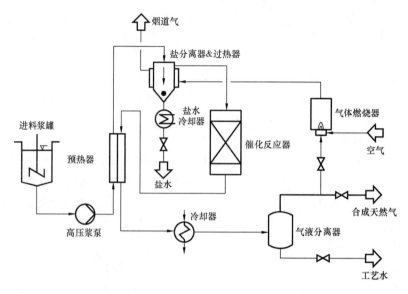

图10.13 保罗谢尔研究所催化水热合成天然气工艺简化流程图

气液分离器中的部分气相产物送入燃气炉，通过烟气将盐分离器加热到反应温度。离开分离器的烟气温度依然高达550℃左右，在大型装置上可以考虑联产发电。粗合成天然气组成：45%～55%（体积分数）的甲烷、40%～50%（体积分数）的二氧化碳和3%～4%（体积分数）的氢气以及1%～2%（体积分数）的高碳数烃。如果需要的话，可以通过加压水洗涤，或其他工艺（如变压吸附）来降低产品中二氧化碳含量。

Schubert 等相关实验工作的报道[57]证实了气化盐分离一体化设计理念，以及催化反应器自热操作的可行性。

10.4.2 质量平衡

使用 Aspen + 计算了每小时处理 4.4t 浆料（含 22% 的干固体物）规模装置的质量平衡[58]。计算结果见表 10.1。

表10.1 计算假想水热甲烷化装置的输入和输出质量流量，按 4.4t/h 的处理量
将湿污泥处理加工成合成天然气

组分	输入，t/h	输出，t/h
水（来自污泥）	3.4	
干固体物质（来自污泥）	1.0	
空气	2.2	
合成天然气		0.7
工艺水		3.0
烟道气		2.3

续表

组分	输入，t/h	输出，t/h
盐水一水		0.3
盐水一有机物		0.07
盐水一无机物		0.23
合计	6.6	6.6

气液分离器后计算的合成天然气组成为：46.2%（体积分数）的甲烷、48.2%（体积分数）的二氧化碳、4.4%（体积分数）的氢气、1.0%（体积分数）的水和0.2%（体积分数）的氨气。合成天然气中不希望出现氨气，氨气浓度可以通过调整气液分离器中的 pH 值来控制。

这些数据源于理想化的计算结果，即假定催化反应器出口达到完全化学平衡状态和理想的盐分离状态。在使用这些数据时，应特别慎重：尤其是盐水的组成。从表 10.1 中可以看出，干固体物大部分已转化为合成天然气以及少量的水。燃气炉需要消耗大量空气，并产生大量的高温烟道气。在这个模拟过程中，烟道气用来预热燃烧空气。它也可以用来发电（通过蒸汽循环），但这种选择只适用于大型装置。

盐水中通常含有大部分来自原料的溶解和悬浮矿物质。虽然水中的氮可以碳酸氢铵的形式回收，但是有些氮也可以固态磷酸镁铵（MAP 或鸟粪石[50]）的形式从盐分离器中除去。水热甲烷化的一个重要方面是原料中的氮不会随烟道气流失，而是作为营养盐加以回收。这一方法当然也适用于其他大多数营养元素，如钾、磷、镁、钙等。在水热条件下对硅元素回收的研究较少。硅在水热条件下易形成低聚物和聚合物，因此化学性质复杂。除了植物和水生生物质外，污泥和其他废生物质是有机硅的主要来源。

10.4.3　能量平衡

图 10.14 给出了模拟工艺能量流程图。相当量的能量在原料换热器（预热器）内部循环。因此，换热器对保证较高的热效率至关重要。由于认为原料不可压缩，因此高压浆泵的功率损耗非常小。高温盐水和有机物的热值会造成部分功率损耗。对于隔热性能良好的绝热催化反应器来说，已考虑了向周围环境散热导致的能量损失。大部分氮元素存在于水相产物中，以氨（或碳酸氢铵）的形式存在。由于计算原料热值时考虑了氮元素，约占原料热值的 10%，因此氮元素也要计入能量平衡计算。

该工艺热效率为 66%，其原因在于污泥干固体物质和合成天然气的热值低。在该工艺中若使用矿物质含量高的污泥、动物粪便或藻类时，66% 是该工艺的热效率上限值。提高热效率的途径包括回收利用高温盐水热量和降低反应器热损失。此外，对于矿物质含量低的原料，例如木材或咖啡渣，该工艺能量效率可达到 70% 以上。

10.4.4　保罗谢尔研究所工艺开发现状

保罗谢尔研究所采用多种模型化合物和真实生物质原料验证了 1kg/h 产量的实验室规模的水热天然气合成工艺。Schubert[37,57]证实了自热条件下盐分离和甲烷化同时进行的可

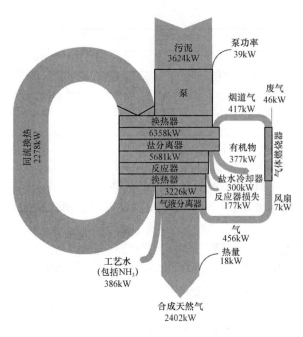

图 10.14 保罗谢尔研究所催化水热合成天然气工艺能流图

原料为污泥，焓计算的压力和温度分别为 0.1MPa 和 25℃

行性，是该工艺开发过程中重要的里程碑。在这种小规模装置中，管线和开口直径较小，在处理含有固体的物料过程中存在着一定的操作难度，因此需要在合理的范围内扩大装置规模。2010 年，Hydromethan AG 公司成立，旨在实现该工艺的放大和商业化。为此，利用卡尔斯鲁厄理工学院(KIT)的中试装置 VERENA[59]，建造了一台 50kg/h 规模、符合工业设计的盐分离器，并进行了测试。随后，又开展了 1t/h 规模示范装置的工程研究。结果表明，这一技术无论是在安全性还是经济性上，实现商业化均可行。

与此同时，保罗谢尔研究所建造了处理能力为 1kg/h 的移动式水热甲烷化装置 KONTI - C，以便测试更多实际原料来进行更长时间的试验，特别是藻类原料(图 10.15)。2014 年 8 月，在这套装置上使用藻类原料连续运行了约 100h。

图 10.15 保罗谢尔研究所移动式水热合成天然气装置 KONTI - C

针对其处理能力为 10kg/h 的亚临界催化气化工艺，PNNL 采用移动式反应系统同样实现了该工艺的可行性[34]。

10.4.5　其他合成天然气工艺

保罗谢尔研究所催化水热合成天然气工艺具有以下特点：

(1) 高效生产合成天然气，湿生物质原料有机质含量可低至 10%（质量分数）。

(2) 原料无须干燥，只需机械脱水。

(3) 生物质原料合成天然气热效率高，可达 60%~70%；合成天然气、电和热量多联产装置热效率在 70% 以上。

(4) 原料适用范围广：通过调整工艺设计，可以适用于不同水含量、矿物质含量、组成、黏度、pH 值的原料，且可调范围大。最大的限制是原料可泵送性（进料）、硫含量（催化剂寿命）以及氯化物含量和 pH 值（腐蚀）。

(5) 产品中无灰分和焦油，氯化氢、氨气、碱、二氧化硫、硫化氢等物质含量极低，因为大多数该类物质溶解在水相产物或进入盐产物中，因此天然气产品净化负荷小。

(6) 合成天然气产品压力高，避免了后续工艺压缩损失。

(7) 高效回收氮、磷、钾元素用于肥料生产。

(8) 无固态副产物（如焦炭或木炭）生成。

(9) 环境友好。

(10) 装置占地面积小。

(11) 能量消耗在几兆瓦到 20MW 左右。

与其他新型生物能源工艺一样，水热生产合成天然气也面临一些挑战：

(1) 电解质水溶液环境导致的腐蚀风险增加。

(2) 高压设备和建筑材料需要的资金投入和维护成本较高。

(3) 高压和高温影响了技术接受度。

(4) 尚无工业规模装置长周期运行。

(5) 仅有少数公司的有限工业试验数据供后期设计、工程、建设和装置操作参考。

(6) 盐水用作生产肥料前需分离出其中的有机组分，如果这部分有机组分无法在该工艺中循环再利用，就需要对其进行处理，这将增加额外的成本。

(7) 重金属最终会进入盐水中，增加了肥料的处理成本。

10.4.5.1　工艺经济性

Gassner 等[18] 估算了使用不同原料的 20MW 级催化水热甲烷化装置详细投资成本。通常原料有机质含量越低，水和矿物质含量就越高，合成天然气效率越低（图 10.16）。具体的投资成本取决于合成天然气效率：在某个天然气转化效率以下，转化效率对投资成本影响不大；当达到一定效率值时，进一步提高效率将大幅度增加投资。因此，每一种原料都有一个效率和成本的最优值，没有固定通用值。对于所研究的七种原料来说，投资成本最低的约为 600 美元/kW。以较为优质的热生物质为原料进料，例如咖啡渣，对于 20MW 的装置来说，需要投资 1200 万美元，这可被认为是投资的下限。针对污泥处理能力为

3.6MW 的装置进行研究：与废咖啡渣相比，污泥作为原料处理难度更大，预计需要投入2200 万瑞士法郎[60]。

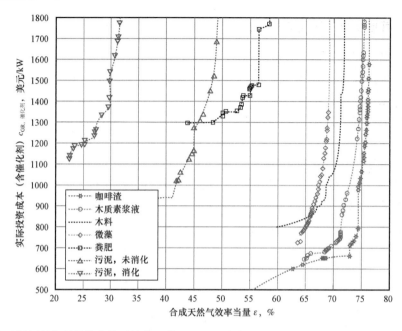

图 10.16　保罗谢尔研究所催化水热甲烷化工艺——无回收高压蒸汽相能量的实际投资成本和总工艺效率

10.4.5.2　生态性能

由 Luterbacher 等进行的生命周期评价（LCA）研究结果[61]表明：水热甲烷化工艺对环境影响非常小。如果以粪便为原料，实际上可以减少温室气体排放，因为这可以避免粪便作为废料投入田间产生的一氧化二氮和甲烷排放。基于这些生命周期清单（LCI）数据，通过计算研究了该过程对环境的总体影响，并将其与瑞士的其他一些生物燃料技术进行了比较。结果表明，以粪便和木屑为原料，通过水热甲烷化生产生物甲烷被认为是最佳技术之一[62]。对于采用藻类生物质原料的 SunCHem 工艺来说，Brandenberger 等[6]发现：假如未来藻类生产前景良好，联合发展浅池藻类养殖和水热甲烷化，投资回报率为 1.8～5.8。

10.5　问题与展望

与其他催化生物质转化工艺一样，实现示范装置满负荷正常运转还有很长的路要走。目前对水热条件下催化过程研究尚不透彻，气相条件下催化过程，例如蒸汽重整的大部分概念，用于水热环境时还需要调整和重新研究[8]。这一工艺开发尚未结束，研究者们的日常工作仍致力于探索工艺中新的问题。在水热条件下，矿物特性与地球化学和地热情况下的矿物质有诸多类似之处，这些研究成果对于地学研究可能有一定的参考价值。对于地热发电厂来说，地热井水中的盐处理是地热发电的关键问题。在超临界水连续盐分离方面的发现和结果，可能有望给予地热领域研究的同事以启示。双方更密切的合作可能会在生物质和地热水热工艺方面取得新的突破。

催化生物质水热处理生产合成天然气在诸多方面研究尚不透彻。除催化和矿物特性外，仅有少数几个团队涉猎合成天然气生产的超临界水流体动力学模拟研究。超临界流体和混合物的非理想状态，以及临界点附近物理性质的急剧变化使得这些计算消耗大量时间。现有的一些状态方程，尤其是混合物方面精度不高，这严重阻碍了采用模拟方法对结果进行预测。在水热条件下，一些物理模型尚无法反映真实过程中的现象，其中包括盐成核、沉淀动力学和混合物反应动力学。一种较为有效的方法可能是基于碳转化的分布式活化能模型（DAEM），虽然已被应用于超临界水氧化[63]，但在非均相催化尚未有过使用的先例。其他需要进一步研究的方向包括：从盐水中回收矿物质生产商业肥料，水产品和合成天然气中痕量化合物的详细分析，以及催化反应器原料的深度脱硫。深度脱硫是保罗谢尔研究所正在研究的课题，采用商业化脱硫剂，已经取得了第一个较有前景的实验结果。

木材硫酸盐制浆过程产生的大量黑液对水热甲烷化的适应性值得深入研究。这种原料处理难度较大，因为其中含有大量的硫和矿物质。如果 Kraft 工艺制浆过程中的化学品可以循环回收，将黑液转化为合成天然气可取代现有 Kraft 工艺中的黑液锅炉。

从工艺角度考虑，将水热气化与高温燃料电池（膜燃料电池或固态氧化物燃料电池）耦合，可能开发出效率可观的中小规模发电工艺，预计发电效率高达43%[8]。

参 考 文 献

[1] Kaltschmitt M, Hartmann H, Hofbauer H(eds). Energie aus Biomasse, 2nd edn. Springer, Berlin; 2009.

[2] Tester JW, Drake EM, Driscoll MJ, Golay MW, Peters WA. Sustainable Energy – Choosing Among Options. The MIT Press, Cambridge, MA; 2005.

[3] Carlsson AS, van Beilen JB, Möller R, Clayton D. Outputs from the EPOBIO Project. CPL Press, London;2007.

[4] Stucki S, Vogel F, Ludwig C, Haiduc AG, Brandenberger M. Catalytic gasification of algae in supercritical water for biofuel production and carbon capture. Energy and Environmental Science 2: 535 – 541; 2009.

[5] Haiduc AG, Brandenberger M, Suquet S, Vogel F, Bernier – Latmani R, Ludwig C SunCHem: an integrated process for hydrothermal production of methane from microal gae and CO₂ mitigation. Journal of Applied Phycology 21: 529 – 541; 2009.

[6] Brandenberger M, Matzenberger J, Vogel F, Ludwig C. Producing synthetic natural gas from microalgae via supercritical water gasification: A techno – economic sensitivity analysis, Biomass and Bioenergy 51: 26 – 34; 2013.

[7] Vogel F, Waldner MH, Rouff AA, Rabe S. Synthetic natural gas from biomass by catalytic conversion in supercritical water. Green Chemistry 9(6): 616 – 619; 2007.

[8] Vogel F. Catalytic Conversion of High – Moisture Biomass to Synthetic Natural Gas in Supercritical Water. In: Anastas P, Crabtree r(eds) Handbook of Green Chemistry, Vol. 2, Heterogeneous Catalysis. Wiley – VCH, Weinheim, pp. 281 – 324; 2009.

[9] Peterson AA, Vogel F, Lachance RP, Fröling M, Antal MJ, Tester JW. Thermochemical biofuel production in hydrothermal media: A review of sub – and supercritical water technologies. Energy and Environmental Science 1(1): 32 – 65; 2008b.

[10] Modell M, Reid C, Amin SI. Gasification Process. US Patent 4 113 446; 1978.

[11] Modell M. Gasification and Liquefaction of Forest Products in Supercritical Water. In: Overend RP, Milne TA, Mudge LK (eds) Fundamentals of Thermochemical Biomass Conversion. Elsevier Applied Science,

London，pp. 95 – 120；1985.

[12] Elliott DC，Sealock LJ Jr. Low Temperature Gasification of Biomass under Pressure. In：Overend RP，Milne TA，Mudge LK（eds）Fundamentals of thermochemical biomass conversion. Elsevier Applied Science，London，pp. 937 – 950；1985.

[13] Elliott DC. Catalytic hydrothermal gasification of biomass. Biofuels Bioproduction Biorefining 2：254 – 265；2008.

[14] Elliott DC，Hart TR，Neuenschwander GG，Rotness LJ，Olarte MV，Zacher AH. Chemical Processing in High – Pressure Aqueous Environments. 9. Process development for Catalytic Gasification of Algae Feedstocks. Industrial Engineering and Chemical Research 51：10768 – 10777；2012.

[15] Kruse A，Vogel F，van Bennekom J，Venderbosch R. Biomass Gasification in Supercritical Water. In：Knoef HAM（ed.）Handbook Biomass Gasification，2nd edn. Biomass Technology Group，Berlin，pp. 251 – 280；2012.

[16] Davda RR，Shabaker JW，Huber GW，Cortright RD，Dumesic JA. A review of catalytic issues and process conditions for renewable hydrogen and alkanes by aqueous – phase reforming of oxygenated hydrocarbons over supported metal catalysts. Applied Catalysis B：Environmental 56：171 – 186；2005.

[17] Gassner M，Vogel F，Heyen G，Maréchal F. Process design of SNG production by hydrothermal gasification of waste biomass：Thermoeconomic process modelling and integration. Energy and Environmental Science 4：1726 – 1741；2011a.

[18] Gassner M，Vogel F，Heyen G，Maréchal F. Optimal process design for the polygeneration of SNG，power and heat by hydrothermal gasification of waste biomass：Process optimisation for selected substrates. Energy and Environmental Science 4：1742 – 1758；2011b.

[19] Onwudili JA，Williams PT. Role of sodium hydroxide in the production of hydrogen gas from the hydrothermal gasification of biomass. International Journal of Hydrogen Energy 34：5645 – 5656；2009.

[20] D'Jesus P，Artiel C，Boukis N，Kraushaar – Czarnetzki B，Dinjus E. Influence of educt preparation on gasification of corn silage in supercritical water. Industrial Engineering and Chemical Research 44：9071 – 9077；2005.

[21] Waldner MH，Vogel F. Renewable production of methane from woody biomass by catalytic hydrothermal gasification. Industrial Engineering and Chemical Research 44（13）：4543 – 4551；2005.

[22] Peterson AA，Dreher M，Wambach J，Nachtegaal M，Dahl S，Nørskov JK，Vogel F. Evidence of scrambling over ruthenium – based catalysts in supercritical – water gasification. ChemCatChem 4（8）：1185 – 1189；2012.

[23] Czekaj I，Pin S，Wambach J. Ru/active carbon catalyst：improved spectroscopic data analysis by density functional theory. Journal of Physical Chemistry C 117：26588 – 26597；2013.

[24] Rabe S，Nachtegaal M，Ulrich T，Vogel F. Towards understanding the catalytic reforming of biomass in supercritical water. Angewandte Chemie International Edition 49：6434 – 6437；2010.

[25] Waldner M，Krumeich F，Vogel F. Synthetic natural gas by hydrothermal gasification of biomass Selection procedure towards a stable catalyst and its sodium sulfate tolerance. Journal of Supercritical Fluids 43：91 – 105；2007.

[26] Dreher M，Johnson B，Peterson AA，Nachtegaal M，Wambach J，Vogel F. Catalysis in supercritical water：Pathway of the methanation reaction and sulfur poisoning over a Ru/C catalyst during the reforming of biomolecules. Journal of Catalysis 301：38 – 45；2013.

[27] Elliott DC，Hart TR，Neuenschwander GG. Chemical processing in high – pressure aqueous environments. 8. Improved catalysts for hydrothermal gasification. Industrial Engineering and Chemical Research 45：3776 – 3781；2006.

[28] Peng G, Steib M, Gramm F, Ludwig C, Vogel F. Synthesis factors affecting the catalytic performance and stability of Ru/C catalysts for supercritical water gasification. Catalysis Science and Technology 4(9): 3329 – 3339; 2014.

[29] Crerar D, Hellmann R, Dove P. Dissolution kinetics of albite and quartz in hydrothermal solutions. Chemical Geology 70(1/2): 77; 1988.

[30] Yu J, Savage PE. Catalyst activity, stability, and transformations during oxidation in supercritical water. Applied Catalysis B: Environment 31: 123 – 132; 2001.

[31] Zöhrer H, Mayr F, Vogel F. Stability and performance of ruthenium catalysts based on refractory oxide supports in supercritical water conditions. Energy and Fuels 27(8): 4739 – 4747; 2013.

[32] Wambach J, Schubert M, Döbeli M, Vogel F. Characterization of a spent ru/C catalyst after gasification of biomass in supercritical water. Chimia 66(9): 706 – 711; 2012.

[33] Bagnoud – Velásquez M, Brandenberger M, Vogel F, Ludwig C. Continuous catalytic hydrothermal gasification of algal biomass and case study on toxicity of aluminum as a step toward effluents recycling. Catalysis Today 223: 35 – 43; 2014.

[34] Elliott DC, Neuenschwander GG, Hart TR, Butner RS, Zacher AH, Engelhard MH, Young JS, McCready DE. Chemical processing in high – pressure aqueous environments. 7. Process development for catalytic gasification of wet biomass feedstocks. Industrial Engineering and Chemical Research 43: 1999 – 2004; 2004.

[35] Zöhrer H, Vogel F. Hydrothermal catalytic gasification of fermentation residues from a biogas plant. Biomass and Bioenergy 53: 138 – 148; 2013.

[36] Osada M, Hiyoshi N, Sato O, Arai K, Shirai M. Effect of sulfur on catalytic gasification 2007. of lignin in supercritical water. Energy and Fuels 21: 1400 – 1405;

[37] Schubert M. Catalytic Hydrothermal Gasification of Biomass – Salt Recovery and Continuous Gasification of Glycerol Solutions. dissertation, Thesis no. 19039, ETH Zürich, Switzerland; 2010.

[38] Müller JB. Hydrothermal Gasification of Biomass – Investigation on Coke Formation and Continuous Salt Separation with Pure Substrates and Real Biomass. dissertation, Thesis no. 20458, ETH Zürich, Switzerland; 2012.

[39] Dreher M. Catalysis under Extreme Conditions: In Situ Studies of the Reforming of Organic Key Compounds in Supercritical Water. dissertation, Thesis no. 21531, ETH Zürich, Switzerland; 2013.

[40] Waldner M. Catalytic Hydrothermal Gasification of Biomass for the Production of Synthetic Natural Gas. dissertation, Thesis no. 17100 ETH Zürich, Switzerland; 2007.

[41] Dreher M, Steib M, Nachtegaal M, Wambach J, Vogel F. On – stream regeneration of a sulfur – poisoned Ru/C catalyst under hydrothermal gasification conditions. ChemCatChem 6: 626 – 633; 2014.

[42] Reimer J, Vogel F. High pressure differential scanning calorimetry of the hydrothermal salt solutions K_2SO_4 – Na_2SO_4 – H_2O and K_2HPO_4 – H_2O. RSC Advances 3: 24503 – 24508; 2013.

[43] Valyashko VM. Phase Equilibria in Binary and Ternary Hydrothermal Systems. In: Valyashko VM (ed.) Hydrothermal Experimental data. John Wiley & Sons Ltd, Chichester, pp. 1 – 133; 2008.

[44] Schubert M, Aubert J, Müller JB, Vogel F. Continuous salt precipitation and separation from supercritical water. Part 3: Interesting effects in processing type 2 salt mixtures. Journal of Supercritical Fluids 61(1): 44 – 54; 2012.

[45] Killiliea WR, Hong GT, Swallow KC, Thomason TB. Supercritical Water Oxidation: Microgravity Solids Separation, SAE Paper 881038, SAE, London; 1988.

[46] Schubert M, Regler JW, Vogel F. Continuous salt precipitation and separation from supercritical water. Part

1：Type 1 salts. Journal of Supercritical Fluids 52(1)：99 – 112；2010a.

[47] Peterson AA, Tester JW, Vogel F. Water – in – water tracer studies of supercritical – water reversing jets using neutron radiography. Journal of Supercritical Fluids 54(2)：250 – 257；2010.

[48] Peterson AA, Vontobel P, Vogel F, Tester JW. In situ visualization of the performance of a supercritical – water salt separator using neutron radiography. Journal of Supercritical Fluids 43：490 – 499；2008a.

[49] Schubert M, Regler JW, Vogel F. Continuous salt precipitation and separation from supercritical water. Part 2：Type 2 salts and mixtures of two salts. Journal of Supercritical Fluids 52(1)：113 – 124；2010b.

[50] Zöhrer H, De Boni E, Vogel F. Hydrothermal processing of fermentation residues in a continuous multistage rig – operational challenges for liquefaction, salt separation, and catalytic gasification. Biomass and Bioenergy 65：51 – 63；2014.

[51] Mosteiro Romero M, Vogel F, Wokaun A. Liquefaction of wood in hot compressed water. Part 1：Experimental results. Chemical Engineering Science 109：111 – 122；2014a.

[52] Mosteiro Romero M, Vogel F, Wokaun A. Liquefaction of wood in hot compressed water. Part 2：modeling of particle dissolution. Chemical Engineering Science 109：220 – 235；2014b.

[53] Bobleter O, Binder H. Dynamischer hydrothermaler Abbau von Holz. Holzforschung 34：48 – 51；1980.

[54] Masten DA, Foy BR, Harradine DM, Dyer RB. In – situ raman spectroscopy of reactions in supercritical water. Journal of Physical Chemistry 97(33)：8557 – 8559；1993.

[55] Müller JB, Vogel F. Tar and coke formation during hydrothermal processing of glycerol and glucose. Influence of temperature, residence time and feed concentration. Journal of Supercritical Fluids 70 (10)：126 – 136；2012.

[56] Brandenberger M. Process Development for Catalytic Supercritical Water Gasification of Algae Feedstocks. dissertation, EPFL, Lausanne, Switzerland；2014.

[57] Schubert M, Müller JB, Vogel F. Continuous hydrothermal gasification of glycerol mixtures：Autothermal operation, simultaneous salt recovery, and the effect of K_3PO_4 on the catalytic gasification. Industrial and Engineering Chemistry Research 53：8404 – 8415；2014.

[58] Vogel F. Hydrothermale Vergasung von Klärschlamm zu Methan. Final Technical Report. Project no. 100831 – 06_ HTV – KS. Paul Scherrer Institut, Villigen, Switzerland；2012.

[59] Boukis N, Galla U, D'Jesus P, Müller H, Dinjus E. Gasification of Wet Biomass in Supercritical Water. Results of Pilot Plant Experiments. Proceedings 14th European Biomass Conference, Paris, France；2005.

[60] Vogel F, Heusser P, Lemann M, Kröcher O. MIT Hochdruck Biomasse zu methan umsetzen. Aqua and Gas 4：30 – 35；2013.

[61] Luterbacher JS, Fröling M, Vogel F, Maréchal F, Tester JW. Hydrothermal gasification of waste biomass：Process design and life cycle assessment. Environmental Science and Technology 43 (5)：1578 – 1583；2009.

[62] Faist Emmenegger M, Gmünder S, Reinhard J, Zah R, Nemecek T, Schnetzer J, Bauer C, Simons A, Doka G. Harmonisation and Extension of the Bioenergy Inventories and Assessment. Final Report. Bundesamt für Energie, Bern, Switzerland；2012.

[63] Vogel F, Smith KA, Tester JW, Peters WA. Engineering kinetics for hydrothermal oxidation of hazardous organic substances. AIChE Journal 48(8).

11 Agnion 小型合成天然气概念

德国生物能源供应商 Agnion 能源有限公司[1] 提出的合成天然气概念的基础是 Agnion 的外热生物质气化技术，即热管重整器。该技术特别适用于分散式中小型合成气生产[2-4]。与其他适用于合成天然气生产的生物质气化技术相比，热管重整器的热燃烧容量是格兴快速内循环流化床（FICFB）技术的 1/10 左右[5]，或者是夹带流气化装置的 1/100 左右[6]。受装置规模的影响，其必须满足分散式电厂工程的范例要求。在 Agnion 装置的功率区间内，与大型装置（大于 100MW）相比，Agnion 装置（1 ~ 5MW）的规模不具经济效益。为了使其资本支出在分散式运营中具有竞争力，非常有必要简化装置设计。在此关键时刻，Agnion 位于德国 Grassau 和意大利 Auer 的商业热电联产机组（CHP）投入了运行。位于德国 Pfaffenhofen/Ilm 的一套中试装置，除作为试验平台外，还用于合成天然气的研究。基础研究由位于奥地利格拉茨技术大学的子公司 Agnion Highterm 进行。这里给出的所有测量结果都来自 Pfaffenhofen 的中试装置。

为了利用生物质来生产合成天然气，需要完成四个工艺步骤 [图 11.1(a)]。

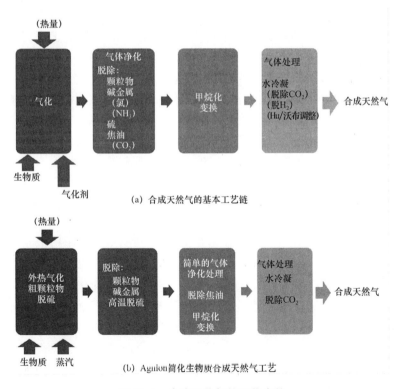

(a) 合成天然气的基本工艺链

(b) Agnion 简化生物质合成天然气工艺

图 11.1　合成天然气的工艺步骤

（1）固态原料通过热化学气化转化为富氢合成气。如化学反应式（11.1）所示，除生成永久性气体氢气、一氧化碳、二氧化碳、甲烷、水、含硫化合物（像 H_2S、COS、噻吩）外，也生成高级烃，称为生物质焦油。Na、K 等可燃性碱组分气化。受气化工艺和燃料含水量的影响，粗略估计合成气中水蒸气体积分数为 $10\% \sim 50\%$[5,7,8]：

$$CH_xO_y + v_1H_2O \longrightarrow v_2CO + v_3H_2 + v_4CO_2 + v_5H_2O + v_6CH_4 + 焦油 + 含硫物质 + \cdots$$

$$(11.1)$$

（2）在气化步骤之后的气体净化步骤中，必须除去气体中的主要杂质，例如碱性组分、硫和焦油。

（3）通过如下化学反应将合成气催化转化成富甲烷的粗合成天然气[9]：

$$v_1CO + v_2H_2 + v_3CO_2 + v_4H_2O + v_5CH_4 \Longleftrightarrow v_6CH_4 + v_7CO_2 + v_8H_2O \qquad (11.2)$$

为了满足合成天然气接入天然气管网的技术规范要求，例如在奥地利[10]或德国[11]，必须对粗合成天然气进行净化处理。因此，基本上必须对粗合成天然气进行干燥处理并除去其中的二氧化碳和痕量氢。生物质制合成天然气的基本工艺链如图 11.1（a）所示。

如图 11.1（b）所示，Agnion 的简化生物质制合成天然气包含合成天然气生产的所有必要步骤。为了减少工艺单元的数量，从而降低合成天然气工厂的投资成本，这一概念背后的想法是将尽可能多的工艺功能整合在一起。

对于图 11.1（b）中第一个工艺步骤（外热气化），Agnion 使用了热管重整器技术[4]。气化反应器被设计为鼓泡流化床，可以在流化砂床上方形成一个生物质炭的分离床。在气化过程中脱除挥发分后，注入的燃料变成生物质炭。炭床中的颗粒由于受到侵蚀而逐渐缩小，直至从气化反应器中排出。通过过滤系统，将其从合成气中分离出来并转移到燃烧反应器中烧掉。焦炭提供了外热气化所需的部分热量。

通过合适的操作来实现炭的 BET 比表面积最大化，测得的比表面积为 $320 \sim 680m^2/g$[12,13]。BET 比表面积位于上述区间的生物质炭颗粒在文献中被称为活性炭[14]。在室温下，使用活性炭除去硫化氢的工艺是一种先进的工艺，例如用于厌氧消化气体的脱硫处理。活性炭高温脱硫技术并未被广泛使用，但在文献[15，16]中有详细描述。Puri 等[15]指出，活性炭对高温硫的吸附机理有两种：

（1）活性炭空位上的物理吸附；

（2）活性炭表面硫和氧原子的化学吸附交换。

Cal 等[16]和 Garcia 等[17]研究了温度对硫化氢高温脱除效果的影响。Garcia 等发现，当操作温度为 $600 \sim 800℃$ 时，未观察到明显的影响。基于上述吸附机理并结合热管重整器的离散性炭床，可实现气化反应器内的粗脱硫过程，与其他的流化床系统相比，合成气中的硫含量低。表 11.1 给出了热管重整器合成气的平均组成。

表 11.1 给出的测量值是平均值。图 11.2（a）显示了热管重整器运行超过 190h 后的干合成气组成。图 11.2（b）在 C—H—O 三元图中对相同的合成气进行了描述。在 C—H—O 三元图中，生物质燃料和给水中的 C、H、O 原子的基本平衡被归一化为 100%。图中包含温度相关的边界线，在这些线上方的区域，基于热力学的原理，由于发生 Boudouard 反应而生成固体炭。通过添加水，合成气的 C、H、O 组分可以移至边界线下方的区域。在热

力学碳沉积边界外操作是抑制甲烷化催化剂结焦的基本要求。即使这一条件得到保证，但是由于动力学原因，也可能在催化剂上出现焦炭沉积物。根据 Seemann 等[18] 和 Czekaj 等[19] 的定义，发生碳沉积是因为合成气组成在碳边界内，而焦炭沉积是由于催化剂表面发生烃分解。

表 11.1 合成气平均组成

组分		干	湿
气体组分,%（体积分数）	y_{N_2}	7.5	4.2
	y_{CO_2}	21.9	12.4
	y_{CO}	18.8	10.6
	y_{CH_4}	8.9	5
	y_{H_2}	42.9	24.3
	y_{H_2O}	—	43.4
H_2/CO		约 2.3	
非气体态组分	焦油	$4 \sim 8 g/m^3$	
	H_2S	$24 \mu L/L$	
	有机硫	约 $1 \mu L/L$	

注：来自 Agnion Pfaffenhofen 中试装置，原料为 DIN 木质颗粒，含水量为 6%，含硫量为 0.03%（质量分数）

对于分散式生物质制合成天然气生产工艺而言，工艺单元数量的减少具有至关重要的作用。因此，气体净化处理不能像在大中型设备中那样，在室温或低温下进行。例如，将气体冷却至室温以脱除颗粒物、硫和焦油，然后将其再次加热到甲烷化所需的温度，这意味着巨大的工作量，并因此导致过于复杂的工艺设计。此外，气体高温净化处理（这意味着气体净化的操作温度等于或超过 800℃），对于小型装置来说并不理想。在这样的操作温度下，基本上存在如下两个问题，导致无法采用分散式处理模式。

（1）高温导致高体积流量。高体积流量导致高压降和（或）专为高温应用设计复杂、昂贵设备。

（2）操作温度高于 800℃，生物质的碱性组分会部分蒸发，残留固体颗粒开始改变其黏附表面的性质。因此，来自气化反应器的洗脱物可能会导致后续高温反应器出现明显的结垢。

对于小型装置来说，Agnion 采用的方法是在中等温度下应用合成天然气发电系统。300 ~ 600℃ 的操作温度用设计简单的设备就能满足，同时也可避免出现上述的黏性碱组分。

在设计的系统中，合成气在热管重整器气化反应器下游的蒸汽制取设备中冷却至 300℃ 左右。产生的蒸汽在气化反应器中用作流化和气化介质。随后利用中温颗粒过滤器除去灰分、床料和前面提到的生物质炭。

考虑到中温脱硫，各种金属氧化物上的硫吸附技术是最先进的技术[20,21]，见化学反应式（11.3）和式（11.4）。

$$Me_{v_1}O_{v_2} + v_1 H_2S + (v_2 - v_1)H_2 \rightleftharpoons v_1 MeS + v_2 H_2O \qquad (11.3)$$

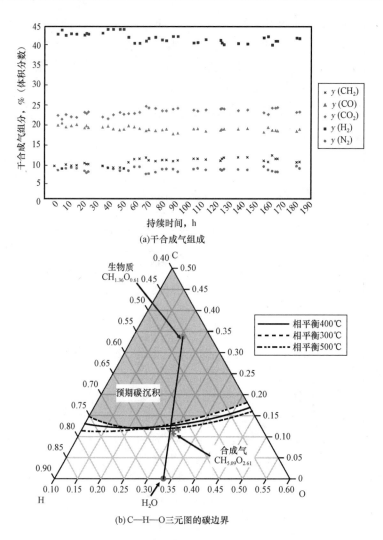

(a)干合成气组成

(b)C—H—O三元图的碳边界

图11.2　干合成气组成及其三元图描述

来自 Agnion Pfaffenhofen 中试装置，原料为 DIN 木质颗粒，含水量6%，含硫量0.03%（质量分数）

$$Me_{v_1}O_{v_2} + v_1COS + (v_2 - v_1)CO \Longrightarrow v_1MeS + v_2CO_2 \qquad (11.4)$$

中温脱硫常用于操作温度为 300～500℃ 的固定床反应器。Meng 等[20]认为，在此操作温度范围内，锌和铜的氧化物基吸附剂是最好的选择。在观察到的温度范围内，特别是高含水气体，必须考虑硫吸附平衡的限制[22]。含水量越高，硫化氢在化学平衡中的吸附量就越低。除主反应外，也可能发生其他不希望出现的副反应，如 Boudouard 反应、变换反应、甲烷化反应和费托反应[23]。

使用 ZnO 作为吸附剂时，在表 11.1 所述的条件下，当操作温度为 300℃ 时，可以将 H_2S 的含量降至约 $1.3\mu L/L$ 的热力学平衡浓度。主要的硫化反应式(11.5)如下：

$$ZnO + H_2S \Longrightarrow ZnS + H_2O \qquad (11.5)$$

使用 ZnO 来除去大量的有机硫组分是不现实的。在给定的操作温度范围内（颗粒过滤器下游的温度为300℃），如果气体中含有CO_2，ZnO会发生一定程度的碳化现象，其化学反应式如下：

$$ZnO + CO_2 \rightleftharpoons ZnCO_3 \tag{11.6}$$

$ZnCO_3$的形成导致硫吸附能力下降。吸附能力还受合成气含水量的影响。对于所考虑的应用，吸附能力在$0.18 \sim 0.32g(S)/g(ZnO)$之间似乎是适宜的。

其他可行的吸附剂是铜基吸附剂。它们以Cu_2O或CuO形式存在。H_2S吸附遵循化学反应式(11.7)和式(11.8)，其吸附机理也是化学吸附。

$$Cu_2O + H_2S \rightleftharpoons Cu_2S + H_2O \tag{11.7}$$
$$2CuO + H_2S + H_2 \rightleftharpoons Cu_2S + 2H_2O \tag{11.8}$$

使用铜氧化物基吸附材料，H_2S的含量可远低于$1\mu L/L$[20]。此外，其也可用于脱除有机硫组分。如果原料气中存在H_2和（或）CO，则有可能将铜氧化物还原成单质铜。单质铜无法提供优良的吸附性能。为了提高稳定性和（或）反应活性，大多数铜基吸附剂会与其他金属掺杂，如钛、铁、锌或铬。在Agnion应用中，理论吸附能力能够达到$0.22g(S)/g(CuO)$。

在Agnion的工艺开发过程中对两种吸附材料都进行了测试。正如预期的那样，在固定床反应器中使用ZnO/CuO吸附剂，可以实现10^{-9}级别的深度脱硫。随着试验时间的延长，合成气中的H_2S含量上升。大约95h后，H_2S的含量相当于只用ZnO作为吸附剂时测得的数值，其原因在于合成气中高浓度的H_2成为CuO的还原剂。因此，尽管吸附器下游的初始含硫量低，但是，使用测试过的吸附剂材料进行CuO脱硫不能用于此工艺。

在固定床反应器中使用纯ZnO作为H_2S吸附剂，只要满足吸附剂供应商的操作说明要求，就能将H_2S的含量降至其热力学平衡浓度。在Agnion工艺中，吸附器废气中的H_2S浓度约为$1.3\mu L/L$。合成气中高含水量和高CO_2浓度的限制条件似乎不会导致其吸附能力明显下降。针对Agnion工艺的操作条件，测得的吸附能力约为$0.06g(S)/g(ZnO)$。气体中含有的有机硫主要成分为噻吩和苯并噻吩。由表11.2可知，ZnO对这些组分的影响在测量容差范围内。

表11.2 ZnO上的硫还原

组分	浓度，$\mu L/L_{(干)}$		
	ZnO吸附前	ZnO吸附后（无HDS）	ZnO吸附后（含HDS）
H_2S	$22 \sim 24$	0.9	0.9
噻吩	$0.7 \sim 1.0$	$0.7 \sim 1.0$	$0.3 \sim 0.8$
苯并噻吩	<0.2	<0.2	<0.2
2-甲基噻吩	低于检出限至0.03	低于检出限	低于检出限

注：来自Agnion Pfaffenhofen中试装置，原料为DIN木质颗粒，含水量6%，含硫量0.03%（质量分数）。通过SPA采样，使用GC-PFPD进行测量。

为了降低有机硫含量，应考虑引入加氢脱硫(HDS)工艺。加氢脱硫是一种通过加氢将有机硫组分转化为硫化氢的催化工艺。如前所述，脱除硫化氢的过程相当简单。加氢脱硫在工业上主要用于液态燃料的脱硫处理。在这些应用过程中，反应压力通常为80bar(氢分压30bar)。生物质加氢脱硫的条件要温和得多。Rabou 等[7] 在大气压和350℃的条件下，进行基于生物质基合成气的加氢脱硫试验。他们实现了具有重要意义的硫醇/烯烃氢化处理。Agnion 的系统还包括商用钴钼氧化物催化剂加氢脱硫。在优化的工艺条件下，加氢脱硫催化剂显著降低了有机硫组分的浓度(表 11.2)。

脱硫温度为300℃时，Agnion 热管重整器的总焦油负荷为气相，不会出现焦油冷凝。脱硫温度也是 Agnion 甲烷化反应器的入口温度。装填商用镍催化剂的固定床反应器基本上由两级组成：第一级是绝热阶段，其目的是将生物质焦油转化为可燃物(主要是一氧化碳和氢气)；第二级是冷却并进行气体转化处理，使其满足甲烷浓度最大化的热力学条件。基本上可以将这两个级分别在两个独立的反应器内进行。

在约300℃的操作温度下，几乎不含硫的合成气进入第一级。基于均使用镍为催化剂的大量放热甲烷化反应[式(11.9)]以及微量放热水煤气变换反应[式(11.10)]，隔热反应的温度会升至560℃。此温度会保持到第一级结束。足够的滞留时间是达到目标焦油转化率所必需的条件。

$$CO + 3H_2 \Longrightarrow CH_4 + H_2O \quad \Delta H_R = -206kJ/mol \quad (11.9)$$

$$CO + H_2O \Longrightarrow CO_2 + H_2 \quad \Delta H_R = -42kJ/mol \quad (11.10)$$

各项研究工作[22,24-26]表明，Agnion 甲烷化反应器第一级的温度允许生物质焦油通过催化水蒸气重整的机理进行转化。其化学反应如下：

$$C_{v_1}H_{v_2} + v_1 H_2O \longrightarrow (0.5v_3 + v_2)H_2 + v_3 CO \quad (11.11)$$

Vosecky 等[27]指出，生物质焦油也可能在不到500℃的温度条件下发生转化。

表 11.3 给出了甲烷化反应器第一级前后的焦油组成。通过 SPA 采样和 GC - FID 分析来获取其浓度值。粗合成气中的主要焦油组分是萘。除萘和萘衍生物(如苊和苊烯)外，还测出了相应浓度的三环和四环芳烃菲和荧蒽。由于外热气化，也发现了一些酚类组分。不管怎样，测出的大多数组分可以归入荷兰能源研究中心(ECN)的 4 级目录[28]。在这里给出的样品中，粗合成气中的焦油浓度之和为 7.52g/m³，但不包括苯、甲苯和二甲苯。

表 11.3　Agnion 甲烷化反应器第一级的焦油重整

组分	浓度, g/m³	
	第一级甲烷化反应器前	第一级甲烷反应器后
萘	3.16	低于检出限
1 - 甲基萘	0.14	低于检出限
2 - 甲基萘	0.06	低于检出限
联苯	0.09	低于检出限
苊烯	0.79	低于检出限

续表

	浓度，g/m³	
苊	0.1	低于检出限
芴	0.27	低于检出限
菲	0.63	低于检出限
蒽	0.16	低于检出限
荧蒽	0.38	低于检出限
芘	0.37	低于检出限
苗	0.94	低于检出限
苯酚	0.43	0.07
合计	7.52	0.07

注：来自 Agnion Pfaffenhofen 中试装置，原料为 DIN 木质颗粒，含水量 6%，含硫量 0.03%（质量分数）。通过 SPA 采样，使用 GC – FID 测量。

在反应器第一级的下游，进行了 310h 的连续试验后，测得样品的总焦油浓度为 70mg/m³。唯一部分未转化的组分是苯酚。使用镍催化剂后的苯、甲苯和二甲苯组分也低于检出限。根据式（11.12），表 11.3 给出的总焦油转化率高于 99%。表 11.3 数据表明，通过对粗合成气与第一级下游气体中的焦油含量进行的至少 80 次的比较分析，证实焦油的转化率几乎为 100%。

$$X_{焦油} = \frac{W_{焦油,合成气} - W_{焦油,粗合成气}}{W_{焦油,合成气}} \times 100\% \tag{11.12}$$

中温焦油重整工艺的不利之处在于在给定操作温度范围内，镍催化剂对硫失活非常敏感。

为了研究催化剂的硫失活和焦炭失活问题，引入了用于确定催化剂失活速率的模型，见式（11.13）。模型根据催化活性损失程度来计算具体的催化剂消耗量，催化剂活性损失的数据来自试验持续期间第一级的轴向温度分布变化。

催化剂实际消耗量是指将 1kW·h 的粗合成气转化为无焦油合成气而失去活性的催化剂数量（以 g 为单位）。

$$\Sigma = \frac{m_{催化剂}}{H_{合成气} \times V_{合成气} \times \tau} \times \Delta A_I \tag{11.13}$$

$$\Delta A_I = \frac{\Delta A_{开始} - \Delta A_{结束}}{\Delta A_{开始} - \Delta A_{惰性}} \tag{11.14}$$

计算 Σ 所需的因子 ΔA_I 考虑了第一级（绝热阶段）轴向温度剖面的面积损失（图 11.3）。它给出了从实验开始到结束时的面积损失（$A_{开始} - A_{结束}$）与采用非反应气体测量的面积损失（$A_{开始} - A_{惰性}$）的关系。因此，这个值对应于试验期间的催化活性损失，同时考虑了测试持续时间 τ、装填催化剂总质量 $m_{催化剂}$、合成气体积流量 $V_{合成气}$ 和热值 $H_{合成气}$，这样就可以计算出具体的催化剂消耗量 Σ。

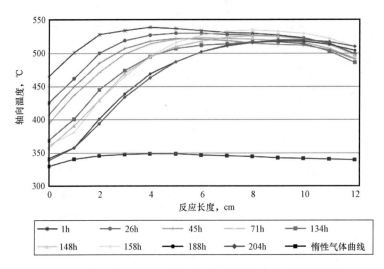

图 11.3　第一级 Agnion 甲烷化反应器的轴向温度剖面分布

Czekaj 等[19]对镍催化剂表面上的炭和焦炭的形成过程进行了深入的研究。主要结论是具有双键和三键的烃(如乙烯或乙炔)在焦炭沉积物的形成过程中起重要作用。这一焦炭形成过程在更高温度下会得到强化[29]。在 Agnion 工艺中，催化剂入口温度为300℃时可以避免出现大量的积炭。

在标准操作条件下，催化剂实际消耗量约为 $0.2g/(kW \cdot h)$。与先进的 FAME 洗涤系统相比，其在气体净化成本方面具有竞争力。为了进一步降低催化剂的消耗量，人们开始进行氧化锌吸附剂和镍催化剂再生的研究工作。精细脱硫也有助于缓解镍催化剂的硫失活问题。

第一级下游的永久性气体组成见表11.4，符合本阶段出口温度的热力学平衡要求。

表 11.4　甲烷化反应器第一级下游的合成气平均组成

组分		干	湿
气体组分,% (体积分数)	y_{N_2}	7.8	4.3
	y_{CO_2}	23.2	12.7
	y_{CO}	13.1	7.2
	y_{CH_4}	10.3	5.6
	y_{H_2}	45.4	24.9
	y_{H_2O}	—	45.3
H_2/CO		约3.46	
非气体组分	焦油含量	约70mg/m³	
	H_2S	低于检出限	
	有机硫	低于检出限	

注：来自 Agnion Pfaffenhofen 中试装置，原料为 DIN 木质颗粒，含水量6%，含硫量0.03%(质量分数)。

由表11.4可见，H_2/CO 化学计量比值远离期望值 3[式(11.9)]。为了实现产氢最大化，也就是 CO 的完全转化，必须通过逆水煤气变换反应，将 H_2/CO 值调整至化学计量值，见式(11.10)。如果为非化学计量甲烷化反应[式(11.9)]的合成气供给含镍催化床，在发生水煤气变换反应[式(11.10)]的同时，也将平行发生甲烷化反应[式(11.9)]。这意味着如果气体中含有足够数量的水和二氧化碳，对于甲烷化反应，超过和低于化学计量的合成气组分，不需要使用单独的反应器进行水煤气变换反应，就可以实现氢气和一氧化碳的完全转化。

根据 Le Chatelier 定律，甲烷产量随温度的下降而增加。所用催化剂的反应活性取决于反应温度和气体含水量。随着氢气转化率的提高，气体中的水含量增加，含水量越高，催化剂活性越低。基于这一事实，反应器第二级出口处的温度为 250℃ 时，在所讨论的反应条件下，甲烷产率最高，且氢气转化率最高。如果温度更高，甲烷产率会因热力学平衡原因而下降。降低温度会因催化活性不足而导致甲烷产率降低。

由于高放热甲烷化反应存在放热现象[式(11.9)]，为了获得最佳的甲烷产率，其所需的气体小时空速强烈依赖于催化剂与冷却介质之间的热传递。Agnion 的空气冷却试验系统在气体时空速率约为 $1000h^{-1}$ 时，可以获得最佳的气体组分，其最大氢气转化率达到了89.6%。在商业应用中，人们更愿意使用其他的冷却剂。对必要的气体小时空速和第二级的设计进行修改都是可能的。表 11.5 给出了来自 Agnion 甲烷化反应器第二级下游的永久性气体组成，数值来自 Agnion 的试验装置。为了避免氮气进入气体，此试验中所有的冲洗流体和锁定流体都通过涌入二氧化碳来完成。粗合成天然气必须几乎不含氮(极少量的燃料基氮气是无法避免的)，因为脱除氮气是不经济的。

表 11.5 甲烷化反应器第二级下游合成气的平均组成

气体组分	体积分数,%	
	干	湿
y_{CO_2}	43.8	15.8
y_{CO}	低于检出限	低于检出限
y_{CH_4}	51.2	18.4
y_{H_2}	2.5	0.9
y_{H_2O}	—	—

注：来自 Agnion Pfaffenhofen 中试装置，原料为 DIN 木质颗粒，含水量6%，含硫量0.03%(质量分数)。

Agnion 的甲烷化系统中，在第一级结束时，将气体冷却到 300℃，然后再通过热诱导过程升温至 560℃。由于存在㶲损，这一过程是不利的。按照合成天然气生产工艺链，第二级 Agnion 甲烷化反应器中(气体组成如前所述)，通过调节气体组成实现甲烷产率的最大化。甲烷化也存在㶲损。总㶲损失和 Agnion 合成天然气工艺的效率仅取决于反应器的反应物和反应产物之间化学势的差异。因此，气体在第一级是否加热并不重要，见式(11.15)。

$$\eta_{合成气} = \frac{n_{粗合成气} \times H_{粗合成气}}{n_{脱硫} \times H_{脱硫}} = \frac{n_{无焦油} \times H_{无焦油}}{n_{脱硫} \times H_{脱硫}} \frac{n_{粗合成气} \times H_{粗合成气}}{n_{无焦油} \times H_{无焦油}} \qquad (11.15)$$

如前所述，甲烷化反应器中的所有永久性气体反应都达到了各自的热力学平衡状态。

甲烷化工艺的总效率主要取决于热力学平衡状态，而且其总效率 $\eta_{合成气}$ 约为 86%。这一数值是指能量效率(未考虑热损失)。如式(11.15)所示，$\eta_{合成气}$ 不考虑可能出现在二氧化碳分离单元中的损失。

在最后阶段，必须对粗制合成天然气进行干燥处理，脱除二氧化碳，以及根据天然气管网集输技术规范要求，进行气体质量调整。冷凝装置下游的主要气体组成是二氧化碳和甲烷(表 11.5)。与厌氧消化产生的沼气相比，二者之间的差异很小。这种规模的沼气池也具有可比性。Agnion 工艺中使用了针对该应用开发的二氧化碳分离单元，相比于开发自己的系统，这似乎是更好的方法。对于热管重整工艺来说，最适合的似乎是基于膜技术的二氧化碳脱除系统。该系统将受益于加压热管重整器。

参 考 文 献

[1] Agnion. Homepage. http：//www. agnion. de/(accessed 16 September 2014).

[2] Karl J. Vorrichtung zur Vergasung biogener Einsatzstoffe. DE Patent 19926202 C1；1999.

[3] Karl J. Fluidized Bed Reactor. DE Patent 19926201 C2；1999.

[4] Gallmetzer G, Ackermann P, Schweiger A, Kienberger T, Gröbl T, Walter H, Zankl M, Kröner M. The agnion heatpipe reformer – operating experiences and evaluation of fuelconversion and syngas composition. Biomass Conversion Biorefinery 2：207 – 215；2012.

[5] Rauch R. Biomass CHP Güssing Biomass Steam Reforming. IEA Bioenergy Task 33, Thermal Gasification of Biomass, IEA, Berlin；2009.

[6] Watanabe H, Otaka M. Numerical simulation of coal gasification in entrained flow coalgasifier. Fuel 85：1935 – 1943；2006.

[7] Rabou LPLM, Bos L. High efficiency production of substitute natural gas from biomass. Applied Catalysis B Environment 111/112：456 – 460；2012.

[8] Kienberger T, Zuber C, Novosel K, Baumhakl C, Karl J. Desulfurization and in situ tarreduction within catalytic methanation of biogenous synthesis gas. Fuel 107：102 – 112；2013.

[9] Hayes RE, Thomas WJ, Hayes KE. A study of the nickel catalyzed methanation reaction. Journal of Catalysis 92：312 – 326；1985.

[10] ÖVGW. ÖVGW G 31, Erdgas in Österreich – Gasbeschaffenheit. ÖsterreichischeVereinigung für das Gas und Wasserfach, Vienna；2001.

[11] DVGW. DVGW G 260, Gasbeschaffenheit. Deutscher Verein des Gas und Wasserfachese. V. , Bonn；2000.

[12] Zuber C. Untersuchung von Schwefelverbindungen und deren Entfernung beim Prozess derBiomassevergasung. Dissertation, Graz University of Technology, Graz；2012.

[13] Kienberger T. Methanierung biogener Synthesegase mit Hinblick auf die Umsetzung von höheren Kohlenwasserstoffen. Dissertation, Graz University of Technology, Graz；2010.

[14] Bansal RC, Goyal M. Activated Carbon Adsorption. CRC Press, london；2010.

[15] Puri BR, Hazra RS. Carbon sulfur surface complexes on charcoal. Carbon 9：123 – 134；1971.

[16] Cal MP, Strickler BW, Lizzio AA, Gangwal SK. High temperature hydrogen sulfide adsorption on activated carbon：Ⅱ. Effects of gas temperature, gas pressure and sorbent regeneration. Carbon 38：1767 – 1774；2000.

[17] García G, Cascarosa E, Ábrego J, Gonzalo A, Sánchez JL. Use of different residues for high temperature desulfurisation of gasification gas. Chemical Engineering Journal 174：644 – 651；2011.

[18] Seemann M. Methanation of Biosyngas in a Fluidized Bed Reactor. Dissertation, Eidgenössische Technische Hochschule Zürich, Zürich; 2007.

[19] Czekaj I, Loviat F, Raimondi F, Wambach J, Biollaz S, Wokaun A. Characterization of surface processes at the Ni based catalyst during the methanation of biomass derived synthesis gas: X – ray photoelectron spectroscopy (XPS). Applied Catalyis General 329: 68 – 78; 2007.

[20] Meng X, De Jong W, Pal R, Verkooijen AHM. In bed and downstream hot gas desulfurization during solid fuel gasification: A review. Fuel Processing Technology 91: 964 – 981; 2010.

[21] Elseviers WF, Verelst H. Transition metal oxides for hot gas desulfurisation. Fuel 78: 601 – 612; 1999.

[22] Schweiger A. Reinigung von heißen Produktgasen aus Biomassevergasern für den Einsatz in Oxidkeramischen Brennstoffzellen. Dissertation, Graz University of Technology, Graz; 2008.

[23] Irschara F. Entschwefelung von biogenen Produktgasen. Dissertation, Graz University of Technology, Graz; 2009.

[24] Rostrup Nielsen JR. Activity of nickel catalysts for steam reforming of hydrocarbons Journal of Catalysis 31: 173 – 199; 1973.

[25] Pfeifer C, Hofbauer H. Development of catalytic tar decomposition downstream from a dual fluidized bed biomass steam gasifier. Powder Technology 180: 9 – 16; 2008.

[26] Korre SC, Klein MT, Quann RJ. Polynuclear aromatic hydrocarbons hydrogenation. 1. Experimental reaction pathways and kinetics. Industrial Engineering and Chemical Research 34: 101 – 117; 1995.

[27] Vosecky M, Kameníková P, Pohořelý M, Skoblja S, Punčochář M. Efficient Tar Removal from Biomass Producer Gas at Moderate Temperatures via Steam Reforming on Nickel Based Catalyst. In: Proceedings of the 17th European Biomass Conference, From Research to Industry and Markets, ETA – Renewable Energies. pp. 862 – 866; 2009.

[28] Kiel JHA, Van Paasen SVB, Neeft JPA, Devi L, Ptasinski KJ, Janssen F, Meijer R, Berend RH, Temmin HM, Brem G. ECN: Primary Measures to Reduce Tar Formation in Fluidised Bed Biomass Gasifiers. Available at ftp: //130. 112. 2. 101/pub/www/library/ report/2004/c04014. pdf; 2004 (accessed 18 September 2014).

[29] Bartholomew CH. Mechanisms of catalyst deactivation. Applied Catalysis General 212: 17 – 60; 2001.

12   合成天然气生产的脱硫与甲烷化集成概念

12.1   简介

所有生物质都含硫,如含硫蛋白(半胱氨酸和甲硫氨酸)或含硫金属蛋白[1]。木质纤维素生物质中的硫含量约为 0.1%(质量分数,下同),明显低于各类煤炭的硫含量(如褐煤含硫量为 0.8%[2],烟煤含硫量为 1.7%[3])。生物质制合成天然气热化学转化的第一步是气化,其中的含硫蛋白分解并转化为小的气体分子。低温(约 800℃)气化过程中的大部分生物质转化为氢气、一氧化碳、二氧化碳、甲烷、水和焦油[4];硫大部分转化为硫化氢,也会转化为有机硫物质(比如硫化羰、噻吩)或其他物质[5]。相反,在煤气化过程中,操作温度通常高于生物质气化温度,其中较大分子(比如含硫杂环化合物)分解为氢气、一氧化碳、二氧化碳和硫化氢[4]。

生物质制合成天然气热化学转化的第一个合成步骤是甲烷化,在催化剂作用下,来自气化的洁净合成气中的氢气和一氧化碳转化为甲烷。甲烷化常用的催化剂是镍基催化剂或钌催化剂[6],但是据报道,钨[7]、钼[8]和铁[8]也具有甲烷化活性。这些金属催化剂具有硫敏感性[9,10]。在气体通入甲烷化反应器之前就有几种从中脱除硫化合物的技术手段。一种方法是利用金属氧化物的固定床吸附[11]。报道最多的氧化物之一是氧化锌,氧化锌脱除硫化氢的化学反应为:$ZnO + H_2S \Longrightarrow ZnS + H_2O$[12]。当氧化锌完全转化为硫化锌时,可以将其在 590~680℃ 的含氧环境内进行再生处理。其他含硫物质,如硫化羰或有机含硫分子,无论如何也不会被氧化锌吸附而脱除[2]。另外,蒸汽会降低氧化锌的吸附脱硫能力[13,14],这种现象大量存在于生物质的蒸汽气化过程中。这就是目前大型煤制合成天然气装置和生物质制合成天然气中试装置使用低温洗涤塔来脱除硫物种的原因[15]。从气体中除去某些分子的洗涤过程是物理或化学过程,取决于所使用的洗涤液。如采用甲醇洗涤(Rectisol)工艺,气体中的硫化氢含量可降至 0.1μL/L 以下,而采用甲基二乙醇胺洗涤,气体中的硫化氢含量可降至 10~20μL/L[2]。另外,通过洗涤可除去二氧化碳、氨、焦油和烯烃[16]。据报道,荷兰能源研究中心(ECN)开发的 OLGA 工艺,是一种油基气体洗涤工艺,也可以去除噻吩[17]。Rectisol 甲醇洗涤工艺的操作温度为 -60~-35℃,而甲基二乙醇胺洗涤工艺属于常温洗涤工艺[2]。这意味着来自气化炉温度约为 800℃ 的合成气需要冷却至常温或更低的温度,以便进行洗涤处理,且所有蒸汽都会凝结。洗涤过程结束后,气体需要在加热并蒸发掉水分后添加到洁净合成气中去,通过水煤气变换反应($CO + H_2O \longrightarrow CO_2 + H_2$)将 H_2/CO 值调整到甲烷化所要求的数值 3。

取消生物质制合成天然气工艺链中的洗涤工艺似乎是有利的,其原因在于:洗涤工艺增加设备(如换热器和水蒸发器)费用和洗涤液的处理与再生费用。生物质制乙醇的技术经济分析表明，目前最先进的气体净化技术，其费用占乙醇最低销售价格的31%[18]。通过避免低温洗涤来降低气体净化成本有助于提高该项工艺的经济竞争力。虽然目前还没有针对生物质制合成天然气工艺过程中不同气体净化方案经济影响的研究，但通常假定其潜在的费用节约相差不大。

第3章对在开发高温脱硫专用工艺和材料发展方面已经做的大量研究工作进行了总结。为进一步降低装置的复杂性和操作单元的数量，还可以将脱硫与甲烷化集成来降低总成本费用，进而提高合成天然气的经济性。虽然这些工艺仍处于早期开发阶段，但本章给出了两种集成工艺概念，并对其优缺点进行了讨论，除此之外，还着重指出了这种新型的脱硫—甲烷化集成工艺在应用方面需要解决的一些研究问题。

12.2 脱硫与甲烷化集成概念

为了避免采用低温气体洗涤净化处理工艺，可以采用高温脱除硫化氢(用于大量脱硫)和甲烷化反应器组合工艺来替代洗涤脱硫工艺。该工艺使用的甲烷化催化剂必须既能耐硫中毒(不能被 H_2S 吸附剂脱除的有机含硫物质)，又能在活性低于一定阈值后周期性再生。图12.1 概要地描述了这一工艺流程。整个工艺始于生物质或煤气化(此处显示为蒸汽—喷吹气化炉)，然后通过高温过滤去除颗粒物[19]。随后的高温重整装置在高于700℃的操作温度下，进行焦油转化处理[20](第3章)，高温吸附剂(如氧化锌)可去除气体中的大部分无机硫[11]。然而，氧化锌不会与噻吩(C_4H_4S)发生反应，仅对噻吩表现出弱的化学吸附能力[21]。紧接其后的甲烷化装置面临的是高蒸汽负荷和有机硫类物质，这与典型的煤气化条件(低蒸汽含量，无有机含硫物质)形成鲜明的对比。这种甲烷化装置应该使用耐硫的甲烷化催化剂。催化剂需要对硫拥有抗性，而且不会被硫吸附剂脱除，或者此催化剂虽然能产生硫中毒，但是可以多次再生以延长催化剂的寿命。对于耐硫甲烷化，如果催化剂活性不受硫竞争性吸附剂的太多限制，则可将硫化氢吸收床置于甲烷化反应器之后。在这两种情况下，必须在气体注入燃气管网之前，对气体进行脱硫处理。由于图12.1 所示的许多工艺步骤仍处于开发阶段，温度区间仅表示整个工艺链的高温特性，而理想情况下不需要中间加热过程。

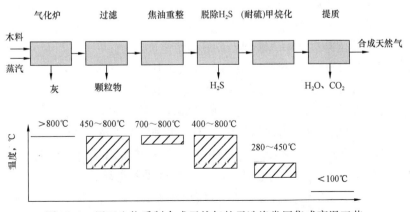

图12.1 用于生物质制合成天然气的无洗涤常压集成高温工艺

对于非耐硫甲烷化催化剂（如镍或钌），需要通过水煤气变换（$H_2O + CO \Longrightarrow H_2 + CO_2$）将 H_2/CO 值调整至目标数值 3。气化生物质中的高蒸汽含量为水煤气变换反应提供了水来源。由于大多数甲烷化催化剂也表现出对水煤气变换的活性[22]，因此在图 12.1 的简化图中，假定水煤气变换反应和甲烷化反应在同一催化剂上并行发生，因此就可省略专门用于水煤气变换的反应器。最后，从气体中冷凝出水并脱除二氧化碳，只留下合成天然气。本书第 3 章只讨论了高温过滤和气体净化步骤，而脱硫与甲烷化集成的两种不同方案（耐硫甲烷化或甲烷化催化剂的定期再生）则将在下文中讨论。

12.2.1 耐硫甲烷化

硫存在条件下，低 H_2/CO 值（约等于 1）的合成气直接甲烷化称为"耐硫甲烷化"。耐硫甲烷化常用的催化剂是钼催化剂，并在 20 世纪 70—80 年代首次以煤作为合成气原料进行了试验。尽管煤制合成气的转化过程在许多方面与生物质制合成气类似，但仍应注意一些重要的区别。通常情况下，煤的含硫量高于生物质，由于生物质和煤的气化条件差异，因而形成了不同的硫化合物。大多数生物质中较高的含水量（与煤相比）导致了极高的合成气含水量，而较低的气化温度（与煤相比）则会额外形成有机硫化合物。

在低 H_2/CO 值条件下，针对合成气合成甲烷，开展了二硫化钼催化剂的研究工作，发现耐硫甲烷化反应[23]为：$2CO + 2H_2 \Longrightarrow CH_4 + CO_2$。根据该耐硫甲烷化反应可知，氢气全部转化为甲烷，并且在入口处使用 H_2 与 CO 的单位比是可行的。由于催化剂通常是金属硫化物，或者是在工艺过程中变成了硫化物，因此催化剂在硫物质存在的情况下是存在活性的，甚至其催化活性会随着硫化氢浓度的增加而增强[23,24]。1975 年，通过气化含硫烃原料（本例中使用的是油）和后续 $Co - Mo/Al_2O_3$ 催化剂上的耐硫甲烷化反应生产富甲烷气体的工艺获得了专利[25]。在随后的一项专利中，使用镧系或锕系金属对钼催化剂进行改性，改性后的催化剂活性高于未改性的钼催化剂[26]。1985 年，在二氧化钛载体上负载钼或钒催化剂以及含硫合成气耐硫甲烷化的相关工艺获得了专利[27]。据报道，在该专利中，与使用 Al_2O_3 载体相比，TiO_2 载体能够提高甲烷化的活性，但并未讨论导致活性增强的可能原因。利用工艺开发单元（PDU）进行了一项长周期试验（1080h），使用夹带流气化炉合成气和未公开组分的工业催化剂。使用的原料来自不同的煤型。结果表明，在 H_2S 存在的情况下，特别是在 $1000\mu L/L$ 的浓度下，转化率几乎达到 100%，且稳定性好[28]。多组分催化剂，包含钼、镍、钒、铝、铬、钴和锆，用于直接来自煤气化炉的原料气甲烷化，在 1000h 的连续试验过程中，表现出良好的稳定性[29]。

近年来，对 SRM 催化剂的优化研究重新开始，特别是在催化剂的活性方面，所研究的催化剂体系、条件和参数的汇总情况见表 12.1。现在已经开发出了新的耐硫甲烷化催化剂配方。据报道，在铈改性的 Al_2O_3 载体上负载钼能提高甲烷化活性[24,30]。铈改性体系活性的增强归因于铈对 SO_4^{2-} 物种的抑制作用，SO_4^{2-} 物种被认为对催化剂的甲烷化活性有负面影响[24]。系统性研究了 $Mo/\gamma - Al_2O_3$ 上 Mo 负载量和焙烧温度对催化剂活性的影响[31]。通过对纯 Al_2O_3 载体和经铈、锆、钛、镁改性 Al_2O_3 载体催化剂活性的比较，研究了催化剂载体对 $Co - Mo$ 耐硫甲烷化催化剂活性的影响[32]。铈改性载体的催化剂活性最好，这归因

表 12.1 各种 SRM 催化剂体系总结

催化剂体系	研究参数	活性/CO转化率（最佳体系）	条件	参考文献
Mo/Al$_2$O$_3$	c(H$_2$S,CO,H$_2$,CO$_2$),T	0.45%/[min·g(催化剂)]	p=100kPa,T=527℃,CO/H$_2$=1,0.2% H$_2$S(体积分数)	[23]
Mo/CeO$_2$-Al$_2$O$_3$	硫化温度剖面	60% X(CO)(逐步硫化)	GHSV=5000h^{-1},p=3MPa,T=550℃,CO/H$_2$=1,1.2% H$_2$S(体积分数),3mL催化剂	[35]
Co-Mo/Al$_2$O$_3$	硫化温度	56% X(CO)(硫化温度400℃)	GHSV=5000h^{-1},p=3MPa,T=550℃,CO/H$_2$=1,1.2% H$_2$S(体积分数),3mL催化剂	[36]
Mo/CeO$_2$-Al$_2$O$_3$	复合载体制备	60% X(CO)(Ce-Al 载体共沉淀)	与[31]相同	[30]
Mo/Al$_2$O$_3$、Mo/SiO$_2$、Mo/SiO$_2$-Al$_2$O$_3$、Mo/ZrO$_2$、Mo/YSZ、Mo/CeO$_2$、Mo/TiO$_2$	载体效应	1.77×10^3 mmol/g(10h)后(5% Mo/ZrO$_2$,质量分数)	p=2MPa,T=500℃,CO/H$_2$=1,0.5% H$_2$S(体积分数),100mg 催化剂	[34]
Co-Mo/Al$_2$O$_3$、Co-Mo/CeO$_2$-Al$_2$O$_3$	c(H$_2$S,CO$_2$,CH$_4$,H$_2$O,CO;H$_2$),GHSV,T,p	563℃下 X(CO) 51%(Co-Mo/CeO$_2$-Al$_2$O$_3$)	GHSV=5000h^{-1},p=3MPa,T=560℃,CO/H$_2$=1,0.2% H$_2$S(体积分数),3mL催化剂	[24]
Mo/Al$_2$O$_3$	Mo负载和煅烧温度	47% X(CO)(25% Mo,质量分数)	GHSV=5000h^{-1},p=3MPa,T=560℃,CO/H$_2$=1,0.2% H$_2$S(体积分数),3mL催化剂	[31]
Co-Mo/CeO$_2$-Al$_2$O$_3$、Co-Mo/MgO-Al$_2$O$_3$、Co-Mo/TiO$_2$-Al$_2$O$_3$、Co-Mo/ZrO$_2$-Al$_2$O$_3$	载体效应	560℃下56% X(CO)(Co-Mo/Ce-Al)	GHSV=5000h^{-1},p=3MPa,CO/H$_2$=1,0.2% H$_2$S(体积分数)	[32]
Co-Mo/Ce-Al	制备方法	610℃下56% X(CO)(Co-Mo共沉淀)	GHSV=5000h^{-1},p=3MPa,CO/H$_2$=1,0.24% H$_2$S(体积分数)	[33]

注：p—压力；c—浓度；T—温度；GHSV—气体小时空速；X—转化率。

于钼在 Ce – Al 载体上的分散性得到改善。考察了 Ce – Al 载体的不同制备方法对甲烷化反应活性的影响[33]。对比浸渍在不同载体[γ – Al_2O_3、SiO_2、SiO_2 – Al_2O_3、ZrO_2、CeO_2、TiO_2 和 YSZ(氧化钇稳定氧化锆)]上的钼,结果表明,ZrO_2 载体负载钼的催化剂活性最高[34]。对钼催化剂的不同硫化方法进行了比较,并讨论了它们对催化剂稳定性的影响[35,36]。总结本段提出的研究,高度分散在 Ce – Al 载体上且采用逐步硫化方式的 Co – Mo 催化剂是一种很有前途的耐硫甲烷化体系。

在耐硫甲烷化的材料科学方面做了大量工作,包括制备方法、硫化方法、助剂的选择或载体的影响。所有这些参数都会影响催化剂的活性、选择性和稳定性,并且预期这些参数仍有改进的余地。就生物质制合成天然气来说,耐硫甲烷化催化剂的实际使用效果仍有待证实,其原因在于还没有关于实际气化生物质耐硫甲烷化反应器的扩容报道。因此,需要在建模和扩容方面进行工艺开发研究,以此来测试耐硫甲烷化的生物质转化适用性。

12.2.2 甲烷化催化剂再生

如果不使用耐硫的甲烷化催化剂,只要催化剂能够再生,也允许使用的催化剂缓慢中毒。这可以通过省去脱除无机硫和有机硫的高温气体净化工艺来进一步进行工艺简化[37],也可以使用甲烷化活性更高的镍基或钌催化剂。采用这种方式时,仍然可以使用能够去除 H_2S 但是对有机硫物种无效的氧化锌床,通过去除大部分硫负荷来延长催化剂的寿命。尽管如此,这一步骤原则上是不必要的。

由于生物质中的含硫量相对较低,特别是在氧化锌床处理后,催化剂的寿命很可能达到数百小时的数量级。虽然这对于永久性操作来说仍显不足,但部分催化剂的周期性再生功能(例如在摆动式反应器设计中)则可以弥补这一不足,而这就要求催化剂首先能从硫中毒中再生。

12.2.2.1 镍催化剂再生

众所周知,硫会使镍甲烷化催化剂中毒[10,38]。镍催化剂硫中毒生成镍硫化物(NiS 或 Ni_3S_2)[39]。用 $10\mu L/L$ 的硫对不同的镍催化剂进行毒害,并在 523K 和 773K 下用无硫反应气体或纯 H_2 进行再生实验[40]。然而,这项研究中的所有再生尝试都失败了。硫中毒后镍催化剂的不同再生方法:高温纯 H_2 处理,随后暴露于 H_2、O_2,然后是 H_2;或是无硫反应混合物之后暴露于纯 H_2,只能部分恢复其活性[38]。镍催化剂永久性失活的原因可能是生成了在试验条件下稳定的镍硫酸盐。

在含水和(或)氧气的环境中,硫中毒镍催化剂再生会形成硫酸镍,它会部分还原为镍硫化物,从而恢复其甲烷重整活性[41]。硫酸镍在高温下是稳定的[42]。在大气压力下暴露于空气中时,会在 $700 \sim 800℃$ 的操作温度下分解[43]。在这样的高温环境下,将硫酸镍再生为镍的操作通常会导致镍颗粒烧结,接着由于镍纳米颗粒聚集,导致比表面积和表观活性下降[44,45]。

使用氢气还原和低氧分压下(氧气浓度为 $500\mu L/L$)氧化的顺序,先前因噻吩中毒的镍催化剂被成功再生[46]。Katzer 等[47]还公开了在极低氧分压下实现镍催化剂再生的另一种工艺。在该项专利中描述了在 $300 \sim 500℃$ 的操作温度下,使用氧气(惰性气体中的氧气浓度为 $1 \sim 10\mu L/L$)经过数十小时的操作使硫中毒镍催化剂的再生情况。据报道,催化剂活性能恢复到中毒前的80%。在相对温和的操作温度(低于500℃)下实现镍催化剂成功再生的主要原因是低氧气分压条件下避免了NiSO₄相的生成。从实际应用的角度来看，这种方法是很困难的，因为要达到并维持如此低的氧气浓度需要在处理催化剂时非常小心，并保证所有设备的密封性能良好。

在更高的氧气分压下，实现硫中毒镍催化剂再生的另一个策略是防止镍烧结或使镍颗粒物能再次分散。在甲烷部分氧化反应中，用碱金属氧化物和(或)稀土金属氧化物改性的 Ni/Al₂O₃ 催化剂可改善其热稳定性并减少积炭[48]。利用水滑石前体制备的 Ni/MgAlOx 催化剂可以避免镍催化剂烧结[49]。这些催化剂表现出高达900℃的高温稳定性。在干重整 $(CO_2 + CH_4 \longrightarrow 2CO + 2H_2)$ 条件下，粒径维持在约10nm[49]。高温稳定性归因于成功分离镍颗粒的无定形氧化物基质的嵌入性质。这种催化剂可用于高温再生，通过将硫酸镍分解成氧化镍和二氧化硫来实现脱硫，为非贵金属催化剂的再生开辟了一条途径，且无须极低的氧分压，只需达到较高的温度。

12.2.2.2 钌催化剂再生

钌催化剂与镍催化剂一样，其甲烷化活性对硫中毒敏感性非常高[9]。然而，与镍催化剂不同的是，在典型的甲烷化和再生条件下，未发现钌催化剂会形成硫酸盐类物质。因此，预计钌催化剂比镍催化剂更容易再生。一种具有甲烷化活性的 Ru/Al₂O₃ 催化剂被硫化氢、硫化羰和噻吩所毒害，产生了生物质基合成气中的各种硫类物质[50]。在相当高氧气浓度(5%)下成功多次循环再生，从理论上证明了甲烷化和脱硫集成的工艺是可行的。但是，催化剂活性并未完全恢复。

X射线吸收光谱(XAS)分析结果表明，甲烷化条件下的硫中毒导致了 RuS$_x$ 的形成[50]。在中等操作温度(430~600℃)下，通过氧化处理成功恢复了催化剂的活性。X射线吸收光谱分析结果显示了无永久性中毒钌类物质形成或钌颗粒烧结的证据，这为接受硫中毒和催化剂通过空气或烟道气稀释的空气进行周期性再生的工艺开辟了途径。在后续的研究中，使用硫K层XAS的进一步研究表明，在通过氧化将钌催化剂中的硫脱除后，仍会有硫以硫酸盐的形式储存在 Al₂O₃ 载体上。在后续的再活化过程中，即使使用无硫原料气，硫也会再次被送回钌催化剂，导致催化剂再次中毒[51]。

12.2.3 概念讨论

甲烷化催化剂周期再生的优势在于其可以使用镍催化剂和钌催化剂，相反，SRM催化剂只具有较低的甲烷化活性。1980年开展的一项研究工作系统地研究了不同催化剂的一氧化碳加氢活性[8]。研究发现，在350℃的操作温度下，镍的氢化速率[970μmol/(min·g)]比二硫化钼[7.9μmol/(min·g)]的高出123倍(按质量计算)，若按表面积进行归一化处理，则比二硫化钼高出1235倍[420μmol/(min·m²)，相对于0.34μmol/(min·m²)]。这表明通常用作甲烷化催化剂的镍催化剂的活性比钼催化剂高得多。镍催化剂或钌催化剂及其相应的概念(钌催化剂具有与镍催化剂相近的一氧化碳甲烷化活性[6])明显优于耐硫甲烷化。但必须指出的是，实验在无硫环境中进行，钼催化剂的活性会随着进料硫浓度的增加而增加[8]。另外，中毒催化剂(镍催化剂或钌催化剂)氧化再生形成了金属氧化物(氧化镍或二氧化钌)，由于金属态的镍或钌是甲烷化反应的活性相，因此随后还需进行催化剂的还原处理。为此，使用氢气对金属进行还原，但这时氢气就不能再用于甲烷化反应，于是又降低了工艺效率。低温下镍催化剂再生需要生成和维持极低浓度的氧气，这会很困难。钌催化剂在空气中再生的费用非常高昂，这可能会对将其用来生产价值相对低廉的产品(如甲烷)产生阻碍。因此，对镍催化剂进行改性，使其能够避免硫酸镍分解所产生的高温下的烧结，目前来看是一种很有前途的周期性再生甲烷化路线。

在工艺设计方面，耐硫甲烷化或甲烷化催化剂的周期性再生都是有利可图的，因为这可以省去低温洗涤过程，进而简化工艺并降低设备和操作成本。另外，通过在催化剂中加入二氧化碳吸附剂(如钙基吸附剂)，有可能将二氧化碳脱除过程整合至循环甲烷化/再生反应器。这种高度集成化的方法将通过改变热力学极限来获得更高的反应温度[52]。由于吸附剂脱除了二氧化碳，因此对甲烷的选择性增加，进而可采用更高的操作温度(500～600℃)。此外，因无须进一步的二氧化碳洗涤，集成二氧化碳吸附剂将促进下游气体提质[53]。然而，将这种新型的二氧化碳脱除方法与甲烷化和脱硫(通过催化剂的再生)进行集成化处理时，需要仔细考虑甲烷化、二氧化碳吸收、硫中毒和再生的动力学因素以及经济因素(反应器成本、还原/氧化循环的氢气成本)和操作的复杂性。

耐硫甲烷化不需要催化剂再生，因此不会用到来自工艺的氢气，这不仅简化了流程，且潜在地提高了效率。但是，与镍催化剂或钌催化剂相比，钼耐硫甲烷化催化剂的甲烷化活性要低得多，进而导致催化剂用量增加，反应器尺寸增大。将部分工艺整合进循环系统中，如将需要通过连续氧化部分催化剂/吸着剂来除去二氧化碳[52,53]的二氧化碳脱除过程集成至循环工艺，对于耐硫甲烷化催化剂来说是禁止使用的，其原因在于氧化过程会快速消耗掉硫化物催化剂中的硫，这样有可能会因表面化学性质的改变和热诱导烧结而破坏其催化活性。

12.3 未来研究方向

12.3.1 耐硫甲烷化

为了使耐硫甲烷化催化剂具有与镍基甲烷化催化剂竞争的竞争力，提高钼基耐硫甲烷化催化剂的活性是一个主要目标，例如，可以通过单一合成参数的系统性调变(如制备方法、促进剂或硫化程序)来实现，或通过高通量实验来实现[54]。

上述文献中的大多数耐硫甲烷化系统的试验是在煤基合成气的条件下进行的。尽管可以预料到具有煤基合成气耐硫甲烷化活性的催化剂，原则上也可用于生物质基合成气，然而还是存在一些需引起注意的差异。通常情况下，由于生物质通常含有比煤更多的水分，因此生物质基合成气的水分含量也远高于煤基合成气。此外，生物质的含硫量通常比煤低(硫会影响耐硫甲烷化催化剂的活性)。据报道，气体含硫量与催化活性之间存在正相关关系[24]，这意味着需要专门进行耐硫甲烷化催化剂在生物质转化方面的研究工作。

此外，应该指出的是，在工艺建模方面，耐硫甲烷化尚未引起人们的高度关注。虽然比较了几种基于脱硫的生物质制合成天然气工艺(位于镍基甲烷化前)，并以此来确定其最佳配置[55-58]，但迄今为止，仍未开展过与耐硫甲烷化概念有关的研究工作。这样的一种建模可以判断是否通过耐硫甲烷化生产合成天然气工艺在经济上切实可行，并通过对不同工艺参数(催化剂活性、稳定性、装置尺寸等)敏感度的分析确定进一步的研究方向，进而激发该领域进一步的活力。

12.3.2　周期性再生

由于钌是一种非常昂贵的金属，因此需要通过优化催化剂来最大限度地提高钌的利用率。关于周期性再生[51,52]的文献报道中所使用的 Ru/Al_2O_3 催化剂的粒径是相当大的(大于20nm)，因此钌的利用率非常低。如果能够成功合成小粒径的钌颗粒，则有可能出现粒径因氧化时的温度升高而增大。因此，需要专门开发粒径小且稳定的钌催化剂。此外，催化剂载体(如 Al_2O_3、ZrO_2 或活性炭)对催化剂再生程度的影响是非常大的，其原因在于它会储存和释放硫，随后催化剂会出现硫中毒现象[51]。因此，研发能储存少量硫(理想情况下，不储存)并能快速释放硫的催化剂载体，或将其储存起来而不会随时间的推移向催化剂释放硫的催化剂载体是一项非常切题的研究任务。这方面的研发工作包括使用其他元素(如锂或钾)来进行催化剂载体的升级改造。这些元素能降低硫中毒载体的硫解离吸附温度，进而促进催化剂再生[59]。另外，与纯三氧化二铝相比，掺入钠的三氧化二铝与二氧化硫发生接触后能形成更稳定的亚硫酸盐[60]。这种稳定性可以防止还原条件下的载体硫释放，延长催化剂寿命。这类硫敏感性最小化的载体研究不仅适用于钌催化剂，而且很可能适用于不同的催化剂，如更常用的镍催化剂。关于镍催化剂的再生，仍有待说明的是，在无分散性或活性损失的情况下，硫中毒后稳定的镍催化剂在高温下再生是可能实现的[49,61]。

参 考 文 献

[1] De Kok LJ, Tausz M, Hawkesford MJ, Hoefgen R, McManus MT, Norton RM, Rennenberg H, Saito K, Schnug E, Tabe L(eds). Sulfur Metabolism in Plants. Springer, Heidelberg; 2012.

[2] Mondal P, Dang GS, Garg MO. Syngas production through gasification and cleanup for downstream applications – recent developments. Fuel Processing Technology 92: 1395 – 1410; 2011.

[3] McKendry P. Energy production from biomass(part 1): overview of biomass. Bioresource Technology 83: 37 – 46; 2002.

[4] Rabou LPLM, Zwart RWR, Vreugdenhil BJ, Bos L. Tar in biomass producer gas, the energy research centre of the netherlands (eCN) experience: an enduring challenge. Energy and Fuels 23: 6189 – 6198; 2009.

[5] Cui H, Turn SQ, Keffer V, Evans D, Tran T, Foley M. Contaminant estimates and removal in product gas from biomass steam gasification. Energy and Fuels 24: 1222 – 1233; 2010.

[6] Dalla Betta RA, Piken AG, Shelef M. Heterogeneous methanation: steady – state rate of CO hydrogenation on supported ruthenium, nickel and rhenium. Journal of Catalysis 40: 173 – 183; 1975.

[7] Kelley RD, Madey TE, Yates JT. Activity of tungsten as a methanation catalyst. Journal of Catalysis 50: 301 – 305; 1977.

[8] Saito M, Anderson RB. The activity of several molybdenum compounds for the methanation of CO. Journal of Catalysis 63: 438 – 446; 1980.

[9] Agrawal PK, Katzer JR, Manogue WH. Methanation over transition – metal catalysts, V. Ru/Al_2O_3 – kinetic

behaviour and poisoning by H$_2$S. Journal of Catalysis 74: 332 – 342; 1982.

[10] Fitzharris WD, Katzer JR, Manogue WH, Sulfur deactivation of nickel methanation catalysts. Journal of Catalysis 76: 369 – 384; 1982.

[11] Cheah S, Carpenter DL, Magrini – Bair KA. Review of mid – to high – temperature sulfur sorbents for desulfurization of biomass – and coal – derived syngas. Energy and Fuels 23: 5191 – 5307; 2009.

[12] Bu X, Ying Y, Zhang C, Peng W. Research improvement in Zn – based sorbent for hot gas desulfurization. Powder Technology 180: 253 – 258; 2008.

[13] Novochinskii II, Song C, Ma X, Liu X, Shore L, Lampert J, Farrauto RJ. Low – temperature H$_2$S removal from steam – containing gas mixtures with ZnO for fuel cell application. 1. ZnO particles and extrudates. Energy and Fuels 18: 576 – 583; 2004.

[14] Kim K, Jeon SK, Vo C, Park CS, Norbeck JM. Removal of hydrogen sulfide from a steam – hydrogasifier product gas by zinc oxide sorbent. Industrial and Engineering Chemistry Research 46: 5848 – 5854; 2007.

[15] Kopyscinski J, Schildhauer TJ, Biollaz SMA. Production of synthetic natural gas(SNG) from coal and dry biomass – A technology review from 1950 to 2009. Fuel 89: 1763 – 1783; 2010.

[16] Pröll T, Siefert IG, Friedl A, Hofbauer H. Removal of NH$_3$ from biomass gasification producer gas by water condensing in an organic solvent scrubber. Industrial and Engineering Chemical Research 44: 1576 – 1584; 2005.

[17] Zwart RWR, van der Drift A, Bos A, Visser HJM, Cieplik MK, Könemann HWJ. Oil – based gas washing – flexible tar removal for high – efficient production of clean heat and power as well as sustainable fuels and chemicals. Environmental Progress and Sustainable Energy 28: 324 – 335; 2009.

[18] Phillips SD. Technoeconomic analysis of a lignocellulosic biomass indirect gasification process to make ethanol via mixed alcohol synthesis. Industrial and Engineering Chemistry Research 46: 8887 – 8897; 2007.

[19] Nagel FP, Ghosh S, Pitta C, Schildhauer TJ, Biollaz S. Biomass integrated gasification fuel cell systems – Concept development and experimental results. Biomass and Bioenergy 35: 354 – 362; 2011.

[20] Berguerand N, Lind F, Israelsson M, Seemann M, Biollaz S, Thunan H. Use of nickel oxide as a catalyst for tar elimination in a chemial – looping reforming reactor operated with biomass producer gas. Industrial and Engineering Chemistry Research 51: 16610 – 16616; 2012.

[21] Jirsak T, Dvorak J, Rodriguez JA. Chemistry of thiophene on ZnO, S/ZnO, and Cs/ZnO surfaces: effects of cesium on desulfurization processes. Journal of Physical Chemistry B 103: 5550 – 5559; 1999.

[22] Grenoble DC, Estadt MM, Ollis DF. The chemistry and catalysis of the water gas shift reaction. Journal of Catalysis 67: 90 – 102; 1981.

[23] Hou PY, Wise H, Kinetic studies with a sulfur – tolerant methanation catalyst. Journal of Catalysis 93: 409 – 416; 1985.

[24] Li Z, Wang H, Wang E, Lv J, Shang Y, Ding G, Wang B, Ma X, Qin S, Su Q. The main factors controlling generation of synthetic natural gas by methanation of synthesis gas in the presence of sulfur – resistant Mo – based catalysts. Kinetics and Catalysis 54: 338 – 343; 2013.

[25] Child ET, Robin AM, Slater WL, Richter GN. Production of a Clean Methane – Rich Fuel Gas from High – Sulfur Containing Hydrocarbonaceous Materials. US Patent 3 928 000; 1975.

[26] Happel J, Hnatow MA. Sulfur Resistant Molybdenum Catalyst for Methanation. US Patent 4 151 191; 1979.

[27] Pedersen K, Andersen KJ, Rostrup Nielsen JR, Jorgensen IGH. Process and Catalyst for the Preparation of a Gas Mixture having a High Content in Methane. US Patent 4 540 714; 1985.

[28] Skov A, Pedersen K, Chen C－L, Coates RL. Testing of a Sulfur Tolerant Direct Methanation Process. American Chemical Society division Fuel Chemistry, New York; 1986.

[29] Shufen L, Diyong W, Guizhi F, Quan Y. Reactivity and stability of a sulphur－resistant methanation catalyst. Fuel 70: 835－837; 1991

[30] Jiang M, Wang B, Yao Y, Wang H, Li z, Ma X, Qin S, Sun Q. The role of the distribution of Ce species on MoO_3/CeO_2－Al_2O_3 catalysts in sulfur－resistant methanation. Catalysis Communications 35: 32－35; 2013.

[31] Wang B, Ding G, Shang Y, Lv J, Wang H, Wang E, Li Z, Ma X, Qin S, Sun Q. effects of MoO_3 loading and calcination temperature on the activity of the sulphur－resistantmethanation catalyst MoO_3/γ－Al_2O_3. Applied Catalysis A: General 431/432: 144－150; 2012.

[32] Wang H, Li Z, Wang E, Lin C, Shang Y, Ding G, Ma X, Qin S, Sun Q. Effect of composite supports on the methanation activity of Co－Mo－based sulphur－resistant catalysts. Journal of Natural Gas Chemistry 21: 767－773; 2012.

[33] Wang B, Shang Y, Ding G, Lv J, Wang H, Wang E, Li z, Ma X, Qin S, Sun Q. Effect of the ceria－alumina composite support on the Mo－based catalyst's sulfur－resistant activity for the synthetic natural gas process. Reaction Kinetics, Mechanisms and Catalysis 106: 495－506; 2012.

[34] Kim MY, Ha SB, Koh DJ, Byun C, Park ed. CO methanation over supported Mo catalysts in the presence of H_2S. Catalysis Communications 35: 68－71; 2013.

[35] Jiang M, Wang B, Yao Y, Wang H, Li Z, Ma X, Qin S, Sun Q. Effect of stepwise sulfidation on a MoO_3/CeO_2－Al_2O_3 catalyst for sulfur－resistant methanation. Applied CatalyssA: General 469: 89－97; 2014.

[36] Jiang M, Wang B, Yao Y, Wang H, Li Z, Ma X, Qin S, Sun Q. effect of sulfidation temperature on CoO－MoO_3/γ－Al_2O_3 catalyst for sulfur－resistant methanation. Catalysis Science and Technology 3: 2793－2800; 2013.

[37] König CFJ, Schuh P, Schildhauer TJ, Nachtegaal M. High－temperature sulfur removal from biomass－derived synthesis gas over bifunctional molybdenum catalysts. ChemCatChem 5: 3700－3711; 2013.

[38] Bartholomew CH, Weatherbee GD, Jarvi GA. Sulfur poisoning of nickel methanation catalysts I. In situ deactivation by H_2S of nickel and nickel bimetallics. Journal of Catalysis 60: 257－269; 1979.

[39] Yung MM, Kuhn JN. Deactivation mechanisms of Ni－based tar reforming catalysts as monitored by X－ray absorption spectroscopy. Langmuir 26: 16589－16594; 2010.

[40] Fowler RW, Bartholomew CH. Activity, adsorption, and sulfur tolerance studies of fluidized bed methanation catalysts. Industrial and Engineering Chemistry Product Research and Development 18: 339－347; 1979.

[41] Yung MM, Cheah S, Magrini－Bair K, Kuhn JN. Transformation of sulfur species during steam/air regeneration on a Ni biomass conditioning catalyst. ACS Catalysis 2: 1363－1367; 2012.

[42] Chughtai AR, Riter JR. Thermodynamic model for the regeneration of sulfur－poisoned nickel catalyst. 1. using thermodynamic properties of bulk nickel compounds only. Journal of Physical Chemistry 83: 2771－2773; 1979.

[43] Siriwardane RV, Poston JA, Fisher EP, Shen M－S, Miltz AL. decomposition of the sulfates of copper, iron(Ⅱ), iron(Ⅲ), nickel, and zinc: XPS, SeM, dRIFTS, XRd, and TGA study Applied Surface Science 152: 219－236; 1999.

[44] Bartholomew CH. Sintering kinetics of supported metals: new perspectives from a unifying GPle treatment. Applied Catalysis A: General 107: 1－57; 1993.

[45] Sehested J, Gelten JAP, Remediakis IN, Bengaard H, Nørskov JK. Sintering of nickel steam – reforming catalysts: effects of temperature and steam and hydrogen pressure. Journal of Catalysis 223: 432 – 443; 2004.

[46] Aguinaga A, Montes M, Regeneration of a nickel/silica catalyst poisoned by thiophene. Applied Catalysis A: General 90: 131 – 144; 1992.

[47] Katzer JR, Windawi H. Process for the Regeneration of Metallic Catalysts. US Patent 4 260 518; 1981.

[48] Miao Q, Xiong G, Sheng S, Cui W, Xu L, Guo X. Partial oxidation of methane to syngas over nickel – based catalysts modified by alkali metal oxide and rare earth metal oxide. Applied Catalysis A: General 154: 17 – 27; 1997.

[49] Mette K, Kühl S, Düdder H, Kähler K, Tarasov A, Muhler M, Behrens M. Stable performance of Ni catalysts in the dry reforming of methane at high temperature for the efficient conversion of CO_2 into syngas. ChemCatChem 6: 100 – 104; 2013.

[50] König CFJ, Schildhauer TJ, Nachtegaal M. Methane synthesis and sulfur removal over a Ru catalyst probed in situ with high sensitivity X – ray absorption spectroscopy. Journal of Catalysis 305: 92 – 100; 2013.

[51] König CFJ, Schuh P, Huthwelker T, Smolentsev G, Schildhauer TJ, Nachtegaal M. Influence of the support on sulfur poisoning and regeneration of Ru catalysts probed by sulfur K – edge X – ray absorption spectroscopy. Catalysis Today 44: 23 – 32; 2013.

[52] Lebarbier VM, Dagle RA, Kovarik L, Albrecht KO, Li X, Li l, Taylor Ce, Bao X, Wang Y. Sorption – enhanced synthetic natural gas(SNG) production from syngas: a novel process combining CO methanation, water – gas shift, and CO_2 capture. Applied Catalysis B: Environmental 144: 223 – 232; 2014.

[53] Liu, K. Qin Q. National institute of clean – and – low – carbon energy, assignee. System for producing methane – rich gas and process for producing methane – rich gas using the same. International patent application WO 2012/051924 A1. 2012 Apr. 26.

[54] Potyrailo RA, Maier WF(eds) Combinatorial and High – Throughput Discovery and Optimization of Catalysts and Materials, CRC Press, Boca Raton; 2007.

[55] Gassner M, Maréchal F. Thermo – economic process model for thermochemical production of synthetic natural gas(SNG) from lignocellulosic biomass. Biomass and Bioenergy 33: 1587 – 1604; 2009.

[56] Steubing B, Zah R, Ludwig C. Life cycle assessment of SNG from wood for heating, electricity, and transportation. Biomass and Bioenergy 35: 2950 – 2960; 2011.

[57] Gassner M, Maréchal F. Thermo – economic optimization of the polygeneration of synthetic natural gas (SNG), power and heat from lignocellulosic biomass by gasification and methanation. Energy and Environmental Science 5: 5768 – 5789; 2012.

[58] Rönsch S, Kaltenschmitt M. Bio – SNG production – concepts and their assessment. Biomass Conversion and Biorefinery 2: 285 – 296; 2012.

[59] Matsumoto S, Ikeda Y, Suziki H, Ogai M, Miyoshi N. NO_x storage – reduction catalyst for automotive exhaust with improved tolerance against sulfur poisoning. Applied Catalysis B: Environmental 25: 115 – 124; 2000.

[60] Mohammed Saad AB, Saur O, Wang Y, Tripp CP, Morrow BA, lavalley JC. effect of sodium on the adsorption of SO_2 on Al_2O_3 and its reaction with H_2S. Journal of Physical Chemistry 99: 4620 – 4625; 1995.

[61] Guo J, Lou H, Zhao H, Chai D, Zheng X. dry reforming of methane over nickel catalysts supported on magnesium aluminate spinels. Applied Catalysis A: General 273: 75 – 82; 2004.